中国高等学校信息管理
与信息系统专业规划教材

数据库系统及应用
（第3版）

王世波　王　洋　赵文厦　编著

清华大学出版社
北　京

内 容 简 介

本书系统阐述了数据库的基础理论、基本技术和方法。书中第1～6章为理论篇,主要内容包括:数据库系统概述、关系数据库、关系数据库标准语言 SQL、关系数据库规范化理论、数据库设计、数据保护;第7～16章为实验篇,共10个实验,内容包括:SQL Server 2008 的安装与操作环境、创建数据库、数据更新、简单查询、复杂查询、视图操作、Transact-SQL 程序设计、存储过程与触发器、数据库备份与恢复和数据转换。本书结构完整、内容精练、实用性强。本书在阐述数据库基本理论的同时,围绕基本理论介绍了SQL Server 2008 的相关知识,并配有 10 个相关的实验,方便实验课程的开展。

本书可作为高等学校非计算机专业数据库课程的教材,也可作为从事数据库系统研究和开发人员的参考书。

图书在版编目(CIP)数据

数据库系统及应用/王世波,王洋,赵文厦编著. —3 版. —北京:清华大学出版社,2018(2020.8重印)
(中国高等学校信息管理与信息系统专业规划教材)
ISBN 978-7-302-49923-7

Ⅰ. ①数…　Ⅱ. ①王…　②王…　③赵…　Ⅲ. ①数据库系统－高等学校－教材　Ⅳ. ①TP311.13

中国版本图书馆 CIP 数据核字(2018)第 055445 号

责任编辑:郑寅堃　常建丽
封面设计:迷底书装
责任校对:白　蕾
责任印制:沈　露

出版发行:清华大学出版社
　　网　　　址:http://www.tup.com.cn,http://www.wqbook.com
　　地　　　址:北京清华大学学研大厦 A 座　　　　　　邮　　编:100084
　　社 总 机:010-62770175　　　　　　　　　　　　　邮　　购:010-62786544
　　投稿与读者服务:010-62776969,c-service@tup.tsinghua.edu.cn
　　质量反馈:010-62772015,zhiliang@tup.tsinghua.edu.cn
　　课件下载:http://www.tup.com.cn,010-83470236
印 装 者:涿州市京南印刷厂
经　　销:全国新华书店
开　　本:185mm×260mm　　印　张:21.75　　　　　字　　数:525 千字
版　　次:2008 年 8 月第 1 版　　2018 年 7 月第 3 版　　印　　次:2020 年 8 月第 2 次印刷
印　　数:18001～18300
定　　价:59.00 元

产品编号:072946-01

前言

　　数据库技术是计算机科学的重要分支,也是计算机领域中应用最广泛、发展最迅速的技术之一。当今,信息资源已成为社会的重要财富和资源。建立一个行之有效的信息系统已成为企业或组织生存和发展的重要条件。作为信息系统核心和基础的数据库技术由此得到越来越广泛的应用,从小型事务处理系统到大型信息系统,从联机事务处理到联机分析处理,从传统的数据管理到空间数据库、工程数据库等,数据库的应用几乎遍及社会的各个领域。对于一个国家来说,数据库的建设规模、数据库信息量的大小和使用频度已成为衡量这个国家信息化程度的重要标志。

　　目前很多高校都开设了数据库课程,并将其作为一门基础必修课。了解和掌握有关数据库的基础知识并具备一定的实践能力,已经不仅仅是针对计算机专业学生提出的要求。本书主要是为高校非计算机专业学生学习数据库课程而编写的,是在作者多年的数据库课程教学和实际数据库系统开发工作基础之上完成的,它简洁而精练地介绍了数据库的基础理论知识,同时围绕基本理论,介绍了 SQL Server 2008 的相关知识。为了配合数据库课程的实验教学,本书特意添加了 10 个实验。

　　本书的内容有两条主线:一条主线是数据库的基础理论知识,如关系数据库理论、关系规范化理论、数据库设计理论等;另一条主线是数据库实际应用产品,在这里重点介绍了 SQL Server 2008,这部分内容附在相关理论之后,主要讲述 SQL Server 2008 中如何实现上述基本理论以及相关的基本操作,这样使学生能够理论联系实践,便于消化理解基本理论。这两条主线相辅相成、相互渗透,方便学生学习。

　　本书内容包括理论篇和实验篇。

　　理论篇的主要内容如下:

　　第 1 章　主要介绍数据库的基础知识,包括数据管理技术的产生和发展、数据库的基本概念、数据模型的分类、SQL Server 2008 概述及数据库技术新发展。

　　第 2 章　主要介绍关系数据库的基本理论,包括关系模型的数据结构、关系模型的完整性和关系操作的概念,其中关系操作中主要介绍了关系代数。

　　第 3 章　主要介绍关系数据库标准语言 SQL,包括 SQL 的基本概念、SQL 数据定义、数据查询、数据更新、视图和数据控制等命令,最后重点介绍 SQL Server 2008 中的 Transact-SQL。

　　第 4 章　主要介绍关系数据库规范化理论,包括数据依赖、范式、关系模式规范化以及函数依赖公理。

　　第 5 章　主要介绍数据库设计理论,包括数据库设计的原则和方法、数据库设计的步骤,以及如何利用 PowerDesigner 进行数据建模。

第 6 章　主要介绍数据保护,包括数据的安全性、完整性、并发控制、数据恢复以及数据库复制与数据库镜像。

实验篇的内容如下:

第 7 章　实验一　SQL Server 2008 的安装与操作环境:主要介绍 SQL Server 2008 的基本操作环境和主要工具。

第 8 章　实验二　创建数据库:主要介绍数据库以及数据表的创建。

第 9 章　实验三　数据更新:主要介绍如何在数据表中增加、修改和删除数据。

第 10 章　实验四　简单查询:主要介绍单表查询命令。

第 11 章　实验五　复杂查询:主要介绍多表查询命令。

第 12 章　实验六　视图操作:主要介绍视图的创建、修改、删除以及查询操作。

第 13 章　实验七　Transact-SQL 程序设计:主要介绍 Transact-SQL 的基本语言元素。

第 14 章　实验八　存储过程与触发器:主要介绍存储过程和触发器的创建与使用。

第 15 章　实验九　数据库备份与恢复:主要介绍数据库备份以及恢复的方法。

第 16 章　实验十　数据转换:主要介绍数据转换的基本操作。

本书由齐齐哈尔大学的王世波老师任主编,齐齐哈尔大学的王洋老师、赵文厦老师任副主编。其中,王世波老师编写了第 1 章、第 3 章、第 4 章、第 6～8 章,王洋老师编写了第 5 章、第 9～12 章,赵文厦老师编写了第 2 章、第 13～16 章。最后由王世波老师统稿。

衷心希望本书能够帮助广大学生在学习数据库基本理论知识的同时能够快速掌握 SQL Server 2008 关系型数据库管理系统。由于时间比较仓促,加之作者水平有限,如有不当之处,恳请广大读者批评指正。

作　者

2018 年 2 月

目录

理　论　篇

第1章 数据库系统概述

在日常工作生活中，人们的周围会有各种各样的数据库系统在运行。当人们进行股票交易、银行取款、订购车票、查询资料等活动时，都需要与数据库打交道。数据库系统已成为人们提高工作效率和管理水平的重要手段，已成为企业提高竞争力的有力武器。

数据库是数据管理的最新技术，是计算机科学的重要分支。信息时代，信息资源已经成为各行各业的重要财富和资源，针对各行业或组织设计的信息系统已经成为其发展的重要基础条件。数据库技术是信息系统的核心和基础，因而得到快速的发展和越来越广泛的应用。数据库技术主要研究如何科学地组织和存储数据、高效地获取和处理数据，可以为各种用户提供及时的、准确的、相关的信息，满足这些用户各种不同的需要。本章主要介绍数据管理技术的发展过程、数据库系统的基本概念、数据模型以及关系型数据库管理系统 SQL Server 2008 的基本知识。

1.1 数据库系统的基础知识

1.1.1 数据库的基本概念

1. 数据

数据(Data)是数据库中存储的基本对象，有多种表现形式，大多数人头脑中的第一反应是数据就是数字，其实数字只是最简单的一种数据。数据还包括文字、图形、图像、声音、语言等，这些表现形式可以经过数字化后存入计算机。

数据的定义：数据是指描述事物的符号记录。这些符号可以是文字、图形、声音、图像等。

数据的含义称为数据的语义。数据与其语义是不可分的，例如，学生档案表中有一个记录的描述如下：

(王一，男，1985-7-2，黑龙江，管理科学与工程系)

这个记录就是数据。对于了解其含义的人会得到这样的信息：姓名是王一，性别为男，黑龙江人，1985 年 7 月 2 日出生，在管理科学与工程系读书；不了解其语义的人则无法理解其含义。可见，数据的形式还不能完全表达其内容，需要经过解释。所以，数据和关于数据的解释是不可分的。

2. 数据库

数据库(DataBase，DB)，顾名思义，是存放数据的仓库。只不过这个仓库是在计算机存储设备上，而且数据是按照一定的格式存放的。

所谓数据库，是一个长期存储在计算机内、有组织的、可共享的、统一管理的数据集合。它是一个按数据结构来存储和管理数据的计算机软件系统，具有较小的冗余度、较高的数据独立性和易扩展性，可以为各种用户共享。

数据的长期存储、有组织和可共享是数据库的 3 个基本特点。

3. 数据库管理系统

了解了什么是数据，什么是数据库，那么如何科学地组织和存储数据，如何高效地获取和维护数据呢？数据库管理系统为我们解决了这个问题。

数据库管理系统（DataBase Management System，DBMS）是为数据库的建立、使用和维护而配置的系统软件。它建立在操作系统的基础上，对数据库进行统一的管理和控制，是位于用户与操作系统之间的一层数据管理软件，是数据库系统的重要组成部分。它的主要功能包括以下几个方面。

（1）数据定义功能。DBMS 提供数据定义语言（Data Definition Language，DDL），用户通过它可以方便地对数据库中的数据对象进行定义。

（2）数据操纵功能。DBMS 还提供数据操纵语言（Data Manipulation Language，DML），用户可以使用它操纵数据，完成对数据库的基本操作，如查询、插入、删除、修改等。

（3）数据库的运行管理功能。数据库在建立、运行和维护时由数据库管理系统统一进行管理和控制，从而保证数据的安全性、完整性、并发控制及故障发生后的系统恢复。

（4）数据库的建立和维护功能。它包括数据库初始数据的输入、转换功能，数据库的转储、恢复功能，数据库的重新组织、分析功能等。这些功能通常是由一些实用程序完成的。

4. 数据库系统

数据库系统（DataBase System，DBS）是指在计算机系统中引入数据库后的系统，一般由数据库、数据库管理系统、应用系统、数据库管理员（DBA）和用户构成。数据库系统可用图 1-1 表示。

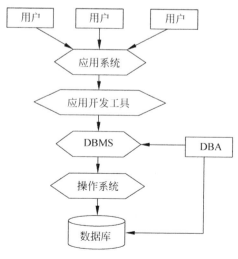

图 1-1　数据库系统

在不会引起混淆的情况下,数据库系统可以简称为数据库。

1.1.2　数据管理技术的产生和发展

数据管理技术是应数据管理任务的需要而产生的。数据管理是指对数据进行收集、组织、编码、存储、检索和维护等活动。自计算机问世以来,数据管理技术经历了人工管理、文件系统和数据库系统 3 个阶段。

1. 人工管理阶段

20 世纪 50 年代中期以前,计算机主要用于科学计算。硬件存储设备主要有磁带、卡片机、纸带机等,还没有磁盘等直接存取的存储设备。软件也处于初级阶段,没有操作系统和管理数据的工具。数据的处理方式是批处理,数据的组织和管理完全靠程序员手工完成,因此称为"人工管理阶段"。这个阶段数据的管理效率很低,其特点是:

(1) 数据不保存。该时期的计算机主要用于科学计算,一般不需要长期保存数据,只是在计算某一课题时将数据输入,用完后不保存原始数据,也不保存计算结果。

(2) 应用程序管理数据。数据要由应用程序自己管理,没有相应的软件系统负责数据的管理工作。所以,程序员在编写应用程序时,不但要规定数据的逻辑结构,而且还要设计物理结构,设计任务繁重。

(3) 数据不共享。数据是面向应用的,一组数据只能对应一个程序。当多个应用程序涉及某些相同的数据时,必须各自定义,无法相互利用、参照,因此程序与程序之间有大量的冗余数据。

(4) 数据不具有独立性。数据的逻辑结构或物理结构发生变化后,必须对应用程序做相应的修改,这更增加了程序员的负担。

人工管理阶段应用程序与数据之间的对应关系如图 1-2 所示。

图 1-2　人工管理阶段应用程序与数据之间的关系

2. 文件系统阶段

20 世纪 50 年代后期到 60 年代中期,计算机得到广泛应用。硬件已经有了磁盘、磁鼓等直接存取的存储设备;软件方面,操作系统中已经有了专门的数据管理软件,一般称为文件系统;处理方式上不但能进行批处理,而且能够实现联机实时处理。用文件管理数据具有如下特点。

(1) 数据可以长期保存。由于计算机大量用于数据处理,数据需要长期保留在外存上,以供查询、更新等操作。

(2) 由文件系统管理数据。文件系统把数据组织成相互独立的数据文件,利用"按文件名访问,按记录进行存取"的管理技术,可以对文件进行修改、插入和删除操作。文件系统实现了记录内的结构性,但整体无结构。程序和数据之间由文件系统提供的存取方法进行转换,使得应用程序与数据之间具有一定的独立性,程序员可以不必过多地考虑物理细节,将精力集中于算法。而且数据在存储上的改变不一定反映在程序上,节省了维护程序的工作量。

（3）数据共享性差、冗余度大。在文件系统中,一个文件对应一个应用程序,文件是面向应用的。当不同的应用程序具有部分相同的数据时,也必须建立各自的文件,而不能共享相同的数据,因此数据冗余度大,浪费存储空间,同时可能造成数据的不一致性,给数据维护带来困难。

（4）数据独立性差。文件系统中的文件是为某个特定应用服务的,文件的逻辑结构对该应用是最优的,因此想对现有的数据增加一些新的应用很困难,系统扩充性不好。数据的逻辑结构变化就必须修改应用程序。数据和应用程序之间缺乏独立性。

文件系统阶段应用程序与数据之间的关系如图 1-3 所示。

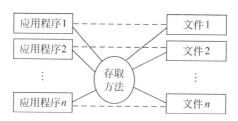

图 1-3　文件系统阶段应用程序与数据之间的关系

3. 数据库系统阶段

20 世纪 60 年代后期以来,计算机用于管理的规模更为庞大,应用越来越广泛,数据量急剧增长,同时多种应用、多种语言互相覆盖共享数据集合的要求越来越强烈。硬件已有了大容量的磁盘,硬件价格下降,软件价格上升;处理方式上,联机实时处理要求更多,并开始提出和考虑分布式处理。这样的背景下,以文件系统作为数据管理手段已经不能满足应用的需求,为解决多用户、多应用共享数据的需求,出现了专门统一管理数据的软件系统——数据库管理系统。

从文件系统到数据库系统,是数据管理技术的一个飞跃。数据库系统的主要特点如下。

（1）数据结构化。数据结构化是数据库与文件系统的根本区别。在文件系统阶段,只考虑了同一文件记录内部数据项之间的联系,而不同文件的记录之间是没有联系的,也就是说,整体上看,数据是无结构的。在数据库中,实现了整体数据的结构化,把文件系统中简单的记录结构变成记录和记录之间的联系所构成的结构化数据。在描述数据的时候,不仅要描述数据本身,还要描述数据之间的联系。

（2）数据的共享性好、冗余度低。数据的共享程度直接关系到数据的冗余度。文件系统中,一个文件基本上对应一个应用程序,文件是面向应用的,不能共享相同的数据,因此冗余度大。数据库中的数据考虑所有用户的数据需求,是面向整个系统组织的,而不是面向某个具体应用的,减少了数据的冗余。

（3）数据独立性好。数据独立性是指数据库中的数据与应用程序之间不存在依赖关系,而是相互独立的。数据独立性包括数据的物理独立性和数据的逻辑独立性。物理独立性是指用户的应用程序与存储在硬盘上的数据库中的数据是相互独立的。逻辑独立性是指用户的应用程序与数据库的逻辑结构是相互独立的,也就是说,数据的逻辑结构改变了,用户程序可以不变。数据独立性是由数据库管理系统的二级映像功能保证的。

（4）数据由数据库管理系统统一管理和控制。数据库的共享是并发的共享，即多个用户可以同时存取数据库中的数据，甚至可以同时存取数据库中的同一个数据，这要求数据不仅要由数据库管理系统进行统一的管理，同时还要进行统一的控制。具体的控制功能包括：数据的安全性保护、数据的完整性保护、数据的并发控制、数据库的恢复。

数据库系统阶段应用程序与数据之间的关系如图 1-4 所示。

图 1-4　数据库系统阶段应用程序与数据之间的关系

数据管理技术 3 个阶段的比较见表 1-1。

表 1-1　数据管理技术 3 个阶段的比较

要素　　　阶段	人工管理阶段	文件系统阶段	数据库系统阶段
时间	20 世纪 50 年代中期	20 世纪 50 年代后期至 20 世纪 60 年代中期	20 世纪 60 年代后期至今
应用背景	科学计算	科学计算、管理	大规模管理
硬件背景	无直接存取存储设备	磁盘、磁鼓	大容量磁盘
软件背景	没有操作系统	有操作系统（文件系统）	有 DBMS
处理方式	批处理	批处理、联机实时处理	批处理、联机实时处理、分布处理
数据保存方式	数据不保存	以文件的形式长期保存，但无结构	以数据库形式保存，有结构
数据管理	考虑安排数据的物理存储位置	与数据文件名打交道	对所有数据实行统一、集中、独立的管理
数据与程序	数据面向程序	数据与程序脱离	数据与程序脱离，实现数据的共享
数据的管理者	人	文件系统	DBMS
数据面向的对象	某一应用程序	某一应用程序	现实世界
数据的共享程度	无共享	共享性差	共享性高
数据的冗余度	冗余度极大	冗余度大	冗余度小
数据的独立性	不独立，完全依赖于程序	独立性差	具有高度的物理独立性和一定的逻辑独立性
数据的结构化	无结构	记录内有结构，整体无结构	整体结构化用数据模型描述
数据的控制能力	应用程序自己控制	应用程序自己控制	由 DBMS 提供数据的安全性、完整性、并发控制和恢复能力

1.1.3　数据库技术的发展及研究领域

1. 数据库技术的发展

数据库系统阶段本身的发展经历了层次、网状、关系数据库、新一代数据库系统（ORDBS与OODBS）阶段。

（1）1969年，层次数据库，IBM公司研制了IMS（信息管理系统）。

（2）20世纪70年代初，网状数据库，美国CODASYL提出了DBTG标准。

（3）20世纪70年代后期，关系数据库，IBM的E.F.Codd提出关系模型。

（4）20世纪80年代后期，数据库技术与面向对象技术、多媒体技术、网络技术、人工智能技术相结合，使面向对象的关系型数据库、多媒体数据库、分布式数据库成为新的发展趋势。

2. 数据库技术的研究领域

目前虽然有了一些比较成熟的数据库技术，但随着计算机硬件的发展和应用范围的扩大，数据库技术也需要不断向前发展，概括地讲，当前数据库学科的主要研究范围有以下3个领域。

（1）数据库管理系统软件的研制。DBMS是数据库系统的基础。DBMS的研制包括研制DBMS本身及以DBMS为核心的一组相互联系的软件系统，包括工具软件和中间件。研制的目标是提高系统的性能和提高用户的生产率，如OODBS、多媒体数据库系统。

（2）数据库设计。数据库设计的主要任务是在DBMS的支持下，按照应用的要求，为某一部门或组织设计一个结构合理、使用方便、效率较高的数据库及其应用系统。数据库设计的研究范围包括：数据库的设计方法、设计工具和设计理论的研究，数据模型和数据建模的研究，计算机辅助数据库设计及其软件系统的研究，数据库设计规范和标准的研究等。

（3）数据库理论。数据库理论的研究主要集中于关系规范化理论、关系数据理论等。近年来，随着人工智能与数据库理论的结合以及并行计算技术的发展，数据库逻辑演绎和知识推理、并行算法等都成为新的研究方向。数据库应用领域的不断扩展，计算机技术的迅猛发展，数据库技术与人工智能技术、网络通信技术、并行计算技术等的相互渗透、相互结合，使数据库技术不断涌现出新的研究方向，如基于Web的数据库技术、移动计算技术等。

1.2　数据模型

由于计算机不可能直接处理现实世界中的具体事物，所以人们必须事先把具体事物转换成计算机能够处理的数据。也就是首先要数字化，把现实世界中具体的人、物、活动、概念用数据模型这个工具来抽象、表示和处理。

在数据库中，用数据模型来抽象、表示和处理现实世界中的数据和信息。通俗地讲，数据模型就是对现实世界的模拟。现有的数据库系统都是基于某种数据模型的。

数据模型应满足3方面的要求：一是能比较真实地模拟现实世界；二是容易为人所理解；三是便于在计算机上实现。一种数据模型要很好地满足这3方面的要求，目前尚很困难。在数据库系统中针对不同的使用对象和应用目的，采用不同的数据模型。数据模型是数据库系统的核心和基础。

1.2.1　数据模型的组成要素

一般地,任何一种数据模型都是严格定义的概念的集合。这些概念必须能精确地描述系统的静态特性、动态特性和完整性约束条件。因此,数据模型通常由数据结构、数据操作和完整性约束 3 个要素组成。

1. 数据结构

数据结构规定了如何把基本的数据项组织成较大的数据单位,以描述数据的类型、内容、性质和数据之间的相互关系。它是数据模型最基本的组成部分,规定了数据模型的静态特性。在数据库系统中,通常按照数据结构的类型来命名数据模型。例如,采用层次型数据结构、网状型数据结构和关系型数据结构的数据模型分别称为层次模型、网状模型和关系模型。

2. 数据操作

数据操作是指一组用于指定数据结构的任何有效的操作。数据库中的主要操作有查询和更新两大类。数据模型要给出这些操作确切的含义、操作规则和实现操作的语言,因此,数据操作规定了数据模型的动态特性。

3. 完整性约束

数据的完整性约束条件是一组完整性规则的集合,它定义了给定数据模型中数据及其联系所具有的制约和依存规则,用以限定相容的数据库状态的集合和可容许的状态改变,以保证数据库中数据的正确性、有效性和相容性。

每种数据模型都规定有通用的和特殊的完整性约束条件。

(1) 通用的完整性约束条件。通常把具有普遍性的问题归纳成一组通用的约束规则,只有在满足给定约束规则的条件下,才允许对数据库进行更新操作。例如,关系模型中通用的约束规则是实体完整性和参照完整性。

(2) 特殊的完整性约束条件。把能够反映某一应用涉及的数据所必须遵守的特定的语义约束条件定义成特殊的完整性约束条件。例如,关系模型中特殊的约束规则是用户定义的完整性。

数据结构、数据操作和完整性约束称为数据模型的三要素。

1.2.2　数据模型的分类

1. 模型的分类

不同的数据模型实际上是提供给我们模型化数据和信息的不同工具。根据模型应用的不同目的,可以将这些模型划分为两类,它们分别属于两个不同的层次。第一类模型是概念模型,第二类模型是逻辑模型和物理模型。

概念模型也称信息模型,是一种独立于计算机系统的数据模型,完全不涉及信息在计算机中的表示,只用来描述某个特定组织所关心的信息结构,是对现实世界的第一层抽象。概念模型按照用户的观点对数据建模,强调其语义表达能力。概念模型应该简单、清晰、易于用户理解,它是用户和数据库设计人员之间进行交流的语言和工具。

逻辑模型主要包括网状模型、层次模型、关系模型等,它按计算机系统的观点对数据建模,主要用于 DBMS 实现。物理模型是对数据最低层的抽象,它描述数据在系统内部的表示方式和存取方法、在磁盘或磁带上的存储方式和存取方法,是面向计算机系统的。物理模型的具体实现是 DBMS 的任务。数据库设计人员要了解和选择物理模型，一般用户不必考虑物理级的细节。

为了把现实世界中的具体事物抽象、组织为某一 DBMS 支持的数据模型，人们常常首先将现实世界抽象为信息世界，然后将信息世界转换为计算机世界。即首先把现实世界中的客观事物抽象为某一种信息结构，这种信息结构并不依赖于具体的计算机系统，不是某一 DBMS 支持的数据模型，而是概念模型；然后再把概念模型转换为计算机上某一 DBMS 支持的数据模型，这一过程如图 1-5 所示。

图 1-5　现实世界中客观对象的抽象过程

从现实世界到概念模型的转换是由数据库设计人员完成的，从概念模型到逻辑模型的转换可以由数据库设计人员完成，也可以用数据库设计工具协助设计人员完成，从逻辑模型到物理模型的转换一般由 DBMS 完成。

2. 概念模型及表示方法

概念模型是对信息世界的管理对象、属性及联系等信息的描述形式。概念模型不依赖于计算机及 DBMS，它是对现实世界的真实全面反映。在介绍概念模型之前，首先介绍一下信息世界的基本概念。

1）信息世界的基本概念

信息世界涉及的基本概念主要有：

（1）实体（Entity）。客观存在并可相互区别的事物称为实体。实体可以是具体的人、事、物，也可以是抽象的概念或联系。例如，一个职工、一个学生、一个部门、一门课、学生的一次选课、老师与系的工作关系等都是实体。

（2）属性（Attribute）。实体具有的某一特性称为属性。一个实体可以由若干个属性来刻画。例如，学生实体可以由学号、姓名、性别、出生年份、所在院系、入学时间等属性组成。（2006094001，王帅，男，1986，管理科学与工程系，2006）这些属性组合起来代表了一个学生。

（3）码（Key）。唯一标识实体的属性集称为码。例如，学号是学生实体的码，学号和课程号是选课关系的码。

（4）域（Domain）。属性的取值范围称为该属性的域。例如，学号的域为 10 位整数，姓名的域为字符串集合，学生年龄的域为整数，性别的域为（男，女）。

（5）实体型（Entity Type）。具有相同属性的实体必然具有共同的特征和性质。用实体名及属性名集合来抽象和刻画同类实体，称为实体型。例如，学生（学号，姓名，性别，出生年份，所在院系，入学时间）就是一个实体型。（2006094001，王帅，男，1986，管理科学与工程系，2006）就是学生实体型的一个实体。

（6）实体集（Entity Set）。同型实体的集合称为实体集。例如，全体学生就是一个实体集。

（7）联系（Relationship）。在现实世界中，事物内部以及事物之间是有联系的，这些联系在信息世界中反映为实体内部的联系和实体之间的联系。实体内部的联系通常是指组成实体的各属性之间的联系。实体之间的联系通常是指不同实体集之间的联系。

2）两个实体型之间的联系

两个实体型之间的联系可以分为 3 种。

（1）一对一联系（1：1）。如果对于实体集 A 中的每个实体，实体集 B 中至多有一个（也可以没有）实体与之联系，反之亦然，则称实体集 A 与实体集 B 具有一对一联系，记为1：1，如图 1-6 所示。

实体集A　　　　　　实体集B

图 1-6　两个实体集之间的 1：1 联系

例如，学校里面，一个班级只有一个班长，而一个班长只在一个班中任职，则班级与班长之间具有一对一联系。

（2）一对多联系（1：n）。如果对于实体集 A 中的每个实体，实体集 B 中有 n 个实体（$n \geq 0$）与之联系，反之，对于实体集 B 中的每个实体，实体集 A 中至多只有一个实体与之联系，则称实体集 A 与实体集 B 有一对多联系，记为 1：n，如图 1-7 所示。

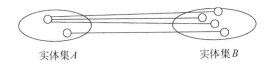

实体集A　　　　　　实体集B

图 1-7　两个实体集之间的 1：n 联系

例如，一个班级中有若干名学生，而每个学生只在一个班级中学习，则班级与学生之间具有一对多联系。

（3）多对多联系（m：n）。如果对于实体集 A 中的每个实体，实体集 B 中有 n 个实体（$n \geq 0$）与之联系，反之，对于实体集 B 中的每个实体，实体集 A 中也有 m 个实体（$m \geq 0$）与之联系，则称实体集 A 与实体集 B 具有多对多联系，记为 m：n，如图 1-8 所示。

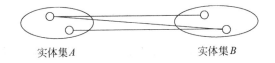

实体集A　　　　　　实体集B

图 1-8　两个实体集之间的 m：n 联系

例如，一门课程同时有若干个学生选修，而一个学生可以同时选修若干门课程，则课程与学生之间具有多对多联系。

实际上，一对一联系是一对多联系的特例，而一对多联系又是多对多联系的特例。

一般地，两个以上的实体型之间也存在着一对一、一对多和多对多联系。

例如，对于课程、教师与参考书 3 个实体型，如果一门课程可以有若干个教师讲授，使用若干本参考书，而每个教师只讲授一门课程，每本参考书只供一门课程使用，则课程与教师、参考书之间的联系是一对多的，如图 1-9 所示。

同一个实体集内的各实体之间也可以存在一对一、一对多、多对多的联系。

例如，教师实体集内部具有领导与被领导的联系，即某一教师（校长）领导若干名教师，而一个教师仅被另外一个教师(校长)直接领导,因此这是一对多的联系,如图 1-10 所示。

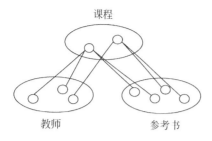

图 1-9　3 个实体集之间的 1∶n 联系

图 1-10　一个实体集内部实体之间的 1∶n 联系

3) 概念模型的表示方法

概念模型的表示方法很多,其中最为著名、最为常用的是 P. P. S. Chen 于 1976 年提出的实体—联系方法。该方法用 E-R 图(Entity-Relationship Diagram)描述现实世界的概念模型,E-R 方法也称为 E-R 模型。

这里介绍 E-R 图的要点。有关如何认识和分析现实世界,从中抽取实体和实体之间的联系,建立概念模型的步骤和方法将在第 5 章中讲述。

E-R 图提供了表示实体型、属性和联系的方法。

(1) 实体型:用矩形表示,矩形框内写明实体名。

(2) 属性:用椭圆形表示,并用无向边将其与相应的实体连接起来。

例如:学生实体具有学号、姓名、性别、出生年份、入学时间、所在院系等属性,用 E-R 图表示如图 1-11 所示。

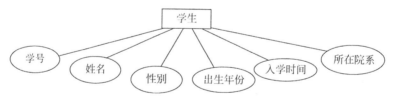

图 1-11　学生实体及属性

(3) 联系:用菱形表示,菱形框内写明联系名,并用无向边分别与有关实体型连接起来,同时在无向边旁边标上联系的类型($1∶1,1∶n,m∶n$)。

需要注意的是,如果一个联系具有属性,则这些属性也要用无向边与该联系连接起来。例如,学生与课程之间存在选课的 $m∶n$ 联系,成绩是选课的属性,E-R 图如图 1-12 所示。

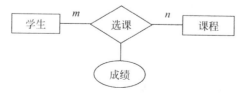

图 1-12　学生与课程之间的 $m∶n$ 联系

实体—联系方法是抽象和描述现实世界的有力工具。用 E-R 图表示的概念模型独立于具体的 DBMS 所支持的数据模型,它是各种数据模型的共同基础,因而比数据模型更一般、更抽象、更接近现实世界。

4)概念模型举例

某学校的学生选课管理涉及的实体及属性如下:

班级(班级编号,班级名称)

学生(学号,姓名,性别,籍贯)

专业(专业编号,专业名称,负责人)

课程(课程编号,课程名称,考核方式)

这些实体之间的联系如下。

一个班级可以有若干学生,一个学生只能在一个班级中。

一个专业开设若干门课程,一门课程只能由一个专业开设。

一个学生可以选择若干门课程来学习,一门课程可以被多个学生选修。

上述学生选课管理的 E-R 图如图 1-13 所示。

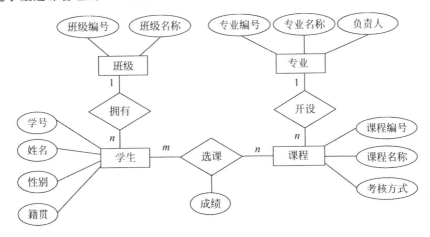

图 1-13 学生选课管理的 E-R 图

3. 主要的逻辑数据模型

目前,数据库领域最常用的数据模型主要有 3 种,分别是层次模型(Hierarchical Model)、网状模型(Network Model)和关系模型(Relational Model)。随着数据库理论与实践的不断发展,对象关系数据库模型(Object Relational Model)、面向对象模型(Object Oriented Model)等正处于不断发展和完善中。

在 3 种主要的逻辑数据模型中,层次模型和网状模型统称为格式化模型,也称为非关系模型。非关系模型的数据库系统在 20 世纪 70 年代至 80 年代初占据主导地位,现在已被关系模型的数据库系统取代。但在欧美等国家,一些早期开发的应用系统仍在使用非关系模型的数据库系统。

在非关系模型中,实体用记录表示,实体的属性对应记录的数据项。实体之间的联系为记录之间的联系。

非关系模型中数据结构的单位是基本层次联系。基本层次联系是指两个记录以及它们之间的一对多（包括一对一）联系。基本层次联系如图 1-14 所示。

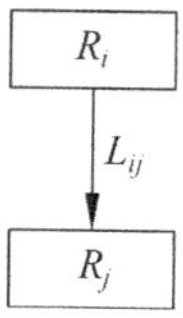

图中，R_i 位于联系 L_{ij} 的始点，称为双亲结点，R_j 位于联系 L_{ij} 的终点，称为子女结点。

1）层次模型

层次模型是数据库系统中最早出现的数据模型。采用层次模型作为数据组织方式的数据库系统称为层次数据库系统，1968

图 1-14　基本层次联系

年，IBM 公司推出的信息管理系统（Information Management System）是层次数据库系统的典型代表，是第一个大型的商用数据库管理系统。

（1）层次模型的数据结构。层次模型用树形结构表示各类实体以及实体间的联系。在现实世界中，许多实体之间的联系是一种自然的层次关系，如组织机构、家庭成员关系等。图 1-15 为一个专业的组织机构层次关系。

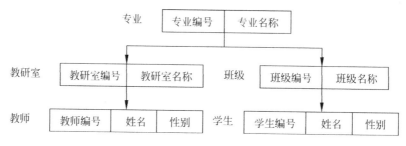

图 1-15　层次模型示例

在层次模型中，树形结构的每个结点是一个记录类型，每个记录类型可包含若干个字段。记录之间的联系用结点之间的连线（有向边）表示。上层结点称为父结点或双亲结点，下层结点称为子结点或子女结点。父子之间的联系是一对多联系，即父结点中的一个记录值可能对应 n 个子结点中的记录值。

在层次模型中，同一双亲的子女结点称为兄弟结点，没有子女的结点称为叶子结点。

层次模型的一个基本特点是，任何一个给定的记录值只有按其路径查看时，才能显示出它的全部意义，没有一个子女记录值能够脱离双亲记录值而独立存在。

层次模型需要满足以下两个条件。

* 有且只有一个结点没有双亲结点，这个结点称为根结点。
* 非根结点有且只有一个双亲结点。

（2）层次模型的数据操纵与完整性约束。

* 插入时，不能插入无双亲的子结点。如新来的教师未分配教研室，则无法插入到数据库中。
* 删除时，如删除双亲结点，则其子女结点也会被一起删除。如删除某个教研室，则它的所有教师也会被删除。
* 更新时，应更新所有相应的记录，以保证数据的一致性。

（3）层次模型的优缺点。

层次模型的优点：

* 数据模型简单，只需几条命令就能操纵数据，容易使用。

- 若实体间的关系固定,则性能优于关系模型。
- 具有良好的完整性支持。

层次模型的缺点:

- 不能直接表示两个以上的实体间的复杂的联系和实体间的多对多联系,只能通过引入冗余数据或创建虚拟结点的方法来解决,易产生不一致。
- 对数据的插入和删除的操作限制太多。
- 查询子女结点必须通过双亲结点。

2) 网状模型

现实世界中事物之间的联系更多的是非层次联系,用层次模型表示非树形结构很不直接,网状模型可以克服这一缺点。采用网状模型作为数据组织方式的数据库称为网状数据库系统。网状数据库系统的典型代表是 DBTG 系统,也称 CODASYL 系统。它是 20 世纪 70 年代数据库系统语言研究会下属的数据库任务组(DataBase Task Group,DBTG)提出的一个方案。

(1) 网状数据模型的数据结构。网状模型是一种比层次模型更具普遍性的数据结构,它去掉了层次模型的两个限制,主要特点为:

- 允许多个结点无双亲。
- 一个子结点可以有两个或多个父结点。

网状模型允许两个或两个以上的结点没有双亲结点,允许某个结点有多个双亲结点,则有向树变成了有向图,该有向图描述了网状模型。网状模型中每个结点表示一个记录型(实体),每个记录型可包含若干个字段(实体的属性),结点间的连线表示记录类型(实体)间的父子关系。图 1-16 是网状模型的例子。

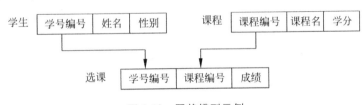

图 1-16 网状模型示例

(2) 网状数据模型的数据操纵与完整性约束。网状模型数据操纵的特点是:

- 允许插入无双亲的子结点。
- 允许只删除双亲结点,保留其子结点。
- 更新操作较简单,只更新指定记录即可。
- 查询操作可以有多种方法实现。

网状模型没有层次模型那样严格的完整性约束条件,但具体的某个网状数据库产品可以提供一定的完整性约束,对数据操纵加以一些限制。

(3) 网状数据模型的优缺点。

网状数据模型的优点:

- 能够直接描述现实世界。
- 查询方便,对称结构,查询格式相同。
- 操作功能强、速度快,存取效率较高。

网状数据模型的缺点：

- 数据结构及其对应的数据操作语言极为复杂。
- 数据独立性差，由于实体间的联系是通过存取路径来指示的，因此程序访问时要指定存取路径，程序设计困难。

3）关系模型

关系模型是目前最常用的一种数据模型。采用关系模型作为数据组织方式的数据库系统称为关系数据库系统。关系模型最早由 IBM 公司 San Jose 研究室的研究员 E. F. Codd 于 1970 年在论文"大型共享系统的关系数据库的关系模型"中首次提出，奠定了关系数据库的理论基础。关系模型是建立在严格的数学理论基础之上的，关系模型的概念及相关理论是本书的重点，具体内容将在后续章节中介绍，本节只做概述。

（1）关系模型的数据结构。关系模型用关系（即规范的二维表格）来表示各类实体以及实体间的联系。表 1-2～表 1-4 所示的范例是用关系模型表示的学生、课程两个实体以及它们之间的联系。

表 1-2 学生

学　号	姓　名	性　别	出生日期	入学成绩
2008091001	王一	男	1990.2.8	689
2008091002	张丹	女	1991.11.25	672
…	…	…	…	…

表 1-3 课程

课程编号	课程名称
09021001	Java 程序设计
09021002	数据库系统及应用
…	…

表 1-4 选课

学　号	课程号	成　绩
2008091001	09021001	80
2008091001	09021002	95
2008091002	09021001	77
…	…	…

关系模型的基本术语：

- 关系（Relation）：通常所说的二维表格。
- 元组（Tuple）：表格中的一行。
- 属性（Attribute）：表格中的一列，相当于记录中的一个字段。
- 码（Key）：可唯一标识元组的属性或属性集，也称为关键字。如"学生"表中的学号可以唯一确定一个学生，所以学号是学生表的码。
- 域（Domain）：属性的取值范围，如"学生"表中的性别只能取男或女两个值。
- 分量：每行对应的列的属性值。
- 关系模式：对关系的描述。一般表示为：关系名（属性 1，属性 2，…，属性 n）。如学生关系的关系模式为：学生（学号，姓名，性别，出生日期，入学成绩）。

关系模型要求关系必须是规范化的，即要求关系必须满足一定的规范条件，这些规范条件中最基本的一条就是"关系的每个分量必须是一个不可再分的数据项"。也就是说，不允许表中还有表。表1-5是一个不符合关系要求的非规范表。

表 1-5 不符合关系要求的非规范表

学 号	姓 名	综合测评成绩		
		德育成绩	智育成绩	体育成绩
2008091001	王一	90	95	80
...	...	...	...	...

（2）关系模型的数据操纵与完整性约束。关系模型的数据操纵主要包括查询、插入、删除和更新数据。关系模型中的数据操作是集合操作。操作对象和操作结果都是关系，即若干元组的集合，而不像非关系模型是单记录的操作方式。关系的完整性约束条件包括3大类：实体完整性、参照完整性和用户自定义完整性。其具体内容将在第2章介绍。

（3）关系模型的优缺点。

优点：

- 建立在严格数学概念的基础上，有严格的设计理论。
- 概念单一，结构简单直观、易理解，语言表达简练。
- 描述一致，实体和联系都用关系描述，查询操作结果也是一个关系，保证了数据操作语言的一致性。
- 利用公共属性连接，实体间的联系容易实现。
- 由于存取路径对用户透明，数据独立性更高，安全保密性更好。

缺点：

- 查询效率不高，速度慢，需要进行查询优化。
- 采用静态数据模型。

1.3 SQL Server 2008 概述

SQL Server 2008是微软公司在2008年发布的一个重大的数据库产品版本，以SQL Server 2005为基础，历经3年研发，推出了许多新功能并对关键功能做了改进，使得它成为非常强大和全面的SQL Server版本。SQL Server 2008提供了一套完整的数据管理和分析解决方案，给企业数据和分析应用程序带来增强的可靠性、高效性以及商业智能，使得它们更易于创建、部署和管理，在有效保证业务系统稳定运行的同时，能够带来新的商业价值和激动人心的应用体验。同时，它帮助企业随时随地管理任何数据。可以将结构化、半结构化和非结构化的数据（如图像和音乐）直接存储到数据库中。

1.3.1 SQL Server 2008 服务器组件

SQL Server 2008是一个功能全面整合的数据平台，包括数据库引擎、Analysis Services、Integration Services和Reporting Services等组件。SQL Server 2008的不同版本提供的组件也不相同。

SQL Server 2008的服务器组件可以通过SQL Server配置管理器来启动、停止或暂停。这些组件在Windows操作系统上是作为服务运行的。

（1）数据库引擎。数据库引擎是 SQL Server 2008 用于存储、处理和保护数据的核心服务，如创建数据库、创建基本表和视图、数据查询等操作都是由数据库引擎完成的。同时，数据库引擎还提供了受控访问和快速事务处理的功能。服务代理（Service Broker）、复制（Replication）、全文搜索（Full Text Search）等都是数据库引擎的一部分。

SQL Server 2008 支持在同一台计算机上同时运行多个 SQL Server 数据库引擎实例。每个实例各有一套不为其他实例共享的系统及用户数据库，应用程序连接同一台计算机上的 SQL Server 数据库引擎实例的方式，与连接其他计算机上运行的 SQL Server 数据库引擎的方式基本相同。SQL Server 2008 实例包括命名实例和默认实例。默认实例仅由运行该实例的计算机名称唯一标识，没有单独的实例名，默认实例的服务名称为 MSSQLSERVER。命名实例则要求应用程序必须提供准备连接的计算机名称和命名实例名，其格式为"计算机名\实例名"，其服务名称则为指定的实例名。

（2）Analysis Services。SQL Server 分析服务（SQL Server Analysis Services，SSAS）能够为商业智能应用程序提供联机分析处理（OLAP）和数据挖掘功能。

（3）Integration Services。SQL Server 集成服务（SQL Server Integration Services，SSIS）主要用于清理、聚合、合并、复制数据的转换以及管理 SSIS 包。除此之外，它还提供生产并调试 SSIS 包的图形向导工具，执行 FTP 上传操作、电子邮件等工作任务。

（4）Reporting Services。SQL Server 报表服务（SQL Server Reporting Services，SSRS）是基于服务器的报表平台，可用来创建和管理表格、矩阵、图形以及自由格式报表等。

1.3.2 SQL Server 2008 管理工具

安装 SQL Server 2008 后，可以在"开始"菜单中查看安装了哪些工具。另外，还可以使用这些图形化工具和命令使用工具进一步配置 SQL Server。表 1-6 中列举了用来管理 SQL Server 2008 实例的工具。

表 1-6　SQL Server 2008 实例的管理工具

管 理 工 具	说　　明
SQL Server Management Studio	用于编辑和执行查询，以及启动标准向导任务
SQL Server Profiler	提供用于监视 SQL Server 数据库引擎实例或 Analysis Services 实例的图形用户界面
数据库引擎优化顾问	可以协助创建索引、索引视图和分区的最佳组合
SQL Server Business Intelligence	用于包括 Analysis Services、Integration Services 和 Reporting Services 项目在内的商业解决方案的集成开发环境
Reporting Services 配置管理器	提供报表服务器配置的统一的查看、设置和管理方式
SQL Server 配置管理器	管理服务器和客户端网络配置设置
SQL Server 安装中心	安装、升级或更改 SQL Server 2008 实例中的组件

SQL Server 配置管理器用于管理与 SQL Server 2008 相关的服务。尽管其中许多任务可以使用 Windows 服务对话框来完成，但值得注意的是，SQL Server 配置管理器还可以对其管理的服务执行更多的操作，如在服务账户更改后应用正确的权限。

选择菜单"开始"→"所有程序"→Microsoft SQL Server 2008→"配置工具"→"SQL Server 配置管理器"，在窗口的左边窗格中选择"SQL Server 服务"，即可在右边窗格中出现的服务列表中对各服务进行操作,如图 1-17 所示。

图 1-17 SQL Server 配置管理器

使用 SQL Server 配置管理器可以完成下列服务任务。

(1) 启动、停止和暂停服务。双击图 1-17 中所示服务列表中的某个服务即可进行操作。除了可以使用可视化的方式来启动和停止服务外,还可以使用 DOS 命令完成相应服务的启动与停止,如 net start(stop) mssqlserver 是通过 DOS 命令完成 SQL Server 主服务的启动(停止),net start(stop) sqlserveragent 是对 SQL Server 代理服务的启动(停止)。

(2) 将服务配置为自动启动或者手动启动,禁用服务或者更改其他服务设置。

(3) 更改 SQL Server 服务使用的账户的密码。

(4) 查看服务的属性。

(5) 启用或禁用 SQL Server 网络协议。

(6) 配置 SQL Server 网络协议。

SQL Server 2008 中还有一些组件作为服务运行,如图 1-17 所示。

(1) SQL Server 代理。SQL Server 代理是一种 Windows 服务,主要用于执行作业、监视 SQL Server、激发警报,以及允许自动执行某些管理任务。代理的配置信息主要存放在系统数据库 msdb 的表中。必须将 SQL Server 代理配置成具有 sysadmin 固定服务器角色的用户,才可以执行其自动化功能。而且该账户必须拥有诸如服务登录、批处理作业登录、以操作系统方式登录等 Windows 权限。

(2) SQL Server Brower。此服务将命名管道和 TCP 端口信息返回给客户端应用程序。在用户希望远程连接到 SQL Server 2008 时,如果用户通过使用实例名称来运行 SQL Server 2008,并且在连接字符串中没有使用特定的 TCP/IP 端口号,则必须启用 SQL Server Brower 服务,以允许远程连接。

(3) SQL Full-text Filter Daemon Launcher。用于快速构建结构化或半结构化数据的内容和属性的全文索引,以允许对数据进行快速的语言搜索。

其中,SQL Server 代理和 SQL Full-text Filter Daemon Launcher 默认是禁用的。

1.3.3 SQL Server 2008 的数据库

当安装 SQL Server 2008 之后,会创建 5 个系统数据库(AdventureWorks/Adventure WorksDW 是选择性安装),这些数据库的特点如表 1-7 所示。

表 1-7　系统数据库和样本数据库

数据库名称	描　　述
Master	系统数据库，位于 SQL Server 的核心，如果该数据库被损坏，SQL Server 将无法正常工作。 该数据库用于存储系统级信息，如所有的登录名或用户 ID 所属的角色、所有的系统配置设置（如数据排序信息、安全实现、默认语言）、服务器中的数据库的名称及相关信息、数据库的位置等
Model	系统数据库，用于存储数据库的模板信息。 若希望所有的数据库都有确定的初始大小，或者都有特定的信息集，那么就可以把这些信息放在 Model 数据库中，以 Model 数据库作为其他数据库的模板数据库。如果想使所有的数据库都有一个特定的表，可以把该表放在 Model 数据库里。Model 数据库是 Tempdb 数据库的基础。对 Model 数据库的任何改动都将反映在 Tempdb 数据库中，所以，在决定对 Model 数据库有所改变时，必须预先考虑好并多加小心
Msdb	系统数据库，用于存储警报、作业、操作员等信息。 Msdb 给 SQL Server 代理提供必要的信息来运行作业，因而，它是 SQL Server 中另一个十分重要的数据库。SQL Server 代理是 SQL Server 中的一个 Windows 服务，用以运行任何已创建的计划作业（例如包含备份处理的作业）。作业是 SQL Server 中定义的自动运行的一系列操作，它不需要任何手工干预来启动。当创建备份或执行还原时，将用 Msdb 来存储有关这些任务的信息
Tempdb	系统数据库，用于存储查询过程中的临时信息。 Tempdb 数据库，顾名思义，是一个临时性的数据库，它存在于 SQL Server 会话期间，一旦 SQL Server 关闭，Tempdb 数据库将丢失。当 SQL Server 重新启动时，将重建全新的、空的 Tempdb 数据库，以供使用
AdventureWorks/ AdventureWorksDW	这个数据库基于一个自行车生产公司，以一种简单的、容易理解的方式来展示 SQL Server 2005 和 SQL Server 2008 的新功能，如 Reporting Services、CLR（公共语言运行时）特性以及许多其他特性

1.4　数据库技术新发展

　　数据库系统是一个大家族，数据模型丰富多样，新技术内容层出不穷，应用领域也日益广泛。数据库新技术的发展可以围绕数据模型、新技术、应用领域 3 个方面来阐述。

1.4.1　数据模型的发展

　　数据库的发展集中表现在数据模型的发展。从最初的层次、网状数据模型发展到关系数据库模型，数据库技术产生了巨大的飞跃。关系模型的提出，是数据库发展史上具有划时代意义的重大事件。20 世纪 80 年代后期，几乎所有的数据库系统都是关系数据库，其应用遍布各个领域。

　　然而，随着数据库应用领域的不断扩展、数据对象的多样化，传统的关系数据模型开始暴露出许多弱点，如复杂对象的表示能力较差，语义表达能力较弱，缺乏灵活丰富的建模能力,对声音、时间、空间、图像、视频等数据类型的处理能力差等。为此,人们提出并发展了许多新的数据模型。这些尝试主要是沿着如下几个方向进行的。

1. 对传统的关系模型进行扩充

在传统的关系模型基础上引入了少数构造器,使它能表达比较复杂的数据类型,增强其结构建模能力,这样的数据模型称为复杂数据模型。

按照它们进行扩充的侧重点,复杂数据模型可分为两种:一种是偏重于结构的扩充,如嵌套关系模型,它能表达"表中表",并且表中的一个域可以是一个函数(称为虚域);另一种是侧重于语义的扩充,关系的结构仍然是二维表,但支持关系之间的继承,也支持在关系上定义函数和运算符。

2. 新提出和发展的数据模型

相对于关系模型来讲,新提出和发展的数据模型增加了全新的数据构造器和数据处理原语,以表达复杂的结构和丰富的语义。这类模型中比较有代表性的是函数数据模型(FDM)、语义数据模型(SDM)、RM/T 模型以及 E-R 模型等,这些模型统称为语义数据模型。它们的特点是引入了丰富的语义关联,能更自然、恰当地表达客观世界中实体间的联系。此外,由于拥有比较丰富的结构构造器,所以它们也具有了很强的结构表达能力。

由于语义数据模型比较复杂,在程序设计语言和技术方面没有相应的支持,所以,它们在数据库系统方面都没有重大的突破,只是作为数据库设计中概念建模的一种工具,如 E-R 模型。

3. 面向对象与对象关系模型

将上述语义数据模型和 OO 程序设计方法结合起来,出现了面向对象的数据模型。面向对象的数据模型吸收了面向对象程序设计方法学的核心概念和基本思想。一个面向对象的数据模型是用面向对象观点来描述现实世界实体的逻辑组织、对象间限制、联系等的模型。一系列面向对象的核心概念构成了面向对象数据模型的基础。

对象关系数据库系统是关系数据库系统与面向对象数据模型的结合。它保持了关系数据库系统的非过程化数据存取方式和数据独立性,继承了关系数据库系统已有的技术,既支持原有的数据管理,又支持 OO 模型和对象管理。

4. XML 数据模型

随着互联网的迅速发展,Web 上各种半结构化、非结构化的数据源已经成为越来越重要的信息来源,XML 已成为网上数据交换的标准和数据界的研究热点。

XML 数据是自描述的、不规则的,可以用图模型来表示。XML 数据与半结构化数据非常相似,可以看成是半结构化数据的特例,但它们之间还存在着一些差别:

(1) XML 中存在参照。

(2) XML 中的元素是有序的。

(3) XML 中可以将文本和元素混合。

(4) XML 包含许多其他的内容,如处理指令、注释、实体、CDATA、文档定义类型等。

人们研究和提出了多种 XML 数据模型,到目前为止,还没有公认的、统一的 XML 模型。W3C 已经提出的有 XML Information Set、XPath 1.0 Data Model、DOM model 和 XML Query Data Model,这 4 种模型都采用树型结构。当前,DBMS 产品都扩展了对 XML 的处理,如存储 XML 数据、支持 XML 和关系数据之间的相互转换。

1.4.2　数据库技术与其他相关技术结合

数据库技术与其他学科的内容相结合，是数据库技术的一个显著特征，涌现出各种新型的数据库系统，如图 1-18 所示。

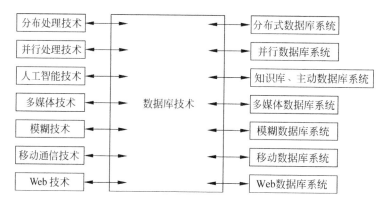

图 1-18　数据库技术与其他技术的相互渗透

1. 分布式数据库系统

分布式数据库系统（Distributed DataBase System）包含分布式数据库管理系统（Distributed Data Base Management System）和分布式数据库（Distributed DataBase）。在分布式数据库系统中，一个应用程序可以对数据库进行透明操作，数据库中的数据分别在不同的局部数据库中存储，由不同的 DBMS 进行管理，在不同的机器上运行，由不同的操作系统支持，被不同的通信网络连接在一起。

一个分布式数据库在逻辑上是一个统一的整体，在物理上则分别存储在不同的物理结点上。一个应用程序通过网络的连接可以访问分布在不同地理位置的数据库。它的分布性表现在数据库中的数据不是存储在同一场地，更确切地讲，不是存储在同一计算机的存储设备上。这就是分布式数据库与集中式数据库的区别。从用户的角度看，一个分布式数据库系统在逻辑上和集中式数据库系统一样，用户可以在任何一个场地执行全局应用，就好像那些数据是存储在同一台计算机上，由单个数据库管理系统（DBMS）管理一样。

分布式数据库系统已经成为信息处理学科的重要领域，正在迅速发展之中，原因基于以下几点：

- 它可以解决组织机构分散而数据需要相互联系的问题。例如银行系统，总行与各分行处于不同的城市或城市中的各个地区，在业务上它们需要处理各自的数据，也需要彼此之间的交换和处理，这就需要分布式系统。
- 如果一个组织机构需要增加新的相对自主的组织单位来扩充机构，则分布式数据库系统可以在对当前机构影响最小的情况下进行扩充。
- 均衡负载的需要。数据的分解采用使局部应用达到最大，这使得各处理机之间的相互干扰降到最低。负载在各处理机之间分担，可以避免临界瓶颈。
- 当现有机构中已存在几个数据库系统，而且实现全局应用的必要性增加时，就可以由这些数据库自下而上构成分布式数据库系统。
- 相等规模的分布式数据库系统在出现故障的概率上不会比集中式数据库系统低，但由于其故障的影响仅限于局部数据应用,所以就整个系统来讲,它的可靠性是比较高的。

分布式数据库系统是在集中式数据库系统的基础上发展起来的,是计算机技术和网络技术结合的产物。分布式数据库系统适合于部门分散的单位,允许各个部门将其常用的数据存储在本地,实施就地存放、本地使用,从而提高响应速度,降低通信费用。分布式数据库系统与集中式数据库系统相比,具有可扩展性,通过增加适当的数据冗余,提高系统的可靠性。在集中式数据库中,尽量减少冗余度是系统目标之一。其原因是,冗余数据浪费存储空间,而且容易造成各副本之间的不一致性。而为了保证数据的一致性,系统要付出一定的维护代价。减少冗余度的目标是用数据共享达到的。而在分布式数据库中却希望增加冗余数据,在不同的场地存储同一数据的多个副本,其原因是:①提高系统的可靠性、可用性。当某一场地出现故障时,系统可以对另一场地上的相同副本进行操作,不会因一处故障而造成整个系统瘫痪。②提高系统性能。系统可以根据距离选择离用户最近的数据副本进行操作,减少通信代价,改善整个系统的性能。

分布式数据库具有以下几个特点。

(1) 数据独立性与分布透明性。数据独立性是数据库技术追求的主要目标之一,分布透明性指用户不必关心数据的逻辑分区,不必关心数据物理位置分布的细节,也不必关心重复副本(冗余数据)的一致性问题,同时也不必关心局部场地上数据库支持哪种数据模型。分布透明性的优点是很明显的,有了分布透明性,用户的应用程序书写起来就如同数据没有分布一样,当数据从一个场地移到另一个场地时不必改写应用程序,当增加某些数据的重复副本时也不必改写应用程序。数据分布的信息由系统存储在数据字典中,用户对非本地数据的访问请求由系统根据数据字典予以解释、转换和传送。

(2) 集中和结点自治相结合。数据库是用户共享的资源。在集中式数据库中,为了保证数据库的安全性和完整性,对共享数据库的控制是集中的,并设有 DBA 负责监督和维护系统的正常运行。在分布式数据库中,数据的共享有两个层次:一是局部共享,即在局部数据库中存储局部场地上各用户的共享数据,这些数据是本场地用户常用的;二是全局共享,即在分布式数据库的各个场地也存储可供网中其他场地的用户共享的数据,支持系统中的全局应用。因此,相应的控制结构也具有两个层次:集中和自治。分布式数据库系统常常采用集中和自治相结合的控制结构,各局部的 DBMS 可以独立地管理局部数据库,具有自治的功能;同时,系统又设有集中控制机制,协调各局部 DBMS 的工作,执行全局应用。当然,不同的系统集中和自治的程度不尽相同。有些系统高度自治,连全局应用事务的协调也由局部 DBMS、局部 DBA 共同承担,而不要集中控制,不设全局 DBA;有些系统则集中控制程度较高,场地自治功能较弱。

(3) 全局数据库的一致性和可恢复性。分布式数据库中各局部数据库应满足集中式数据库的一致性、可串行性和可恢复性。除此以外,还应保证数据库的全局一致性、并行操作的可串行性和系统的全局可恢复性。这是因为全局应用要涉及两个以上结点的数据。因此,在分布式数据库系统中,一个业务可能由不同场地上的多个操作组成。例如,银行转账业务包括两个结点上的更新操作。这样,当其中某一个结点出现故障、操作失败后,如何使全局业务回滚呢?如何使另一个结点撤销已执行的操作(若操作已完成或完成一部分)或者不必再执行业务的其他操作(若操作尚没执行),这些技术要比集中式数据库复杂和困难得多。分布式数据库系统必须解决这些问题。

（4）复制透明性。用户不用关心数据库在网络中各个结点的复制情况，被复制的数据的更新都由系统自动完成。在分布式数据库系统中，可以把一个场地的数据复制到其他场地存放，应用程序可以使用复制到本地的数据在本地完成分布式操作，避免通过网络传输数据，提高了系统的运行和查询效率。但是，对于复制数据的更新操作，就要涉及对所有复制数据的更新。

（5）易于扩展性。在大多数网络环境中，单个数据库服务器最终会不满足使用。如果服务器软件支持透明的水平扩展，那么就可以增加多个服务器，进一步分布数据和分担处理任务。

2. 并行数据库系统

并行数据库系统是在并行机上运行的具有并行处理能力的数据库系统。并行数据库系统既能发挥多处理机结构的优势，同时又能采用先进的并行查询技术和并行数据管理技术，可以提供一个高性能、高可用性、高扩展性的数据库管理系统，它是数据库技术与并行计算机技术结合的产物。

并行数据库的出现有其硬件和软件两方面的原因。硬件方面，随着微处理技术和磁盘阵列技术的进步，并行计算机得到了迅速发展，出现了一些商品化的并行计算机系统。并行计算机系统可以使用数个、数十，甚至成百上千个廉价的微处理器协调工作，性能价格比要比大中型计算机系统高。特别是，并行计算机系统广泛采用了磁盘阵列技术，能有效地增加I/O带宽，缓解了应用中的 I/O 瓶颈问题。软件方面，随着应用领域数据库规模的急剧膨胀，数据库服务器对大型数据库各种复杂查询响应时间和联机事务处理吞吐量的要求顾此失彼。

理论上讲，关系数据库模型本身具有极大的并行可能性。关系模型中，数据库是元组的集合，数据库操作实际是集合操作，许多情况下可分解为一系列对子集的操作，并且很多子操作不具有数据相关性，因而具有潜在的并行性。这样，并行处理技术与数据库技术结合，就具有了潜在的可能性。

并行数据库系统具有以下特点。

（1）高性能。并行数据库系统通过将数据库管理技术与并行处理技术有机结合，发挥多处理器结构的优势，从而可以提高比相应的大型机系统高得多的性价比和可用性。

（2）高可靠性。由于并行数据库系统采用多处理器，当一个处理器的磁盘损坏时，该盘在其他磁盘上的数据库副本仍可供使用，从而大大提高了系统的可靠性。

（3）可扩充性。并行数据库系统的性能可以通过增加处理和存储能力而平滑地扩展。

3. 知识库和主动数据库系统

（1）知识库系统。计算机科学与技术的发展和计算机应用领域的日益拓宽，使得计算机从传统的数值计算发展到非数值处理，其中包括数据处理与知识处理。20 世纪 60 年代，大量的商业应用与事务处理使得计算机应用进入了数据处理时代，并由此产生了数据库系统，从而使大规模数据的存储、管理与控制成为现实。20 世纪 70 年代，人工智能中的专家系统、知识工程及大量基于知识的处理系统的出现，使得知识的存储、管理与控制成为迫切的需要，在这种情况下，知识库系统就成为计算机发展的必然产物。

（2）知识库，又称为智能数据库或人工智能数据库。知识库的概念来自两个不同的领域：其一是人工智能及其分支——知识工程领域；其二是传统数据库领域。在知识库技术的发展中，由于这两个领域各自存在难以克服的困难和障碍，所以它们相互借鉴和引进对方先进的领域技术。人工智能和数据库这两项计算机技术的有效结合，促使了知识库系统的产生和发展。

目前，对知识库系统的研究分为两个方面：一方面从人工智能领域出发研究知识库系统；另一方面从数据库角度研究知识库，即在数据库中加入推理规则，使数据库具有推理能力。从这两个方面研究知识库系统本身并没有本质的差别，只是在处理的对象这一侧重面上有所不同，特别是当在知识信息量很大的领域应用智能系统时，没有强有力的库管理机制支持是很难想象的。现有的知识管理系统大多从数据库出发，用逻辑方法及手段来改造传统的数据库信息技术的局限性，以适应那些信息结构复杂、需要知识处理和对知识管理有特殊要求的某些应用领域（如智能 CAD、智能 DSS、工程设计与制造、办公自动化等）。但这些系统在语言表达能力、智能化程度和灵活性等方面还不太适应多数人工智能应用。

（3）主动数据库系统。主动数据库是相对于传统数据库的被动性而言的。传统数据库在数据库的存储与检索方面获得了巨大的成功，人们希望在数据库中查询、修改、插入或删除某些数据时总可以通过一定命令来实现。但是，传统数据库的所有这些功能都有一个重要特征，就是"数据库本身是被动的"，用户给什么命令，它就执行什么动作。而在许多实际的应用领域，如计算机集成制造系统、管理信息系统、办公自动化系统中，常常希望数据库系统在紧急情况下能根据数据库的当前状态主动适时地做出反应，执行某些操作，向用户提供有关信息。传统的数据库系统很难充分适应这些应用的主动要求，因此在传统数据库基础上，结合人工智能和面向对象技术提出了主动数据库。主动数据库除了具有一切传统数据库的被动服务功能外，还具有主动服务的功能。

主动数据库的主要目标是提供对紧急情况及时反应的能力，同时提高数据库管理系统的模块化程度。主动数据库通常采用的方法是在传统数据库系统嵌入 ECA（事件—条件—动作）规则，这相当于系统提供了一个"自动检测"机构，它主动地、不时地检查着这些规则中包含的各种事件是否已经发生，一旦某事件被发现，就主动触发执行相应的动作。

实现主动数据库的关键技术在于，它的条件检测技术能否有效地对事件进行自动监督，使得各种事件一旦发生就很快被发觉，从而触发执行相应的规则。此外，如何扩充传统的数据库系统，使之能够描述、存储、管理 ECA 规则，适应于主动数据库；如何构造执行模型，也就是说，ECA 规则的处理和执行方式；如何进行事务调度；如何在传统数据库管理系统的基础上形成主动数据库的体系结构；如何提高系统的整体效率等都是主动数据库需要研究解决的问题。

4. 多媒体数据库系统

媒体是信息的载体。多媒体是指多种媒体（如数字、文本、图形、图像和声音）的有机集成，而不是简单的组合。科学技术的突飞猛进使得社会的发展日新月异，人们希望计算机不仅能够处理简单的数据，而且能够处理多媒体信息。在办公自动化、生产管理和控制等领域，对用户界面、信息载体和存储介质也提出了越来越高的要求。人们不但要求能在计算机内以统一的模式存储图、文、声、像等多种形式的信息，而且要求提供图文并茂、有声有色的用户界面。多媒体数据管理成为现阶段计算机系统的重要特征。

多媒体数据库实现对格式化和非格式化的多媒体数据的存储、管理和查询。多媒体数据库应当能够表示各种媒体的数据。由于非格式化的数据表示起来比较复杂，所以需要根据多媒体系统的特点来决定表示方法。例如，可以把非格式化的数据按照一定算法映射成一张结构表，然后根据它的内部特定成分来检索。多媒体数据库应能够协调处理各种媒体数据，正确识别各种媒体之间在空间或时间上的关联。例如，多媒体对象在表达时就必须保证时间上的同步性。多媒体数据库还应该提供比传统数据库关系更强的、适合非格式化数据查询的搜索功能。例如，系统可以对图像等非格式化数据进行整体或部分搜索。

多媒体数据库目前主要有 3 种结构。

（1）由单独一个多媒体数据库系统来管理不同媒体的数据库以及对象空间。

（2）采用主 DBMS 和辅 DBMS 相结合的体系结构。每个媒体数据库由一个辅 DBMS 管理，另外有一个主 DBMS 来一体化所有的辅 DBMS。用户在主 DBMS 上使用多媒体数据库，对象空间也由主 DBMS 管理。

（3）协作 DBMS 体系结构。每个媒体数据库对应一个 DBMS，成为成员 DBMS，每个成员放到外部软件模型中，由外部软件模型提供通信、查询和修改界面。用户可以在任一点上使用数据库。

5. 移动数据库系统

随着无线通信技术和计算机硬件技术的发展，以计算机网络为中心的移动计算技术得到广泛应用和发展，使得在任何时候、任何地点访问任何所需信息成为可能。移动计算技术的应用促进了无线技术与数据库技术的融合，推动了移动数据库技术的发展。移动数据库作为分布式数据库的延伸和扩展，拥有分布式数据库的诸多优点和独有特征，有着广泛的应用前景。

移动数据库技术是指支持移动计算环境的分布式数据库技术，涉及数据库、分布式计算以及移动通信等多个学科领域，已成为分布式数据库一个新的研究方向。由于移动数据库系统的终端设备通常不是传统的台式计算机，而是诸如掌上电脑、PDA、车载设备、移动电话等嵌入式设备，因此它又被称为嵌入式移动数据库系统。

移动数据库技术在移动计算平台（如 HPC、PDA）、家庭信息环境（如机顶盒和数字电视）、通信计算平台、电子商务平台（如智能卡应用）、车计算平台等领域得到广泛应用。正是基于这一事实，各国研究机构纷纷展开了对移动数据库的研究，各大数据库厂商也将开发现有数据库系统的移动数据库作为一个重要的发展方向。

移动计算技术的不断发展，已经使得移动终端面对的不再是单纯的应用界面，而逐渐发展为可支持具有简单数据库管理系统的计算机。但由于移动设备存在资源的限制，所以移动 DBMS 管理的数据集可能是后端服务器中数据集的子集或子集的副本。另外，移动端的断接性使得移动数据库系统中的数据复制和缓存具有新的特征，与复制和缓存紧密关联的就是数据同步的问题。移动数据库的一个显著特点是移动终端之间以及与后端服务器之间的连接是一种弱连接，即低带宽、长延迟、不稳定和经常性的断开。为了支持用户在弱连接环境下对数据库的操作，现在普遍采用乐观复制方法，允许用户对本地缓存上的数据副本进行操作，待网络重新连接后再与数据库服务器或其他终端交换数据修改信息，并通过冲突检测和协调来恢复数据的一致性。

6. 模糊数据库系统

传统的数据库仅允许对精确的数据进行存储和处理，而客观世界中有许多事物是不精确的。现实世界中对象的模糊性是指其表露的不清楚性和不完全性。模糊性是客观世界的一个重要属性,客观世界的信息有很多是不完全的、不清晰的、模糊的,而这些信息又往往是重要的、不可或缺的,人们迫切需要一种能够快速、高效管理这些信息的工具。

模糊数据库是指能够处理模糊数据的数据库,它是研究如何在数据库中表示、存储和管理模糊数据的一门学科,也是数据库领域的一个重要分支。一般的数据库都以二值逻辑和精确的数据工具为基础,不能表示许多模糊不清的事情。随着模糊理论体系的建立,人们可以用数量来描述模糊事件,并进行模糊运算。这样就把不完全性、不确定性、模糊性引入数据库系统中,从而形成模糊数据库。与传统数据库系统不同,模糊数据库具有以下特点。

(1)数据的模糊性,即数据本身是模糊的,包括模糊数据变量(如"10米左右")和模糊语言变量(如"一般""良好")。

(2)数据间关系的模糊性,即数据间的联系以及依赖关系是模糊的。

(3)约束条件的模糊性,包括数据完整性、一致性等约束的模糊性。

(4)数据操纵的模糊性,包括数据定义、数据操纵和数据查询的模糊性。

(5)模糊数据的冗余性,和传统数据库不同,如何定义和消除模糊数据的冗余性是模糊数据库技术的一个重要问题。

7. Web数据库系统

Web数据库是指将数据库技术与Web技术融合,使数据库成为Web的重要组成部分的数据库。Web数据库集合了Web技术和数据库技术的优点,使二者都发生了质的变化:Web网页从静态网页发展成由数据库驱动的动态网页,而数据库实现了开发环境和应用环境的分离,用户端可以用统一的浏览器实现跨平台和多媒体服务。

在传统的Web服务中,文本和其他多媒体信息都以文件的形式进行存储和管理,随着信息量的不断增加,系统的速度受到越来越大的影响。同时因为Web的应用领域在不断扩展,静态的Web页面越来越不能满足人们对Web上信息服务的动态性、实时性和交互性的要求。另外,数据库技术经过几十年的发展,其功能越来越强大,各种数据库系统,如Oracle、Sybase、Informix、SQL Server等,都具有对大批量数据进行有效的组织管理和快速的查询检索功能。为了进行网络上数据的高效存取,实现交互式动态Web页面,就必须以大量数据资源为基础,因此必然要在Web中引入数据库。Web技术和数据库技术的结合不仅把Web和数据库的所有优点集中在一起,而且充分利用了大量已有的数据库信息资源,可以使用户在Web浏览器上方便地检索和浏览数据库的内容,这对许多软件开发者来说具有巨大的吸引力。

Web数据库发展到现在,经历了3个发展阶段。

第一代Web数据库提供静态访问和静态内容应用。早期的Web数据库提供静态文档的管理和访问:程序员根据数据库内容用HTML编写Web页面,用户对数据库的访问实际是对该静态HTML文档的访问。这种模式下的Web数据库存在不实时的缺点:为保持用户访问的信息与数据库信息相同,当数据库内部信息更新时,必须同时修改相应的静态文件,从而导致数据库维护工作量很大。第一代Web数据库是在还没有出现Web数据库访问技术的时候产生的,基本只是Web技术,Web服务器只是一个HTTP服务器,但是这种方式已经可以实现数据库资源的共享,仅适合一些较小规模的系统。

第二代Web数据库提供静态访问和动态内容应用,实现基于数据库的动态文档的管理和访问。为了实时地将各数据库中的信息反映在页面上,必须使数据库能与Web服务器直接连接，这需要使用 CGI 编程。在第二代 Web 数据库中，CGI 技术根据数据库的内容自动更新有关部门的静态页面，提供给最终用户。用户访问的是静态的 HTML 文档，但文档内容是随着数据库而改变的动态内容。第二代 Web 数据库因为不能保持数据库连接状态，存在性能瓶颈，在扩展性和保密性等诸方面表现较差，所以将逐渐被淘汰。

第三代 Web 数据库除了提供第二代 Web 数据库的功能外，还提供基于 Web 的联机事务处理（OLTP）能力，在 Web 的客户端与服务器端实现了动态的和个性化的交流和互动。随着 Web 数据库的不断发展，简单的 CGI 程序演变成为具有强大功能的数据库应用服务器，应用服务器既有面向 Web 服务器的接口，又有面向数据库服务器的接口。当 Web 服务器接收到 Web 客户访问动态数据内容的请求，需要和数据库连接的时候，就能够通过应用服务器建立起数据库服务器和 Web 服务器之间的连接，这种连接让 Web 客户既能够访问数据库，形成动态页面，又能完成 OLTP 能力，即插入、更新和删除数据库。第三代 Web 数据库使所有对数据库的操作（增加、删除、修改）、信息的查询和管理都通过统一标准的 Internet 浏览器界面来进行，这对于那些终端用户来说是极好的方式，也更加适应 Internet 技术的发展和网络互连的需要。

1.4.3　面向应用领域的数据库新技术

数据库技术被应用到特定的领域中，出现了数据仓库、工程数据库、科学与统计数据库、空间数据库等多种数据库，使数据库领域的应用范围不断扩大，如图 1-19 所示。

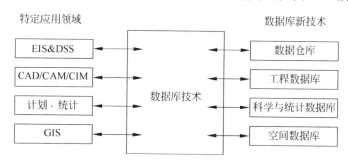

图 1-19　特定应用领域中的数据库技术

这些数据库系统都明显地带有某一领域应用需求的特性。由于传统的数据库系统具有局限性，无法直接使用当前通用的 DBMS 来管理这些领域内的数据对象，因而广大数据库工作者针对各个领域的数据库特征探索和研制了各种特定的数据库系统，取得了丰硕的成果，不仅为这些应用领域建立了可供使用的数据库系统，而且为新一代数据库技术的发展做出了贡献。

1. 数据仓库

数据仓库是信息领域中迅速发展起来的数据挖掘技术。数据仓库的建立能充分利用已有的数据资源，将数据转换为信息，从中挖掘出知识，提炼成智慧，最终创造出效益。

传统的数据库技术是单一的数据资源，它以数据库为中心，进行从事务处理、批处理到决策分析等各种类型的数据处理工作。然而，不同类型的数据处理有不同的处理特点，以单一的数据组织方式进行组织的数据库并不能反映这种差别，满足不了数据处理的多样化需求。随着对数据处理认识的逐步加深，人们认识到计算机系统的数据处理应当分为两类：

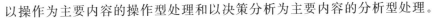

以操作为主要内容的操作型处理和以决策分析为主要内容的分析型处理。

操作型处理也称为事务处理，它是对数据库联机的日常操作，通常是对记录的查询、修改、插入、删除等操作。分析型处理主要用于决策分析，为管理人员提供决策信息。分析型处理与事务型处理不同，不但要访问现有的数据，而且要访问大量的历史数据，甚至需要提供企业外部、竞争对手的相关数据。显然，传统的数据库技术不能反映这种差异，满足不了数据处理多样化的要求，由此产生了一种新的数据处理技术——数据仓库技术。

数据仓库是一个面向主题的、集成的、随时间变化的、非易失性数据的集合，用于支持管理层的决策过程，其基本特征为：

（1）面向主题性。面向主题性表示数据仓库中数据组织的基本原则，数据仓库中的所有数据都是围绕着某一主题组织展开的。数据仓库的用户大多是企业的管理决策者，这些人面对的往往是一些比较抽象的、层次较高的管理分析对象。例如，企业中的客户、产品、供应商都可作为主题看待。从信息管理的角度看，主题就是在一个较高的管理层次上对信息系统中的数据按照某一具体的管理对象进行综合、归类所形成的分析对象。从数据组织的角度看，主题就是一些数据集合，这些数据集合对分析对象进行了比较完整的、一致的数据描述，这种描述不仅涉及数据自身，还涉及数据之间的联系。

（2）数据集成性。数据仓库的集成性是指根据决策分析的要求，将分散于各处的源数据进行抽取、筛选、清理、综合等集成工作，使数据仓库中的数据具有集成性。

（3）时变性。数据仓库的时变性，就是指数据应该随着时间的推移而发生变化。尽管数据仓库中的数据并不像业务数据库那样直接反映业务处理的目前状况，但是数据也不能长期不变。数据仓库必须能够不断捕捉业务系统中的变化数据，将那些变化数据追加到数据仓库中去，也就是在数据仓库中不断生成业务数据库的快照，以满足决策分析的需要。

（4）非易失性。数据仓库的数据非易失性是指数据仓库中的数据不经常进行更新处理，因为数据仓库中的数据多表示过去某一时刻的数据，主要用于查询，不像业务中的数据库那样，需要经常进行修改、添加，除非数据仓库中的数据是错误的。

2. 工程数据库

工程数据库是一种能存储和管理各种工程设计图形和工程设计文档，并能为工程设计提供各种服务的数据库。传统的数据库能很好地存储规范数据和进行事务处理，而在CAD/CAM、CIM、CASE 等工程应用领域，对具有复杂结构和工程设计内涵的工程对象以及工程领域中的大量"非经典"数据应用，传统的数据库则无能为力。工程数据库正是针对工程应用领域的需求而提出来的，目的是利用数据库技术对工程对象有效地加以管理，并提供相应的处理功能及良好的设计环境。

由于工程数据的数据结构复杂，相互联系紧密，数据存储量大，所以工程数据库管理系统的功能与传统 DBMS 有很大不同，主要应具有以下功能。

（1）支持复杂对象（如图形数据、工程设计文档）的表示和处理。

（2）支持可扩展的数据类型。

（3）支持复杂多样的工程数据的存储和集成管理。

（4）支持变长结构数据实体的处理。

（5）支持工程长事务和嵌套事务的并发控制和恢复。

（6）支持设计过程中多个不同数据版本的存储和管理。

（7）支持模式的动态修改和扩展。

（8）支持多种工程应用程序等。

在工程数据库的设计过程中，由于传统的数据模型难以满足工程应用的要求，所以需要运用当前数据库研究中的一些新模型技术，如扩展的关系模型、语义模型、面向对象的数据模型等。

目前的工程数据库的研究和开发虽然已取得了很好的成绩，但要全面达到应用要求的目标，仍需要努力。

3. 科学与统计数据库

国家社会经济数据的主体是统计数据，企事业经营管理数据的主体是统计数据，科研教学单位科技信息的主体也是统计数据，所以统计数据研究与开发具有广泛的应用领域和巨大的商业价值。科学与统计数据库管理（Scientific and Statistical Data Bases Management，SSDBM）技术的核心思想是：以统计指标和统计表的结构特征建立统计数据库系统和统计信息系统。其中，统计指标具有质量统一性、历史性、大量广泛性、结构性和动态变化性等特点。

（1）质量统一性。统计指标是质（指标名）和量（指标值）的统一，质和量缺一不可。指标名一般是字符型数据，是存储指标的依据，指标值是数值型数据，是数据加工处理的对象。SSDBM系统在存储两类不同性质的数据时，应该采用不同的存储技术，并应清楚地描述它们之间的联系。

（2）历史性。统计数据是历史发展的积累，随着时间的推移，以往的历史数据不会失去存在的意义，而是进行数据分析、趋势预测的基础，因此在SSDBM系统中，新收集到的统计指标不能覆盖原有的数据，这和一般的事务型数据库系统有着明显的差异。

（3）大量广泛性。统计指标记录的对象可能横向涉及各行各业的各种事物，而且由于人们信息处理手段的加强和提高，管理的范围在不断拓展，所以SSDBM系统很难确定一个清晰的系统边界，这和一般的事务型数据库系统有着明显的差异。广泛性带来对系统模型抽象和概括的困难。

统计指标的纵向历史性和横向广泛性造成统计指标的大量性，这种数量规模是一般事务型数据库系统难以比拟的，所以国外一般将SSDBM系统研究归于大规模数据库（VLDB）系统的研究领域。大规模数据库系统的首要问题是数据的存取问题，许多SSDBM系统研究人员对此缺乏深刻的认识，而把系统开发的主要精力投入在打印报表、输出图形、模型分析和决策支持等进一步需要解决的后续问题上；统计指标的大量性还在于统计指标是以倍增的方式增长数据的，而原始数据是以累加的方式增长数据的。

（4）结构性。针对单个统计指标分析，它具有结构多维性，即一个统计指标是由多个基本元素构成的。针对多个统计指标分析，它具有结构层次性。这种统计指标间的层次关系，也是由于指标元的层次关系造成的，如全国可分为省市，再分为县市等指标元，工业可以分为轻工业和重工业，轻工业又可分为纺织、食品等指标元。

（5）动态变化性。历史性必然造成变化性和不规范性，统计涉及的对象是随着历史的变化而变化的。这主要造成3个问题：统计指标的增减；核算同一事物使用的计量单位不同，造成统计指标的不可比，如用英尺、码等计算长度，之后又用市尺和丈来计算，现在用米来计算；统计口径的变化，造成统计指标的不可比。统计口径是指统计指标包含的范围，如原来海南省属于广东省,后独立建省等。变化性和不规范性是计算机数据处理最棘手的问题。

其中,统计表是业务人员和管理人员处理统计数据的基本方式,但不应该是统计数据库系统的基本存储方式。统计表是动态的、可生成的,以成千上万的统计表作为数据库系统存储模式,必然造成数据管理的复杂性、数据的冗余性、数据的不可查询性和历史性数据的不可比性。现在国内外众多的统计信息系统多是按照此种方法建立的,并作为中层管理信息系统的主体,但是,当统计表随着业务发生变化时,数据库结构必然发生变化,则应用程序必然要修改,实际上,整个系统必须推翻并重新开发。

科学统计数据库从根本上解决了统计指标、统计表的采集、效验、存储、查询、分析等技术难题,用户可以根据直观的统计业务知识操作整个系统。

4.空间数据库

空间数据库(Spatial Data Base)的研究始于20世纪70年代的地图制图与遥感图像处理领域,其目的是有效地利用卫星遥感资源迅速绘制出各种经济专题地图。由于传统数据库在空间数据的表示、存储、管理和检索上存在许多缺陷,从而形成了空间数据库这一新的数据库研究领域,它涉及计算机科学、地理学、地图制图学、摄影测量与遥感、图像处理等多个学科。

空间数据是用于表示空间物体的位置、形状、大小和分布特征等诸多方面信息的数据,适用于描述所有二维、三维和多维分布的关于区域的现象。

空间数据的特点是,不仅包括物体本身的空间位置及状态信息,还包括表示物体空间关系(即拓扑关系)的信息。属性数据为非空间数据,用于描述空间物体的性质,对空间物体进行语义定义。

空间数据库系统(Spatial Data Base System)是描述、存储和处理空间数据及其属性数据的数据库系统。

空间数据库是随着地理信息系统(Geographic Information System)的开发和应用而发展起来的数据库新技术。目前,空间数据库系统不是独立存在的系统,它和应用紧密结合,大多数以地理信息系统的基础和核心的形式出现。

空间数据库管理系统提供对空间数据和空间关系的定义和描述,提供空间数据查询语言,实现对空间数据的高效查询和操作,提供对空间数据的存储和组织和对空间数据的直观显示等。

目前以空间数据库为核心的地理信息系统的应用已经解决了道路、输电线路等基础设施的规划和管理问题,并逐步扩展到更加复杂的领域。

习题

1.简述数据、数据库、数据库管理系统、数据库系统的概念。

2.简述数据库管理技术的发展过程。

3.何为数据模型?其构成要素是什么?有何分类?

4.简述E-R模型的使用方法。

5.关系数据模型有哪些优缺点?

6.简述数据库系统的3级模式结构,其优点是什么?

7. 简述数据库的物理独立性和逻辑独立性的含义及作用。

8. 某图书馆拥有多种图书，每种图书的数量都在 5 本以上。每种图书都由一个出版社出版，一个出版社可以出版多种图书。借书人凭借书卡一次可借 10 本书。请用 E-R 图画出此图书馆的图书、出版社和借书人的概念模型。

9. 举例说明你身边的实际应用数据库系统的例子。

10. SQL Server 2008 有哪些版本？各有何特点？

第2章 关系数据库

关系数据库应用数学方法来处理数据库中的数据。最早将这类方法用于数据处理的是 1962 年 CODASYL 发表的"信息代数",之后有 1968 年 David Child 提出的集合论数据结构。系统而严格地提出关系模型的是 IBM 公司的 E. F. Code,1970 年 6 月,他在 *Communications of ACM* 上发表了 *A Relational Mode of Data for Large Shared Data Banks*(用于大型共享数据库的关系数据模型)一文。ACM 后来在 1983 年把这篇论文列为从 1958 年以来的四分之一个世纪中具有里程碑式意义的 25 篇重要论文之一,因为这篇论文首次明确而清晰地为数据库系统提出了一种崭新的模型,即关系模型,开创了数据库系统的新纪元。由于关系模型简单明了,有坚实的数学基础,一经提出,立即引起学术界和产业界的广泛重视和响应,从理论和实践两个方面都对数据库技术产生了强烈的冲击。基于层次模型和网状模型的数据库产品很快走向衰败,一大批关系数据库系统很快被开发出来并迅速商品化,占领了市场,其交替速度之快是软件历史上罕见的。E. F. Code 从 1970 年起连续发表了多篇论文,奠定了关系数据库的理论基础。

关系数据库系统是支持关系数据模型的数据库系统。关系模型由数据结构、关系操作和完整性约束 3 部分组成。Oracle、DB2、Sybase、Informix、SQL Server、MySQL 等都是关系数据库管理系统。

2.1 关系模型的数据结构

关系模型的数据结构非常简单,只包含单一的数据结构——关系。在用户看来,关系模型中数据的逻辑结构是一张二维表,但关系模型的这种简单的数据结构能够表达丰富的语义,描述出现实世界的实体以及实体间的各种联系。也就是说,在关系模型中,现实世界的实体以及实体间的各种联系均用单一的结构类型(即关系)来描述。

关系操作采用集合操作方式,即操作的对象和结果都是集合。这种操作方式也称为一次一集合的方式。关系模型中常用的关系操作包括两类:查询操作和更新操作。查询操作包括选择、投影、连接、除、并、交、差等。更新操作包括插入、删除、修改操作。

关系模型提供了丰富的完整性约束机制,允许定义 3 类完整性:实体完整性、参照完整性和用户自定义完整性。其中,实体完整性和参照完整性是关系模型必须满足的完整性约束条件,应该由关系系统自动支持。

2.1.1 关系

1. 域（Domain）

定义2-1 域是一组具有相同数据类型的值的集合。

在关系中用域来表示属性的取值范围。域中包含的值的个数称为域的基数（用 m 表示）。例如：

牌值域：$D_1 = \{A, 2, 3, 4, 5, 6, 7, 8, 9, 10, J, Q, K\}$，

基数：$m_1 = 13$，

花色域：$D_2 = \{黑桃, 红桃, 梅花, 方片\}$，

基数：$m_2 = 4$。

2. 笛卡儿积（Cartesian Product）

定义 2-2 给定一组域 $D_1, D_2, \cdots, D_n$，这些域可以完全不同，也可以部分或全部相同，则 $D_1, D_2, \cdots, D_n$ 的笛卡儿积为：

$$D_1 \times D_2 \times \cdots \times D_n = \{(d_1, d_2, \cdots, d_n) \mid d_i \in D_i, i = 1, 2, \cdots, n\}$$

笛卡儿积也是一个集合。其中每个元素 $(d_1, d_2, \cdots, d_n)$ 叫作一个 n 元组（n-tuple），简称元组。元素中的每个值 d_i 叫作一个分量（Component）。

若 $D_i (i = 1, 2, \cdots, n)$ 为有限集，其基数为 $m_i (i = 1, 2, \cdots, n)$，则 $D_1 \times D_2 \times \cdots \times D_n$ 的基数为：

$$m = \prod_{i=1}^{n} m_i$$

【例 2-1】 设有域 $D_1 = \{A, 2, 3, \cdots, J, Q, K\}$，$D_2 = \{黑桃, 红桃, 梅花, 方片\}$，则 D_1、D_2 的笛卡儿积为：

$$D_1 \times D_2 = \{(A, 黑桃), (A, 红桃), (A, 梅花), (A, 方片)$$
$$(2, 黑桃), (2, 红桃), (2, 梅花), (2, 方片)$$
$$\cdots \quad \cdots \quad \cdots \quad \cdots$$
$$(K, 黑桃), (K, 红桃), (K, 梅花), (K, 方片)\}$$

基数为：$13 \times 4 = 52$。

笛卡儿积可表示为一个二维表（表 2-1），表中的每行对应一个元组，表中的每列对应一个域。

表 2-1　笛卡儿积 $D_1 \times D_2$

牌值 D_1	花色 D_2	牌值 D_1	花色 D_2
A	黑桃	K	黑桃
A	红桃	K	红桃
A	梅花	K	梅花
A	方片	K	方片
⋮	⋮		

3. 关系（Relation）

笛卡儿积中的许多元组无实际意义，从中取出有实际意义的元组便构成关系。

定义 2-3 $D_1 \times D_2 \times \cdots \times D_n$ 的有意义的子集称为域 $D_1, D_2, \cdots, D_n$ 上的关系,记为 $R(D_1, D_2, \cdots, D_n)$。

其中,R 表示关系名;n 是关系的度或目(Degree)。当 $n=1$ 时,称该关系为单元关系或一元关系。当 $n=2$ 时,称该关系为二元关系。

子集元素是关系中的元组,通常用 t 表示,$t \in R$ 表示 t 是 R 中的元组。关系是笛卡儿积的一个子集,所以关系也是一个二维表,表的每行对应一个元组,表的每列对应一个域。由于域可以相同,为了加以区分,必须对每列起一个名字,称为属性(Attribute)。n 目关系必有 n 个属性。

【例 2-2】 设有以下 3 个域:

$D_1 =$ 男人(MAN) = ｛王强,李东,张兵｝

$D_2 =$ 女人(WOMAN) = ｛赵红,吴芳｝

$D_3 =$ 儿童(CHILD) = ｛王一,李一,李二｝

其中,王强与赵红的子女为王一;李东与吴芳的子女为李一和李二。

(1) 求上面 3 个域的笛卡儿积:$D_1 \times D_2 \times D_3$。

(2) 构造一个家庭关系:FAMILY。

首先求出笛卡儿积 $D_1 \times D_2 \times D_3$(表 2-2),然后按照家庭的含义在 $D_1 \times D_2 \times D_3$ 中取出有意义的子集则构成家庭关系(表 2-3),可表示为:FAMILY(MAN,WOMAN,CHILD)。

表 2-2 $D_1 \times D_2 \times D_3$

MAN	WOMAN	CHILD
王强	赵红	王一
王强	赵红	李一
王强	赵红	李二
王强	吴芳	王一
王强	吴芳	李一
王强	吴芳	李二
李东	赵红	王一
李东	赵红	李一
李东	赵红	李二
李东	吴芳	王一
李东	吴芳	李一
李东	吴芳	李二
张兵	赵红	王一
张兵	赵红	李一
张兵	赵红	李二
张兵	吴芳	王一
张兵	吴芳	李一
张兵	吴芳	李二

表 2-3 FAMILY

MAN	WOMAN	CHILD
王强	赵红	王一
李东	吴芳	李一
李东	吴芳	李二

4. 关系的相关概念

候选码:其值能唯一标识一个元组的属性组,且不含多余属性,则称该属性组为候选码。

在最简单的情况下，候选码只包含一个属性。在最极端的情况下，关系模式的候选码由所有属性构成，称为全码。

主码：当关系中有多个候选码时，应选定其中的一个候选码为主码。当然，如果关系中只有一个候选码，这个唯一的候选码就是主码。

主属性和非主属性：关系中，候选码中的属性称为主属性，不包含在任何候选码中的属性称为非主属性。

例如，有如下 3 个关系：

学生关系：Student(学号，姓名，性别，出生日期)

课程关系：Course(课程号，课程名，学分)

选课关系：Score(学号，课程号，成绩)

关系 Student 的候选码为学号和姓名(假设学生的名字不重复)，可选学号为主码。关系 Course 的候选码为课程号，主码为课程号。关系 Score 的候选码为(学号，课程号)，主码为(学号，课程号)。

5. 关系的性质

关系有 3 种类型：基本关系(又称基本表或基表)、查询表和视图表。

基本表是实际存在的表，它是实际存储数据的逻辑表示。查询表是查询结果对应的表。视图表是由基本表或其他视图表导出的表，是虚表，不对应实际存储的数据。

基本关系具有以下 6 条性质。

（1）列是同质的，即每列中的分量是同一类型的数据，来自同一个域。

（2）不同的列可出自同一个域，称其中的每列为一个属性，不同的属性要给予不同的属性名。

（3）列的顺序无所谓，即列的顺序可以任意交换。

（4）任意两个元组不能完全相同。

在一些实际的关系数据库产品中，如 Oracle、SQL Server、FoxPro 等，如果用户没有定义相关的约束条件，则允许在关系表中存在两个完全相同的元组。

（5）行的顺序无所谓，即行的顺序可以任意交换。

（6）分量必须取原子值，即每个分量必须是不可再分的数据项。

关系模型要求关系必须是规范化的，即要求关系必须满足一定的规范化条件。这些条件中最基本的一条就是关系的每个分量必须是一个不可分的数据项。通俗地讲，关系表中不允许还有表，简言之，不允许"表中有表"。

2.1.2 关系模式

在数据库中要区分型和值。关系数据库中，关系模式是型，关系是值。关系模式是对关系的描述，那么一个关系需要描述哪些方面呢？

首先，关系实质上是一张二维表，表的每行为一个元组，每列为一个属性。一个元组就是该关系涉及的属性集的笛卡儿积的一个元素。关系是元组的集合，因此关系模式必须指出这个元组集合的结构，即它是由哪些属性构成的，这些属性来自哪些域，以及属性与域之间映像的关系。

其次，一个关系通常是由赋予它的元组语义来确定的。元组语义实质上是一个 n 目谓词(n 是属性集中属性的个数)。使该 n 目谓词为真的笛卡儿积中的元素(或者说符合元组语义的那部分元素)的全体构成了该关系模式的关系。

另外,现实世界的许多已有事实限定了关系模式所有可能的关系必须满足一定的完整性约束条件。这些约束或者通过对属性取值范围的限定(例如,学生性别只能取"男"或"女"),或者通过属性值间的相互关联(例如,课程的学时与学分应满足(学时/学分)>=16)反映出来。关系模式应当刻画出这些完整性约束条件。

定义 2-4 关系的描述称为关系模式,它可以形式化地表示为:

$$R(U,D,\mathrm{dom},F)$$

其中 R 为关系名,U 为组成该关系的属性名集合,D 为属性组 U 中属性来自的域,dom 为属性向域的映像集合,F 为属性间数据的依赖关系集合。

属性间的数据依赖将在第 4 章讨论,而域名及属性向域的映像常常直接说明为属性的类型、长度。因此,本章中只关心关系名(R)和属性名集合(U),将关系模式简记为:

$$R(U)$$

$$R(A_1,A_2,\cdots,A_n)$$

其中,R 为关系名;$A_1,A_2,\cdots,A_n$ 为属性名。

关系实际上是关系模式在某一时刻的状态或内容。也就是说,关系模式是型,关系是它的值。关系模式是静态的、稳定的,而关系是动态的、随时间不断变化的,因为关系操作在不断地更新着数据库中的数据。但在实际工作中,人们常常把关系模式和关系统称为关系,读者可以从上下文中加以区别。

2.1.3 关系数据库

在关系模型中,实体及实体间的联系都是用关系表示的。例如,学生实体、课程实体、学生与课程之间的多对多联系都可以分别用一个关系来表示。在一个给定的现实世界应用领域中,所有实体及实体之间联系所形成关系的集合就构成了一个关系数据库。

关系数据库也有型和值之分。关系数据库的型称为关系数据库模式,是对关系数据库的描述,是关系模式的集合。关系数据库的值也称为关系数据库,是这些关系模式在某一时刻对应的关系的集合。关系数据库模式与关系数据库通常统称为关系数据库。

例如,学生成绩数据库模式由以下 4 个关系模式构成。

学生:Student(学号,姓名,性别,出生年月,入学成绩,党员否,班级编号,简历,照片)
班级:Class(班级编号,班级名称,所属专业,人数)
课程:Course(课程编号,课程名称,先修课号,学时,学分)
选课:Score(学号,课程编号,成绩,学期)

2.2 关系模型的完整性约束

关系的完整性规则是对关系的某种约束条件。关系数据库从多个方面来保证数据的完整性。创建数据库时,需要通过相关的措施来保证以后对数据库中的数据进行操纵时,数据是正确的、一致的。关系数据库一般提供 3 类完整性约束:实体完整性、参照完整性和用户自定义完整性。

2.2.1 实体完整性

一个基本关系通常对应现实世界的一个实体集。例如,学生关系(Student)对应于学生集合。现实世界中的实体是可区分的,即它们具有某种唯一性标识。相应地,关系是以主码作为唯一性标识。主码中的属性即主属性不能取空值。空值就是"不知道"或"无意义"的值。如果主属性取空值,就说明存在某个不可标识的实体,即存在不可区分的实体,这与现实世界的应用环境相矛盾,因此这个实体一定不是一个完整的实体。

实体完整性规则:若 A 是关系 $R(U)$($A \in U$)的主属性,则属性 A 不能取空值。

注意,关系的所有主属性都不能取空值,而不仅是主码不能取空值。

例如,学生选课关系 Score(学号,课程编号,成绩,学期)中,由于(学号,课程编号)为主码,"学号"和"课程编号"均为主属性,所以,二者都不能取空值。在学生关系 Student(学号,姓名,性别,出生年月)中,假定学号、姓名均为候选码,选学号为主码,则实体完整性规则要求,在学生关系 Student 中,不仅学号不能取空值,姓名也不能取空值,因为姓名是候选码,也是主属性。

对实体完整性规则的说明如下:

(1) 实体完整性规则是针对基本关系而言的。一个基本表通常对应现实世界的一个实体集。例如,学生关系 Student 对应于学生集合。

(2) 现实世界中的实体是可以区分的,即它们具有某种唯一性标识。例如,每个学生都是独立的个体,是不一样的。

(3) 相应地,关系模型中以主码作为唯一性标识。例如,学生关系模式 Student 中以"学号"作为主码,来唯一标识每个学生个体。

(4) 主码中的属性即主属性不能取空值。如果主属性取空值,就说明存在某个不可识别的实体,即存在不可区分的实体,这与第(2)点相矛盾,因此这个规则称为实体完整性。

2.2.2 参照完整性

现实世界中的实体之间往往存在某种联系,在关系模型中,实体及实体间的联系都是用关系描述的。这样就自然存在着关系与关系间的引用。例如,学生、课程、学生与课程之间的多对多联系可以用下面的 3 个关系来表示,其中主码用下画线标识。

Student(学号,姓名,性别,出生年月,入学成绩,党员否,班级编号,简历,照片)

Course(课程编号,课程名称,先修课号,学时,学分)

Score(学号,课程编号,成绩,学期)

这 3 个关系之间存在着属性的引用,即选课关系(Score)引用了学生关系(Student)的主码"学号"和课程关系(Course)的主码"课程编号"。显然,选课关系中的"学号"值必须是确实存在的学生的学号,即学生关系中有该学生的记录;同理,选课关系中的"课程编号"值也必须是确实存在的课程的编号,即课程关系中有该课程的记录。换句话说,选课关系中某些属性的取值需要参照其他关系相关属性的取值。

不仅两个或两个以上的关系间存在引用关系,同一关系内部属性间也可能存在引用关系。例如,在上述课程关系中,"课程编号"属性是主码,"先修课号"属性表示该课程的先修课的课程编号,它引用了本关系的"课程编号"属性,即"先修课号"必须是确实存在课程的课程编号。

此例说明关系与关系之间存在着相互引用、相互约束的情况。下面先引入外码的概念，然后给出表达关系之间相互引用约束的参照完整性定义。

定义 2-5 设 F 是关系 R 的一个或一组属性，但不是 R 的码，如果 F 与关系 S 的主码 K_S 对应，则称 F 是关系 R 的外码，并称关系 R 为参照关系，关系 S 为被参照关系或目标关系。关系 R 和 S 不一定是不同关系(图 2-1)。

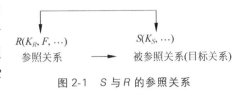

图 2-1 S 与 R 的参照关系

显然，目标关系 S 的主码 K_S 和参照关系 R 的外码 F 必须定义在同一个(或同一组)域上。

在上例中，选课关系的"学号"属性与学生关系的主码"学号"相对应；选课关系的"课程编号"属性与课程关系的主码"课程编号"相对应。因此，"学号"和"课程编号"属性是选课关系的外码。这里，学生和课程关系均为被参照关系，选课关系为参照关系。

同理，课程关系中的"先修课号"与本身的"课程编号"属性相对应，因此"先修课号"为外码，而课程关系既是参照关系，也是被参照关系。

需要注意的是，外码并不一定要与相应的主码同名，如课程关系的主码名(课程编号)与外码名(先修课号)就不相同。不过，在实际应用中，为了便于识别，当外码与相应的主码不属于同一关系时，往往给它们取相同的名字。

参照完整性规则就是定义外码与主码之间的引用规则。

参照完整性规则：若属性(或属性组)F 是关系 R 的外码，它与关系 S 的主码 K_S 相对应(R 和 S 不一定是不同的关系)，则对于 R 中每个元组在 F 上的值，必须为：或者取空值(F 的每个属性均为空值)；或者等于 S 中某个元组的主码值。

例如，上例选课关系中的外码"学号"和"课程编号"属性的取值只能是空值或目标关系(学生和课程关系)中已存在的值。但由于"学号"和"课程编号"又是选课关系的主属性，按照实体完整性规则，它们均不能取空值。所以选课关系中的"学号"和"课程编号"属性实际上只能取相应目标关系中已经存在的值。

参照完整性规则中，R 与 S 可以是同一关系。如课程关系的外码"先修课号"，按照参照完整性规则，其取值可以为：

(1) 空值，表示该课程的先修课还未确定。

(2) 非空值，这时该值必须是本关系中某个元组的课程编号值。

2.2.3 用户自定义完整性

实体完整性和参照完整性适用于任何关系数据库系统。除此之外，不同的关系数据库系统根据其应用环境的不同，往往还需要一些特殊的约束条件，用户定义的完整性就是针对某一具体关系数据库的约束条件，它反映某一具体应用涉及的数据必须满足的语义要求。

关系模型应提供定义和检查这类完整性的机制，以便用统一的、系统的方法处理它们，而不要由应用程序承担这一功能。

如学生考试成绩取值范围为 0～100，性别取值只能是"男"或"女"等。可在定义关系结构时设置，还可通过触发器、规则等来设置。在开发数据库应用系统时，设置用户定义的完整性是一项非常重要的工作。

2.3 关系代数

2.3.1 关系代数运算的3个要素

关系代数是一种抽象的查询语言，它用关系的运算来表达查询，作为研究关系数据语言的数学工具。

关系代数运算的3个要素包括运算对象、运算结果和运算符。关系代数运算的运算对象是关系，运算结果也为关系。关系代数用到的运算符包括4类：集合运算符、专门的关系运算符、比较运算符和逻辑运算符，见表2-4。

表 2-4 关系代数运算符

运 算 符		含 义	运 算 符		含 义
集 合 运算符	$\cup$ $-$ $\cap$ $\times$	并 差 交 广义笛卡儿积	比 较 运算符	$>$ $\geqslant$ $<$ $\leqslant$ $=$ $\neq$	大于 大于等于 小于 小于等于 等于 不等于
专门的 关 系 运算符	σ　Π $\bowtie$ $\div$	选择 投影 连接 除	逻 辑 运算符	$\neg$ $\wedge$ $\vee$	非 与 或

比较运算符和逻辑运算符是用来辅助专门的关系运算符进行操作的，所以关系代数的运算按运算符的不同主要分为传统的集合运算和专门的关系运算两类。

2.3.2 传统的集合运算

传统的集合运算将关系看成是元组的集合，其运算是从关系的水平方向（即行的角度）进行的。传统的集合运算是两目运算，包括并、交、差、广义笛卡儿积4种。

1. 并（Union）

设关系 R 和关系 S 具有相同的目 n（即两个关系都有 n 个属性），且相应的属性取自同一个域，则关系 R 与关系 S 的并由属于 R 或属于 S 的元组组成，其结果仍为 n 目关系，记为：

$$R \cup S = \{t \mid t \in R \vee t \in S\}$$

例如，关系 R 与 S 的并运算如图2-2所示。

2. 差（Difference）

设关系 R 和关系 S 具有相同的目 n（即两个关系都有 n 个属性），且相应的属性取自同一个域，则关系 R 与关系 S 的差由属于 R 而不属于 S 的元组组成，其结果仍为 n 目关系，

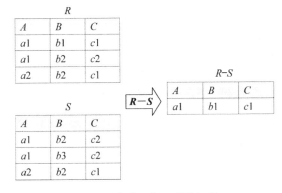

图 2-2 关系 R 与 S 的并运算

记为：

$$R - S = \{t \mid t \in R \wedge t \notin S\}$$

例如，关系 R 与 S 的差运算如图 2-3 所示。

图 2-3 关系 R 与 S 的差运算

3. 交（Intersection Referential Integrity）

设关系 R 和关系 S 具有相同的目 n（即两个关系都有 n 个属性），且相应的属性取自同一个域，则关系 R 与关系 S 的交由既属于 R 又属于 S 的元组组成，其结果仍为 n 目关系，记为：

$$R \bigcap S = \{t \mid t \in R \wedge t \in S\}$$

例如，关系 R 与 S 的交运算如图 2-4 所示。

图 2-4 关系 R 与 S 的交运算

4. 广义笛卡儿积（Extended Cartesian Product）

两个分别为 n 目和 m 目的关系 R 和 S 的广义笛卡儿积是一个 $(n+m)$ 列的元组的集合。元组的前 n 列是关系 R 的一个元组，后 m 列是关系 S 的一个元组。若 R 有 k_1 个元组，S 有 k_2 个元组，则关系 R 和关系 S 的广义笛卡儿积有 $k_1\times k_2$ 个元组，记为：

$$R\times S = \{\widehat{t_r t_s} \mid t_r \in R \wedge t_s \in S\}$$

其中，$\widehat{t_r t_s}$ 称为元组的连接。它是一个 $(n+m)$ 列的元组，前 n 个分量为 R 中的一个 n 元组 (t_r)，后 m 个分量为 S 中的一个 m 元组 (t_s)。

例如，关系 R 与 S 的广义笛卡儿积运算如图 2-5 所示。

R

A	B	C
$a1$	$b1$	$c1$
$a1$	$b2$	$c2$
$a2$	$b2$	$c1$

S

A	B	C
$a1$	$b2$	$c2$
$a1$	$b3$	$c2$
$a2$	$b2$	$c1$

$R\times S$

$R\times S$

$R.A$	$R.B$	$R.C$	$S.A$	$S.B$	$S.C$
$a1$	$b1$	$c1$	$a1$	$b2$	$c2$
$a1$	$b1$	$c1$	$a1$	$b3$	$c2$
$a1$	$b1$	$c1$	$a2$	$b2$	$c1$
$a1$	$b2$	$c2$	$a1$	$b2$	$c2$
$a1$	$b2$	$c2$	$a1$	$b3$	$c2$
$a1$	$b2$	$c2$	$a2$	$b2$	$c1$
$a2$	$b2$	$c1$	$a1$	$b2$	$c2$
$a2$	$b2$	$c1$	$a1$	$b3$	$c2$
$a2$	$b2$	$c1$	$a2$	$b2$	$c1$

图 2-5　关系 R 与 S 的广义笛卡儿积运算

【例 2-3】 某商店有本店商品表 R 和从工商局接到的不合格商品表 S。试求：

（1）本店中的合格商品表。

（2）本店内不合格的商品表。

问题(1)应该用集合差运算 $R-S$；问题(2)应该用集合交运算 $R\cap S$。结果如下：

商品表 R

品牌	名称	厂家
106001	奶粉	天南
103026	奶粉	地北
205008	白糖	南山
204045	白糖	北山
302034	食盐	西山

不合格商品表 S

品牌	名称	厂家
103026	奶粉	地北
402303	火腿	西山
204045	白糖	北山

（1）$R-S$

品牌	名称	厂家
106001	奶粉	天南
205008	白糖	南山
302034	食盐	西山

（2）$R\cap S$

品牌	名称	厂家
103026	奶粉	地北
204045	白糖	北山

2.3.3 专门的关系运算

专门的关系运算包括选择、投影、连接、除等。为了叙述方便,首先引入几个记号。

(1) 分量:设关系模式为 $R(A_1,A_2,\cdots,A_n)$,它的一个关系设为 R。$t \in R$ 表示 t 是 R 的一个元组,$t[A_i]$ 则表示元组 t 中对应于属性 A_i 的一个分量。

(2) 属性列或属性组:若 $A=\{A_{i1},A_{i2},\cdots,A_{ik}\}$,其中 $A_{i1},A_{i2},\cdots,A_{ik}$ 是 $A_1,A_2,\cdots,A_n$ 中的一部分,则 A 称为属性列或属性组。$t[A]=(t[A_{i1}],t[A_{i2}],\cdots,t[A_{ik}])$ 表示元组 t 在属性列 A 上诸分量的集合。$\bar{A}$ 则表示 $\{A_1,A_2,\cdots,A_n\}$ 中去掉 $\{A_{i1},A_{i2},\cdots,A_{ik}\}$ 后剩余的属性组。

(3) 元组的连接:R 为 n 目关系,S 为 m 目关系。$t_r \in R,t_s \in S,\widehat{t_r t_s}$ 称为元组的连接。它是一个 $(n+m)$ 列的元组,前 n 个分量为 R 中的一个 n 元组 (t_r),后 m 个分量为 S 中的一个 m 元组 (t_s)。

(4) 象集:给定一个关系 $R(X,Z)$,X 和 Z 为属性组。我们定义,当 $t[X]=x$ 时,x 在 R 中的象集为:

$$Z_x=\{t[Z] \mid t \in R,t[X]=x\}$$

它表示 R 中属性组 X 上值为 x 的诸元组在 Z 上分量的集合。

例如,在图 2-6 中:

x_1 在 R 中的象集 $Z_{x_1}=\{Z_1,Z_2,Z_3\}$

x_2 在 R 中的象集 $Z_{x_2}=\{Z_2,Z_3\}$

x_3 在 R 中的象集 $Z_{x_3}=\{Z_1,Z_3\}$

R	
x_1	Z_1
x_1	Z_2
x_1	Z_3
x_2	Z_2
x_2	Z_3
x_3	Z_1
x_3	Z_3

图 2-6 象集举例

下面给出这些专门的关系运算的定义。

1. 选择(Selection)

选择又称为限制。它是在关系 R 中选择满足给定条件的元组,记作:

$$\sigma_F(R)=\{t \mid t \in R \wedge F(t)=\text{'真'}\}$$

其中,F 表示选择条件,是一个逻辑表达式,取逻辑值"真"或"假"。

逻辑表达式 F 的基本形式为:

$$X_1\theta Y_1[\Phi X_2\theta Y_2\cdots]$$

θ 表示比较运算符,$\theta=\{>,\geqslant,<,\leqslant,=,\neq\}$。$X_1$、$Y_1$ 等是属性名、常量或简单函数。属性名也可以用它的序号来代替($1,2,\cdots$)。Φ 表示逻辑运算符,$\Phi=\{\neg,\wedge,\vee\}$。[]表示任选项,即[]中的部分可以要,也可以不要,$\cdots$ 表示上述格式可以重复下去。

因此,选择运算实际上是从关系 R 中选取使逻辑表达式 F 为真的元组。这是从行的角度进行的运算。

【例 2-4】 求计算机科学系 CS 的学生。

$$\sigma_{\text{SD}='\text{CS}'}(S) \quad \text{或} \quad \sigma_{2='\text{CS}'}(S)$$

运算结果如图 2-7 所示。

【例 2-5】 求计算机科学系 CS 中年龄不超过 21 岁的学生。

$$\sigma_{\text{SD}='\text{CS}' \wedge \text{SA}\leqslant 21}(S)$$

运算结果如图 2-7 所示。

S			
S#	SN	SD	SA
S1	A	CS	20
S2	B	CS	21
S3	C	MA	19
S4	D	CI	19
S5	E	MA	20
S6	F	CS	22

$\sigma_{SD = 'CS'}(S)$

S#	SN	SD	SA
S1	A	CS	20
S2	B	CS	21
S6	F	CS	22

$\sigma_{SD = 'CS' \wedge SA \leqslant 21}(S)$

S#	SN	SD	SA
S1	A	CS	20
S2	B	CS	21

图 2-7　选择运算

2. 投影（Projection）

关系 R 上的投影是从 R 中选择若干属性列组成新的关系，记作：

$$\Pi_A(R) = \{ t[A] \mid t \in R \}$$

其中，A 为 R 中的属性列，$t[A]$ 表示元组 t 在属性列 A 上诸分量的集合。

投影操作是从列的角度进行的运算。

【例 2-6】　查询学生的姓名和所在系，即求学生关系 S 在学生姓名（SN）和所在系（SD）这两个属性上的投影。

$$\Pi_{SN,SD}(S)$$

运算结果如图 2-8 所示。

S			
S#	SN	SD	SA
S1	A	CS	20
S2	B	CS	21
S3	C	MA	19
S4	D	CI	19
S5	E	MA	20
S6	F	CS	22

$\Pi_{SN,SD}(S)$

SN	SD
A	CS
B	CS
C	MA
D	CI
E	MA
F	CS

$\Pi_{SD}(S)$

SD
CS
MA
CI

图 2-8　投影运算

投影之后不仅取消了原关系中的某些列，而且还可能取消某些元组（重复）。因为取消了某些属性列后，就可能出现重复行，应取消这些完全重复的行，如图 2-8 中的 $\Pi_{SD}(S)$ 运算结果就取消了重复的系名。

3. 连接（Join）

关系 R 与关系 S 的连接运算是从两个关系的广义笛卡儿积中选取属性间满足一定条件的元组形成一个新关系，记作：

$$R \underset{A\theta B}{\bowtie} S = \{ \widehat{t_r t_s} \mid t_r \in R \wedge t_s \in S \wedge t_r[A]\theta t_s[B] \}$$

其中，A 和 B 分别为 R 和 S 上度数相等且可比的属性组，θ 是比较运算符。连接运算从 R 和 S 的笛卡儿积 $R \times S$ 中选取 R 关系在 A 属性组上的值与 S 关系在 B 属性组上的值满足比较关系 θ 的元组。

连接运算中有两种最重要也最常用的连接：一种是等值连接（Equal Join）；另一种是自

然连接(Natural Join)。

(1) 等值连接。θ 为"="的连接运算称为等值连接。关系 R 和 S 的等值连接是从 R 和 S 的广义笛卡儿积 $R \times S$ 中选取 A 与 B 等值的那些元组形成的关系。

(2) 自然连接。关系 R 和 S 的自然连接是一种特殊的等值连接,它要求关系 R 和 S 中进行比较的分量必须是相同的属性组的一种连接,并且在结果中把重复的属性列去掉(只保留一个)。自然连接记为:$R \bowtie S$。

一般的连接运算是从行的角度进行的,但自然连接还需要取消重复列,所以自然连接是同时从行和列的角度进行运算的。

一般地,自然连接使用在 R 和 S 有公共属性的情况中。如果两个关系没有公共属性,那么它们的自然连接就转化为广义笛卡儿积。

已知 R 和 S,则一般连接、等值连接和自然连接运算如图 2-9 所示。

R

A	B	C
$a1$	$b1$	5
$a1$	$b2$	6
$a2$	$b3$	8
$a2$	$b4$	12

S

B	E
$b1$	3
$b2$	7
$b3$	10
$b3$	2
$b5$	2

$R \bowtie S$
$C < E$

A	$R.B$	C	$S.B$	E
$a1$	$b1$	5	$b2$	7
$a1$	$b1$	5	$b3$	10
$a1$	$b2$	6	$b2$	7
$a1$	$b2$	6	$b3$	10
$a2$	$b3$	8	$b3$	10

$R \bowtie S$
$R.B = S.B$

A	$R.B$	C	$S.B$	E
$a1$	$b1$	5	$b1$	3
$a1$	$b2$	6	$b2$	7
$a2$	$b3$	8	$b3$	10
$a2$	$b3$	8	$b3$	2

$R \bowtie S$

A	B	C	E
$a1$	$b1$	5	3
$a1$	$b2$	6	7
$a2$	$b3$	8	10
$a2$	$b3$	8	2

图 2-9 连接运算

4. 除(Division)

给定关系 $R(X, Y)$ 和 $S(Y, Z)$,其中 X、Y、Z 为属性组。R 中的 Y 与 S 中的 Y 可以有不同的属性名,但必须出自相同的域集。R 与 S 的除运算得到一个新的关系 $P(X)$,P 是 R 中满足下列条件的元组在 X 属性列上的投影:元组在 X 上分量值 x 的象集 Y_x 包含 S 在 Y 上投影的集合,记作:

$$R \div S = \{ t_r[X] \mid t_r \in R \land Y_x \supseteq \pi_Y(S) \}$$

其中,Y_x 为 x 在 R 中的象集,$x = t_r[X]$。

除操作是同时从行和列角度进行运算。

已知关系 R 与 S,则 $R \div S$ 的结果如图 2-10 所示。

在关系 R 中,A 可以取 4 个值 $\{A1, A2, A3, A4\}$。其中:

$A1$ 的象集为:$\{(B1, C2), (B2, C3), (B2, C1)\}$

R		
A	B	C
A1	B1	C2
A2	B3	C7
A3	B4	C6
A1	B2	C3
A4	B6	C6
A2	B2	C3
A1	B2	C1

S		
B	C	D
B1	C2	D1
B2	C1	D1
B2	C3	D2

R÷S
A
A1

图 2-10　除运算

$A2$ 的象集为：$\{(B3,C7),(B2,C3)\}$

$A3$ 的象集为：$\{(B4,C6)\}$

$A4$ 的象集为：$\{(B6,C6)\}$

而 S 在 (B,C) 上的投影为：$\{(B1,C2),(B2,C3),(B2,C1)\}$

显然，只有 $A1$ 的象集 $(B,C)_{A1}$ 包含了 S 在 (B,C) 属性集上的投影，所以 $R÷S=\{A1\}$。

利用基本的广义笛卡儿积、差和投影运算，可以导出除法的另一种表示：

（1）$T=\Pi_x(R)$

（2）$P=\Pi_y(S)$

（3）$Q=(T\times P)-R$

（4）$W=\Pi_x(Q)$

（5）$R÷S=T-W$

即 $R÷S=\Pi_x(R)-\Pi_x((T\times\Pi_y(S))-R)$

上例采用此种方法求解步骤如图 2-11 所示。

R		
A	**B**	**C**
A1	B1	C2
A2	B3	C7
A3	B4	C6
A1	B2	C3
A4	B6	C6
A2	B2	C3
A1	B2	C1

① $T=\Pi_x(R)$
A
A1
A2
A3
A4

③ $Q=(T\times P)-R$		
A	**B**	**C**
A2	B1	C2
A2	B2	C1
A3	B1	C2
A3	B2	C1
A3	B2	C3
A4	B1	C2
A4	B2	C1
A4	B2	C3

S		
B	**C**	**D**
B1	C2	D1
B2	C1	D1
B2	C3	D2

② $P=\Pi_y(S)$	
B	**C**
B1	C2
B2	C1
B2	C3

④ $W=\Pi_x(Q)$
A
A2
A3
A4

⑤ $R÷S=T-W$
A
A1

图 2-11　除法的另一种表示

5. 专门关系运算举例

已知学生成绩数据库中有 3 个关系：

Student(学号,姓名,性别,出生年月,入学成绩,党员否,班级编号,简历,照片)

Course(课程编号,课程名称,先修课号,学时,学分)

Score(学号,课程编号,成绩,学期)

试完成下列关系运算。

【例 2-7】 检索选修课程编号为 04010101 的学生的学号与成绩。

$\Pi_{学号,成绩}(\sigma_{课程编号='04010101'}(\text{Score}))$

【例 2-8】 检索选修课程编号为 04010101 的学生学号和姓名。

$\Pi_{学号,姓名}(\sigma_{课程编号='04010101'}(\text{Student} \bowtie \text{Score}))$

【例 2-9】 求选修"数据库系统及应用"这门课程的学生姓名和所在班级编号。

$\Pi_{姓名,班级编号}(\text{Student} \bowtie \text{Score} \bowtie (\sigma_{课程名称='数据库系统及应用'}(\text{Course})))$

【例 2-10】 检索选修课程编号为 04010101 或 04010102 的学生学号和所在班级编号。

$\Pi_{学号,班级编号}(\text{Student} \bowtie \Pi_{学号}(\sigma_{课程编号='04010101' \lor 课程编号='04010102'}(\text{Score})))$

【例 2-11】 检索既选修 04010101 号课程又选修 04010102 号课程的学生学号。

$\Pi_{学号}(\sigma_{课程编号='04010101'}(\text{Score})) \cap \Pi_{学号}(\sigma_{课程编号='04010102'}(\text{Score}))$

【例 2-12】 求未选修 04010101 这门课程的学生学号。

$\Pi_{学号}(\text{Student}) - \Pi_{学号}(\sigma_{课程编号='04010101'}(\text{Score}))$

【例 2-13】 求选修全部课程的学生姓名。

$\Pi_{姓名}(\text{Student} \bowtie (\Pi_{课程编号,学号}(\text{Score}) \div \Pi_{课程编号}(\text{Course})))$

【例 2-14】 求至少选修了学号为 2006091002 的学生所选课程的学生姓名。

$\Pi_{姓名}(\text{Student} \bowtie (\Pi_{课程编号,学号}(\text{Score}) \div \Pi_{课程编号}(\sigma_{学号='2006091002'}(\text{Course}))))$

本节介绍了 8 种关系代数运算,其中并、差、广义笛卡儿积、选择和投影 5 种运算为基本运算。其他 3 种运算(交、连接和除)均可用这 5 种基本运算来表达,引用它们可以简化表达。

习题

1. 简述关系模型的特点和 3 个组成部分。

2. 定义并解释下列术语,说明它们之间的联系与区别。

(1) 域、笛卡儿积、关系、元组、属性

(2) 候选码、主码、外码

(3) 关系模式、关系、关系数据库

3. 简述关系模型的完整性规则。在参照完整性中,为什么外码属性的值有时也可以为空?什么情况下才可以为空?

4. 关系代数的基本运算有哪些? 如何用这些基本运算来表示其他运算?

5. 设有下图所示的关系 S、SC 和 C,试用关系代数表达式表示下列查询。

S

S#	SNAME	AGE	SEX
1	李强	23	男
2	刘丽	22	女
3	张友	22	男

C

C#	CNAME	TEACHER
K1	C语言	王华
K5	数据库原理	程军
K8	编译原理	程军

SC

S#	C#	GRADE	
1	K1	83	
2	K1	85	
5	K1	69	
2	K5	90	
5	K5	84	
5	K8	80	

（1）检索"程军"老师所授课程的课程号（C#）和课程名（CNAME）。

（2）检索年龄大于21的男学生的学号（S#）和姓名（SNAME）。

（3）检索至少选修"程军"老师所授全部课程的学生姓名（SNAME）。

（4）检索"李强"同学未选修课程的课程号（C#）。

（5）检索至少选修两门课程的学生学号（S#）。

（6）检索全部学生都选修的课程的课程号（C#）和课程名（CNAME）。

（7）检索选修课程包括"程军"老师所授课程之一的学生学号（S#）。

（8）检索选修课程号为K1和K5的学生学号（S#）。

（9）检索选修全部课程的学生姓名（SNAME）。

（10）检索选修课程包含学号为2的学生所修课程的学生学号（S#）。

（11）检索选修课程名为"C语言"的学生的学号（S#）和姓名（SNAME）。

第 3 章　关系数据库标准语言 SQL

3.1　SQL 概述

3.1.1　SQL 的产生与发展

结构化查询语言(Structured Query Language,SQL)是一种介于关系代数与关系演算之间的语言。1974 年,SQL 由 Ray Boyce 和 Don Chamberlain 提出,1975—1979 年,IBM San Jose Research Lab 的关系数据库管理系统原型 System R 实施了这种语言。SQL-86 是第一个 SQL 标准(ANSI/ISO),之后还有 SQL-89、SQL-92(SQL2)、SQL-99(SQL3)、SQL2003(SQL4)。目前,大部分 RDBMS 产品都支持 SQL,它已成为操作关系数据库的标准语言。

SQL 之所以能够为用户和业界所接受,成为国际标准,是因为它是一个综合的、通用的、功能极强同时又简洁易学的语言。SQL 集数据查询、数据操纵、数据定义和数据控制功能于一身,充分体现了关系数据语言的特点与优点。

3.1.2　SQL 的基本概念及组成

支持 SQL 的 RDBMS 同样支持关系数据库 3 级模式结构,如图 3-1 所示。其中,外模式对应于视图(View)和部分基本表(Base Table),模式对应于基本表,内模式对应于存储文件。

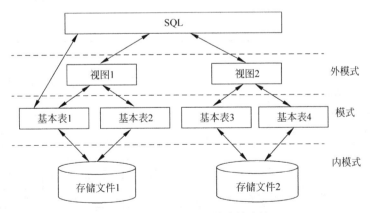

图 3-1　SQL 对 RDBS 模式的支持

用户可以用 SQL 对基本表和视图进行查询或其他操作。在用户观点上理解,基本表和视图一样,都是关系,表中的列对应关系属性,表中的行对应关系的元组。

基本表是本身独立存在的表,在 SQL 中一个关系就对应一个基本表,一个或多个基本表对应一个存储文件，一个表可以带若干索引，索引也存放在存储文件中。

存储文件的逻辑结构组成了关系数据库的内模式。存储文件的物理结构是任意的，对用户是透明的。

视图是从一个或多个基本表中导出的表，它本身不独立存储在数据库中，即数据库中只存储视图的定义，而不存储视图对应的数据。因此，可以将其理解为一个虚表。

下面逐一介绍主要 SQL 语句的功能和使用格式。为了突出基本概念和基本功能，略去了许多语法细节。每个 RDBMS 产品在实现标准 SQL 时各有差异，与 SQL 标准的符合程度也不同。因此，具体使用某个 RDBMS 产品时，还应参阅系统提供的有关手册或联机文档。

本章用学生成绩数据库作为一个例子来讲解 SQL 的数据定义、数据查询、数据操纵和数据控制语句的具体应用。

学生成绩数据库包括以下 4 个表。

- 学生表：Student(学号,姓名,性别,出生日期,入学成绩,党员否,班级编号,简历,照片)
- 班级表：Class(班级编号,班级名称,所属专业,人数)
- 课程表：Course(课程编号,课程名称,先修课号,学时,学分)
- 选课表：Score(学号,课程编号,成绩,学期)

关系的主码用下画线表示，外码用波浪线表示。各个表中的数据示例如图 3-2 所示。

Student

学 号	姓 名	性别	出生日期	入学成绩	党员否	班级编号	简历	照片
2006091001	张楚	男	1986-01-15	545	1	200601	NULL	NULL
2006091002	欧阳佳慧	女	1987-10-12	516	0	200601	NULL	NULL
2006091003	孔灵柱	男	1986-05-21	526	1	200601	NULL	NULL
2006091004	门静涛	男	1987-04-28	530	0	200601	NULL	NULL
2006091005	王广慧	女	1986-06-26	550	1	200601	NULL	NULL
2006091006	孙晓楠	女	1987-08-16	517	1	200602	NULL	NULL
2006091007	张志平	男	1987-03-15	500	0	200602	NULL	NULL
2006091008	刘晓晓	男	1985-09-28	555	1	200602	NULL	NULL
2006091009	王大伟	男	1987-12-12	515	0	200603	NULL	NULL
2006091010	谢辉	男	1986-10-10	544	0	200603	NULL	NULL

Class

班级编号	班级名称	所属专业	人数
200601	工商管理 061	工商管理	30
200602	财务管理 062	财务管理	35
200603	信息管理 063	信息管理	31

Course

课程编号	课程名称	先修课号	学时	学分
04010101	管理学	04010103	64	4
04010102	数据库系统	NULL	48	3
04010103	统计学	04010102	50	3
04010104	技术经济学	04010101	45	2.5

Score

学 号	课程编号	成绩	学 期
2006091001	04010101	92	200620071
2006091001	04010102	84	200620072
2006091001	04010103	54	200620072
2006091001	04010104	NULL	200620072
2006091002	04010101	86	200620072
2006091002	04010102	90	200620072
2006091002	04010103	67	200620072
2006091003	04010101	74	200620071
2006091003	04010102	45	200620072
2006091004	04010101	72	200620071
2006091005	04010101	56	200620071

图 3-2　学生成绩数据库的数据示例

3.1.3 SQL 的特点

1. 综合统一

SQL 集数据定义语言（DDL）、数据操纵语言（DML）、数据控制语言（DCL）的功能于一体，语言风格统一，可以独立完成数据库生命周期中的全部活动，包括定义关系模式、建立数据库、查询、更新、维护、数据库重构、数据库安全控制等一系列操作要求，这就为数据库应用系统开发提供了良好的环境。

2. 高度非过程化

非关系数据模型的数据操纵语言是面向过程的语言，用其完成某项请求，必须指定存取路径。而用 SQL 进行数据操作，用户只需提出"做什么"，而不必指明"怎么做"，因此用户无须了解存取路径，存取路径的选择以及 SQL 语句的操作过程由 DBMS 自动完成。这不但大大减轻了用户负担，而且有利于提高数据独立性。

3. 面向集合的操作方式

非关系数据模型采用的是面向记录的操作方式，操作对象是一条记录。例如，查询所有平均成绩在 80 分以上的学生姓名，用户必须一条一条地把满足条件的学生记录找出来（通常要说明具体处理过程及存取路径）。而 SQL 采用集合操作的方式，不仅操作对象、查询结果可以是元组的集合，而且一次插入、删除、更新操作的对象也可以是元组的集合。

4. 以同一种语法结构提供两种使用方式

SQL 既是自含式语言，又是嵌入式语言。

作为自含式语言，SQL 能够独立地用于联机交互的使用方式，用户可以在终端键盘上直接键入 SQL 命令对数据库进行操作；作为嵌入式语言，SQL 语句能够嵌入到高级语言（如 C、C++、Java）程序中，供程序员设计程序时使用。而在两种不同的使用方式下，SQL 的语法结构基本上是一致的。这种以统一的语法结构提供多种不同使用方式的做法，提供了极大的灵活性与方便性。

5. 语言简洁、易学易用

SQL 功能极强，但由于设计巧妙，语言十分简洁，完成数据定义、数据查询、数据操纵、数据控制的核心功能只用了 9 个动词，见表 3-1。而且 SQL 语法简单，接近英语口语，因此容易学习、容易使用。

表 3-1 SQL 动词

SQL 功能	动　　词	SQL 功能	动　　词
数据定义	CREATE,DROP,ALTER	数据操纵	INSERT,UPDATE,DELETE
数据查询	SELECT	数据控制	GRANT,REVOKE

3.2 数据定义

关系数据库系统支持 3 级模式结构，其模式、外模式和内模式中的基本对象有基本表、视图和索引。因此，SQL 的数据定义功能包括基本表的定义、视图的定义和索引的定义。SQL 数据定义语句见表 3-2。

表 3-2　SQL 数据定义语句

操 作 对 象	操 作 方 式		
	创　　　建	删　　　除	修　　　改
基本表	CREATE TABLE	DROP TABLE	ALTER TABLE
视图	CREATE VIEW	DROP VIEW	
索引	CREATE INDEX	DROP INDEX	

本节只介绍如何定义基本表和索引,视图的概念及其定义方法将在第 3.5 节专门介绍。

3.2.1　基本表

1. 定义基本表

SQL 使用 CREATE TABLE 语句定义基本表,其基本格式如下:

```
CREATE TABLE <表名>( <列名> <数据类型> [列级完整性约束条件]
    [,<列名> <数据类型> [列级完整性约束条件] ] …
    [,<表级完整性约束条件> ] );
```

其中,<表名>是所要定义的基本表的名字;<列名>是组成该表的各个属性(列);<数据类型>用来实现域的概念,限制列的取值范围及运算;<列级完整性约束条件>是指涉及相应属性列的完整性约束条件;<表级完整性约束条件>是指涉及一个或多个属性列的完整性约束条件。

列级完整性约束主要包括:

- 主码约束: PRIMARY KEY
- 唯一性约束: UNIQUE
- 非空值约束: NOT NULL
- 参照完整性约束: FOREIGN KEY REFERENCES <被参照表名> (<主码>)
- 域完整性约束: CHECK (<条件>)

表级完整性约束包括:

- 主码约束: PRIMARY KEY(<列组>)
- 唯一性约束: UNIQUE(<列组>)
- 参照完整性约束: FOREIGN KEY (<外码>) REFERENCES <被参照表名> (<主码>)
- 域完整性约束: CHECK (<条件>)

上述各种约束在定义时均可选择在前面加上 CONTRAINT <约束名>子句来指定约束名。约束名用来标识一个特定的约束,在一个特定模式(数据库)中的约束名必须是唯一的。

如果完整性约束条件涉及该表的多个属性列,则必须定义在表级上,否则既可以定义在列级上,也可以定义在表级上。在一个基本表中只能定义一个 PRIMARY KEY 约束,但可定义多个 UNIQUE 约束;对于指定为 PRIMARY KEY 的一个列或多个列的组合,其中任何一个列都不能出现空值,而对于 UNIQUE 约束的唯一键,则允许为空。不能为同一个列或一组列既定义 UNIQUE 约束,又定义 PRIMARY KEY 约束。

在 SQL 中,域的概念用数据类型来实现。定义表的各个属性列时需要指明其数据类型及长度(或精度)。SQL 提供的主要数据类型见表 3-3。注意,不同的 RDBMS 支持的数据类型不尽相同。

表 3-3 SQL 提供的主要数据类型

数 据 类 型	含 义
CHAR(n)	长度为 n 的定长字符串
VARCHAR(n)	最大长度为 n 的变长字符串
INT	长整数(也可以写作 INTEGER)
SMALLINT	短整数
NUMERIC(p,d)	定点数,由 p 位数字(不包括符号、小数点)组成,小数后面有 d 位数字
REAL	取决于机器精度的浮点数
Double Precision	取决于机器精度的双精度浮点数
FLOAT(n)	浮点数,精度至少为 n 位数字
BOOLEAN	逻辑布尔量(真 True/假 False)
DATE	日期,包含年、月、日,格式为 YYYY-MM-DD
TIME	时间,包含一日的时、分、秒,格式为 HH：MM：SS
CLOB	CHARACTER LARGEOBJECT 用来存放大文本值(如文档)
BLOB	BINARY LARGE OBJECT 用来存放大二进制值(如图像)

【例 3-1】 建立一个学生表 Student。其中学号为主码,班级编号为外码,并且要求姓名取值唯一,性别取值只能是"男"或"女"。

```
CREATE TABLE Student(
学号            CHAR(10) PRIMARY KEY,
姓名            CHAR(10) CONSTRAINT S1 UNIQUE,
性别            CHAR(2) CHECK(性别 in(男,女)),
出生日期        DATE,           -- 在 SQL Server 环境下应为 DATETIME 类型
入学成绩        INT,
党员否          BOOLEAN,        -- 在 SQL Server 环境下应为 BIT 类型
班级编号        CHAR(6) FOREIGN KEY REFERENCES Class(Sno),
简历            CLOB,           -- 在 SQL Server 环境下应为 TEXT 类型
照片            BLOB);          -- 在 SQL Server 环境下应为 IMAGE 类型
```

【例 3-2】 建立一个选课表 Score,其中(学号,课程编号)为主码,学号和课程编号分别为外码。

```
CREATE TABLE Score(
    学号        CHAR(10),
    课程编号    CHAR(8),
    成绩        SMALLINT,
    学期        CHAR(9),
    PRIMARY KEY (学号,课程编号),
    FOREIGN KEY(学号) REFERENCES Student(学号),
    FOREIGN KEY(课程编号) REFERENCES Coure(课程编号),
    CHECK(成绩>= 0 and 成绩<= 100));
```

2. 修改基本表

随着应用环境和应用需求的变化,有时需要修改已建立好的基本表,SQL 用 ALTER

TABLE 语句修改基本表，其一般格式为：

```
ALTER TABLE <表名>
    [ ADD COLUMN <新列名> <数据类型> [ 完整性约束 ] ]
    [ DROP COLUMN <列名> ]
    [ DROP CONSTRAINT <完整性约束名>]
    [ ALTER COLUMN <列名> <数据类型> ];
```

其中，<表名>是要修改的基本表，ADD COLUMN 子句用于增加新列和新的完整性约束条件，DROP COLUMN 子句用于删除指定的列，DROP CONSTRAINT 子句用于删除指定的完整性约束条件，ALTER COLUMN 子句用于修改原有的列定义，包括列名和数据类型。

【例 3-3】 向 Student 表增加"入学时间"列，其数据类型为日期型。

```
ALTER TABLE Student ADD 入学时间 DATE;
```

注意：不论基本表中原来是否已有数据，新增加的列一律被赋予一个空值（NULL）。

【例 3-4】 删除 Student 表中的"入学时间"列。

```
ALTER TABLE Student DROP COLUMN 入学时间;
```

【例 3-5】 删除 Student 表中姓名必须取唯一值的约束。

```
ALTER TABLE Student DROP CONSTRAINT S1;
```

【例 3-6】 将 Student 表中"入学成绩"的数据类型改为半字长整数。

```
ALTER TABLE Student ALTER COLUMN 入学成绩 SMALLINT;
```

注意：修改原有的列定义有可能会破坏已有的数据。

3. 删除基本表

当不再需要某个基本表时，可以使用 DROP TABLE 语句删除它，其一般格式如下：

```
DROP TABLE <表名> [RESTRICT|CASCADE];
```

其中，若选择 RESTRICT 选项，表示有条件删除，即欲删除的基本表不能被其他表的约束所引用（如 CHECK、FOREIGN KEY 等约束），不能有基于此表的视图、触发器、存储过程或函数等。如果存在着这些依赖表的对象，则此表不能被删除。若选择 CASCADE，则该表的删除没有限制条件。在删除基本表的同时，相关的依赖对象（如视图等）都将被一起删除。默认是 RESTRICT 选项。

【例 3-7】 删除 Student 表。

```
DROP TABLE Student CASCADE;
```

3.2.2 索引

索引是加快查询速度的有效手段，用户可以根据应用环境的需要，在基本表上建立一个或多个索引，以提供多种存取路径，加快查询速度。

一般来说，建立与删除索引由数据库管理员（DBA）或表的属主（OWNER），即建立表的人负责完成。系统在存取数据时会自动选择合适的索引作为存取路径，用户不必显式地选择索引。

1. 建立索引

建立索引的语句格式如下:

CREATE [UNIQUE] [CLUSTER] INDEX <索引名> ON <表名>(<列名>[<次序>][,<列名>[<次序>]]…);

其中,<表名>是要建索引的基本表的名字。索引可以建立在该表的一列或多列上,各列名之间用逗号分隔。每个<列名>之后还可以用<次序>指定索引值的排列次序,可选 ASC(升序)或 DESC(降序),默认值为 ASC。

UNIQUE 选项表示要建立**唯一索引**,此索引的每个索引值只对应唯一的数据记录。

CLUSTER 选项表示要建立的索引是**聚簇索引**。聚簇索引是指所引项的顺序和表中记录的物理顺序一致的索引组织。

缺省 UNIQUE 和 CLUSTER 选项时,表示要建立**非唯一索引**,即普通索引。

【例 3-8】 为学生成绩数据库中的 Student、Course、Score 3 个表建立索引。其中,Student 表按姓名升序建普通索引,Course 表按课程名升序建唯一索引,Score 表按学号升序和课程编号降序建聚簇索引。

```
CREATE INDEX St_Id_name ON Student(姓名);
CREATE UNIQUE INDEX Co_Id_name ON Course(课程名);
CREATE CLUSTER INDEX SC_Id_no ON Score(学号,课程编号 DESC);
```

注意:

- 对于已含重复值的属性列,不能建 UNIQUE 索引。
- 对某个列建立 UNIQUE 索引后,插入新记录时,DBMS 会自动检查新记录在该列上是否取了重复值。这相当于增加了一个 UNIQUE 约束。
- 在一个基本表上最多只能建立一个聚簇索引。可以在最经常查询的列上建立聚簇索引,以提高查询效率。而对于经常更新的列,则不宜建立聚簇索引。

2. 删除索引

索引一经建立,就由系统使用和维护它,不须用户干预。建立索引是为了减少查询操作的时间。如果数据增、删、改频繁,系统就会花费许多时间来维护索引,从而降低了查询效率。因此,有时需要删除一些不必要的索引,以提高系统效率。删除索引时,系统会从数据字典中删去有关该索引的描述。

删除索引使用 DROP INDEX 语句,其一般格式如下:

DROP INDEX <索引名>;

【例 3-9】 删除 Student 表的 St_Id_name 索引。

DROP INDEX St_Id_name;

3.3 数据更新

数据更新操作有 3 种:向表中添加若干行数据、修改表中的数据和删除表中的若干行数据。SQL 提供了相应的插入(INSERT)、修改(UPDATE)和删除(DELETE)3 类语句。

3.3.1 插入数据

插入语句 INSERT 通常有两种形式：一种是插入单个元组；另一种是插入子查询结果。后者可以一次插入多个元组。

1. 插入单个元组

语句格式为：

```
INSERT INTO <表名> [(<属性列 1> [,<属性列 2>···)]
VALUES (<常量 1> [,<常量 2>] ··· )
```

其功能是将新元组插入指定表中。其中，新元组的<属性列 1>的值为<常量 1>，<属性列 2>的值为<常量 2>，以此类推。INTO 子句中没有出现的属性列，新元组在这些列上将取空值（NULL）。但必须注意的是，在表定义时指定了 NOT NULL 约束的属性列不能取空值，否则会出错。如果 INTO 子句中没有指定任何属性列名，则要求 VALUES 子句提供的常量值的顺序、个数、数据类型应该与待插入数据表的属性列的顺序、个数、数据类型完全一致。

【例 3-10】 将一个新课程记录（课程编号：04010105；课程名称：运筹学；学时：64；学分：4）插入到 Course 表中。

```
INSERT INTO Course(课程编号,课程名称,学时,学分)
VALUES ('04010105','运筹学',64,4);
```

或

```
INSERT INTO Course
VALUES ('04010105','运筹学',NULL,64,4); /* 先修课号为 NULL */
```

【例 3-11】 插入一条选课记录（'04010104','2006091002'）。

```
INSERT INTO Score(课程编号,学号)
VALUES ('04010104','2006091002');
```

或

```
INSERT INTO Score
VALUES ('2006091002','04010104',NULL,NULL);
```

注意：属性列的顺序可与表定义中的顺序不一致，此时一定要在 INTO 子句中指定属性列名。

2. 插入子查询结果

语句格式为：

```
INSERT INTO <表名> [(<属性列 1> [,<属性列 2>··· ])]
<子查询>;
```

其功能是将子查询的结果插入到指定表中。同样要求子查询结果列与 INTO 子句的属性列名匹配。

【例3-12】 对每个班,求学生的平均入学成绩,并把结果存入数据库中。

首先在数据库中建立一个新表(Avg_score),其中一列存放班级编号,另一列存放平均入学成绩。

```
CREATE TABLE Avg_score(
    班级编号 CHAR(6),
    平均入学成绩 INT);
```

然后对 Student 表按班分组求平均入学成绩,再把平均入学成绩插入新表中。

```
INSERT INTO Avg_score (班级编号,平均入学成绩)
SELECT 班级编号,AVG(入学成绩)
FROM Student
GROUP BY 班级编号;
```

3.3.2 修改数据

修改又称为更新,其语句格式如下:

```
UPDATE <表名>
    SET <列名> = <表达式>[,<列名> = <表达式>]…
[WHERE <条件>];
```

其功能是修改指定表中满足 WHERE 子句条件的元组。其中,SET 子句给出<表达式>的值用于取代相应的属性列值。缺省 WHERE 子句表示要修改表中的所有元组。

1. 修改一个元组的值

【例3-13】 将学生 2006091010 的出生日期改为 1987 年 10 月 10 日。

```
UPDATE Student
SET 出生日期 = '1987 - 10 - 10'
WHERE 学号 = '2006091010';
```

2. 修改多个元组的值

【例3-14】 将所有学生党员的入学成绩增加 10 分。

```
UPDATE Student
SET 入学成绩 = 入学成绩 + 10
WHERE 党员否 = 1;
```

3. 带子查询的修改语句

子查询也可以嵌套在更新语句的 WHERE 子句中,用以构造修改的条件。

【例3-15】 将 200601 班全体学生的选修课程成绩置零。

```
UPDATE Score
SET 成绩 = 0
WHERE '200601' = (SELECT 班级编号
                  FROM Student
                  WHERE Student.学号 = Score.学号);
```

3.3.3 删除数据

删除语句的一般格式为：

```
DELETE
FROM <表名>
[WHERE <条件>];
```

该语句的功能是删除指定表中满足 WHERE 子句条件的所有元组。如果省略 WHERE 子句，表示要删除表中的所有元组，但表的定义仍在数据字典中，即 DELETE 语句删除的是表中的数据，不是关于表的定义。

1. 删除一个元组的值

【例 3-16】 删除课程编号为 04010105 的课程记录。

```
DELETE
FROM Course
WHERE 课程编号 = '04010105';
```

2. 删除多个元组的值

【例 3-17】 删除所有学生的选课记录。

```
DELETE
FROM Score;
```

3. 带子查询的删除语句

子查询同样可以嵌套在删除语句的 WHERE 子句中，用以构造执行删除操作的条件。

【例 3-18】 删除 200601 班所有学生的选课记录。

```
DELETE
FROM Score
WHERE '200601' = (SELECT 班级编号
       FROM Student
       WHERE Student.学号 = Score.学号);
```

对基本表中的数据进行的插入、修改和删除操作有可能会破坏在表上已定义的完整性规则，第 6.2 节将详细介绍如何进行完整性检查与控制。

3.4 数据查询

SQL 提供了 SELECT 语句进行数据的查询，该语句具有灵活的使用方式和丰富的功能。其一般格式为：

```
SELECT [ALL|DISTINCT] <目标列表达式> [,<目标列表达式>] …
FROM <表名或视图名>[,<表名或视图名> ] …
[ WHERE <条件表达式> ]
[ GROUP BY <列名 1> [ HAVING <条件表达式> ] ]
[ ORDER BY <列名 2> [ ASC|DESC ] ];
```

其中：

- SELECT 子句：指定要显示的属性列,实现关系代数中的投影操作。
- FROM 子句：指定查询对象(基本表或视图),当指定多个查询对象时,实现连接操作。
- WHERE 子句：指定查询条件,实现关系代数的选择操作。
- GROUP BY 子句：对查询结果按指定列的值分组,该属性列值相等的元组为一个组。通常会在每组中作用集函数。
- HAVING 短语：筛选出只满足指定条件的组。
- ORDER BY 子句：对查询结果表按指定列值升序(ASC)或降序(DESC)排序。
- SELECT … FROM …是最基本的查询语句(必选)。

整个语句的含义是根据 WHERE 子句的条件表达式,从 FROM 子句指定的基本表或视图中找出满足条件的元组,再按 SELECT 子句中的目标列表达式选出元组中的属性值形成结果表。如果有 GROUP BY 子句,则将结果按<列名1>的值进行分组,该属性列值相等的元组为一个组,每个组产生结果表中的一条记录。如果 GROUP BY 子句带有 HAVING 短语,则只有满足指定条件的组才予以输出。如果有 ORDER BY 子句,则结果表还要按<列2>的值升序或降序排序。

SELECT 语句既可以完成简单的单表查询,也可以完成复杂的连接查询和嵌套查询。下面以学生成绩数据库为例,说明该语句的各种用法。

3.4.1　单表查询

单表查询是指仅涉及一个表的查询,是一种最简单的查询操作。

1. 选择表中的若干列

1) 查询指定列

在很多情况下,用户只对表中的一部分属性列感兴趣,这时可以在 SELECT 子句的<目标列表达式>中指定要查询的属性列。

【例 3-19】　查询全体学生的学号与姓名。

```
SELECT 学号,姓名
FROM Student;
```

【例 3-20】　查询全体学生的姓名、学号和班级编号。

```
SELECT 姓名,学号,班级编号
FROM Student;
```

由<目标列表达式>指定的查询结果列的排列顺序可以与表中的顺序不一致。用户可以根据应用需要改变列的显示顺序。【例 3-20】中先列出姓名,再列出学号和班级编号。

2) 查询全部列

将表中的所有属性列都选出来,有两种方法：一种是在 SELECT 关键字后面列出所有列名；另一种是用星号(＊)表示查询表的所有列(列的显示顺序与其在基表中的顺序一致)。

【例 3-21】　查询所有课程的详细记录。

```
SELECT *
FROM Course;
```

等价于：

```
SELECT 课程编号,课程名称,先修课号,学时,学分
FROM Course;
```

3）查询经过计算的值

SELECT 子句中的<目标列表达式>不仅可以是表中的属性名，也可以是任何合法的表达式（常量、函数、算术表达式等），即可以将查询出的属性列经过一定计算后再列出结果。

【例 3-22】 查询全体学生的姓名、年龄和入学成绩。

```
SELECT 姓名,2012 - year(出生日期),入学成绩
FROM Student;
```

查询结果中的第二列不是列名，而是一个表达式，是用当时的年份（假设为 2012 年）减去学生出身的年份，计算出学生的年龄。其中函数 year( )返回年份。其输出结果为：

姓名	2012 - year(出生日期)	入学成绩
张楚	26	545
欧阳佳慧	25	516
孔灵柱	26	526
门静涛	25	530
王广慧	26	550
孙晓楠	25	517
张志平	25	500
刘晓晓	27	555
王大伟	25	515
谢辉	26	544

在 SQL 中，对于查询结果表中出现的任何属性列，均可通过指定别名的方式对其重命名，来改变查询结果的列标题。具体格式为：

```
<目标列表达式> AS <别名>
```

如【例 3-22】可以改写为：

```
SELECT 姓名,2012 - year(出生日期) AS 年龄,入学成绩
FROM Student;
```

其输出结果为：

姓名	年龄	入学成绩
张楚	26	545
欧阳佳慧	25	516
孔灵柱	26	526
⋮	⋮	⋮

2. 选择表中的若干元组

1）消除取值重复的行

两个本来并不完全相同的元组，投影到指定的某些列上以后，就可能变成相同的行了。

在 SELECT 子句中选择使用 DISTINCT 短语去掉结果表中的重复行,若不指定 DISTINCT 短语,则保留结果表中的重复行(默认为 ALL 短语)。

【例 3-23】 查询选修了课程的学生学号。

```
SELECT DISTINCT 学号
FROM Score;
```

输出结果为:

```
学号
----------
2006091001
2006091002
2006091003
2006091004
2006091005
```

而命令:

```
SELECT 学号 FROM Score;
```

等价于:

```
SELECT ALL 学号 FROM Score;
```

2) 查询满足条件的元组

查询满足条件的元组,即选择操作,可以通过 WHERE 子句实现。常用的查询条件见表 3-4。

表 3-4 常用的查询条件

查询条件	谓 词
比较	=、>、>=、<、<=、!=、<>、! >、! <;NOT+上述比较运算符
确定范围	BETWEEN… AND;NOT BETWEEN …AND
确定集合	IN;NOT IN
字符匹配	LIKE;NOT LIKE
空值	IS NULL;IS NOT NULL
多重条件	AND,OR,NOT

(1) 比较大小。在 WHERE 子句的<条件表达式>中使用表 3-4 中的比较运算符:
=(等于),>(大于),<(小于),>=(大于等于),<=(小于等于),! =或<>(不等于),! >(不大于),! <(不小于)。

【例 3-24】 查询考试成绩不及格的学生的学号。

```
SELECT DISTINCT 学号
FROM Score
WHERE 成绩< 60;
```

或

```
SELECT DISTINCT 学号
FROM Score
WHERE NOT 成绩>＝60;
```

（2）确定范围。使用谓词 BETWEEN … AND …和 NOT BETWEEN … AND …可以查找属性值在（或不在）指定范围内的元组，其中 BETWEEN 后是范围的下限（即最低值），AND 后是范围的上限（即最高值）。

【例 3-25】 查询入学成绩为 500～530（包括 500 和 530）的学生信息。

```
SELECT *
FROM Student
WHERE 入学成绩 BETWEEN 500 AND 530;
```

【例 3-26】 查询出生日期不在 1985 年 1 月 1 日至 1986 年 1 月 1 日之间的学生姓名、性别和出生日期。

```
SELECT 姓名,性别,出生日期
FROM Student
WHERE 出生日期 NOT BETWEEN'1985－01－01' AND '1986－01－01';
```

（3）确定集合。使用谓词 IN（<值表>）和 NOT IN（<值表>）查找属性值属于（或不属于）指定集合的元组。其中，<值表>是用逗号分隔的一组离散值。

【例 3-27】 查询 200601、200602 和 200603 班学生的姓名和性别。

```
SELECT 姓名,性别
FROM Student
WHERE 班级编号 IN ( '200601','200602','200603' );
```

【例 3-28】 查询既不是 200601 班，也不是 200602 班学生的姓名和性别。

```
SELECT 姓名,性别
FROM Student
WHERE 班级编号 NOT IN ( '200601','200602' );
```

（4）字符串匹配。使用谓词[NOT] LIKE '<匹配串>'[ESCAPE '<换码字符>']可以实现模糊查询。其中，<匹配串>指固定字符串或含通配符的字符串，当<匹配串>为固定字符串时，可以用＝运算符取代 LIKE 谓词；用!＝或<>运算符取代 NOT LIKE 谓词。

通配符有两种。

- ％（百分号）：代表任意长度（长度可以为 0）的字符串。例如，'a％b'表示以 a 开头，以 b 结尾的任意长度的字符串，如'acb''addgb''ab'等都满足该匹配串。
- _（下画线）：代表任意单个字符。例如，'a_b'表示以 a 开头，以 b 结尾的长度为 3 的任意字符串，如'acb''afb'等都满足该匹配串。

当用户要查询的字符串本身就含通配符％或_时，要使用 ESCAPE '<换码字符>'短语对通配符进行转义。例如：LIKE'DB_Design'ESCAPE'\'中，通配符_被换码字符\转义为普通字符，满足条件的字符串为'DB_Design'。

【例 3-29】 查询所有姓刘的学生姓名、学号和性别。

```
SELECT 姓名,学号,性别
```

```
FROM Student
WHERE 姓名 LIKE '刘%';
```

【例 3-30】 查询姓"欧阳"且全名为 3 个汉字的学生的姓名。

```
SELECT 姓名
FROM Student
WHERE 姓名 LIKE '欧阳__';
```

【例 3-31】 查询名字中第 2 个字为"阳"字的学生的姓名和学号。

```
SELECT 姓名,学号
FROM Student
WHERE 姓名 LIKE '__阳%';
```

【例 3-32】 查询所有不姓刘的学生姓名。

```
SELECT 姓名
FROM Student
WHERE 姓名 NOT LIKE '刘%';
```

【例 3-33】 查询名为 DB_Design 课程的课程编号和学分。

```
SELECT 课程编号,学分
FROM Course
WHERE 课程名 LIKE 'DB\_Design' ESCAPE '\'
```

【例 3-34】 查询以 DB_开头,且倒数第 3 个字符为 i 的课程的详细情况。

```
SELECT *
FROM Course
WHERE 课程名 LIKE 'DB\_%i__' ESCAPE '\';
```

(5) 涉及空值的查询。SQL 允许使用 NULL 值表示关于某属性值的信息缺失。使用谓词 IS NULL 或 IS NOT NULL 来判断属性值为空或非空。注意,IS NULL 不能用 = NULL 代替。

如果算术运算的输入有一个是空值,则该算术表达式(例如,包括＋、－、*、/)的结果是空;如果有空值参与比较运算,SQL 将比较运算的结果看成是 unknown(既不是 **IS NULL**,也不是 **IS NOT NULL**)。unknown 是 SQL:1999 中引入的新的布尔(Boolean)类型的数据。有 unknown 值参与的逻辑运算结果见表 3-5。

表 3-5 有 unknown 值参与的逻辑运算结果

结果值 表达式	A＝True	A＝False	A＝unknown
unknown AND A	unknown	False	unknown
unknown OR A	True	unknown	unknown
NOT A	False	True	unknown

因此,WHERE 子句中的<条件表达式>可以使用 AND、OR、NOT 等逻辑运算符处理 unknown 值,如果某元组使<条件表达式>的值为 False 或 unknown,那么该元组就不会添

加到查询结果中去。

【例 3-35】 某些学生选修课程后没有参加考试，所以有选课记录，但没有考试成绩（为 NULL）。查询缺少成绩的学生的学号和相应的课程编号。

```
SELECT 学号,课程编号
FROM Score
WHERE 成绩 IS NULL;
```

【例 3-36】 查询 2011—2012 第二学期(201120122)所有选修成绩不及格的学生学号、课程编号及成绩。

```
SELECT 学号,课程编号,成绩
FROM Score
WHERE 成绩< 60 and 学期 = '201120122';
```

注意：当某个学生的成绩为 NULL 时，则表达式"成绩<60 and 学期＝'201120122'"的运算结果为 unknown，所以该学生未被列入查询结果中。

（6）多重条件查询。用逻辑运算符 AND 和 OR 联结多个查询条件（AND 的优先级高于 OR，可以用括号改变优先级），可实现多种其他谓词查询功能（如［NOT］IN，［NOT］BETWEEN … AND …）。

【例 3-37】 查询 200601 班学生党员的名单。

```
SELECT 姓名
FROM Student
WHERE 班级编号 = '200601' AND 党员否 = 1;
```

改写【例 3-37】，查询入学成绩为 500～530（包括 500 和 530）的学生信息。

```
SELECT *
FROM Student
WHERE 入学成绩>= 500 AND 入学成绩<= 530
```

3. 对查询结果排序

可以使用 ORDER BY 子句对查询结果按一个或多个属性列升序（ASC）或降序（DESC）排序，默认值为升序。

当有多个排序列时，则先按第一列排序；当第一列值相同时，再按第二列排序，以此类推。

【例 3-38】 查询 2006091001 号学生选修课程的课程编号及其成绩，查询结果按成绩降序排列。

```
SELECT 课程编号,成绩
FROM Score
WHERE 学号 = '2006091001'
ORDER BY 成绩 DESC;
```

【例 3-39】 查询全体学生情况，查询结果按所在班级编号升序排列，同班中的学生按姓名降序排列。

```
SELECT *
```

```
FROM Student
ORDER BY 班级编号,姓名 DESC;
```

4. 使用聚集函数

为了便于数据统计,增强查询功能,SQL 提供了 6 类聚集函数,其格式与功能见表 3-6。

表 3-6 聚集函数的格式与功能

聚 集 函 数	功 能
COUNT(*)	统计元组个数
COUNT([DISTINCT|ALL] <列名>)	统计一列中值的个数
SUM([DISTINCT|ALL] <列名>)	计算一列值的总和(该列必须是数值型)
AVG([DISTINCT|ALL] <列名>)	计算一列值的平均值(该列必须是数值型)
MAX([DISTINCT|ALL] <列名>)	求一列值中的最大值(该列可为数值型、日期型、字符型)
MIN([DISTINCT|ALL] <列名>)	求一列值中的最小值(该列可为数值型、日期型、字符型)

这些聚集函数可以用在 SELECT 子句或 HAVING 子句中。如果指定 DISTINCT 短语,则表示在计算时要取消指定列中的重复值;如果不指定 DISTINCT 短语或 ALL 短语,则表示不取消重复值,ALL 为默认值。

另外,聚集函数根据以下原则处理空值:除 COUNT(*)外,所有的聚集函数都忽略输入集合中的空值。空值被忽略,有可能造成参加函数运算的输入集合为空集。规定空集的 COUNT 运算值为 0,其他所有聚集函数在输入为空集的情况下返回一个空值。

【例 3-40】 查询学生总人数。

```
SELECT COUNT ( * ) as 总人数
FROM Student;
```

【例 3-41】 查询选修了课程的学生人数。

```
SELECT COUNT(DISTINCT 学号) as 选课人数
FROM Score;
```

注:用 DISTINCT 以避免重复计算学生人数。

【例 3-42】 计算 04010101 号课程的学生平均分、最高分及最低分。

```
SELECT AVG(成绩) as 平均分,MAX(成绩) as 最高分,MIN(成绩) as 最低分
FROM Score
WHERE 课程编号 = '04010101';
```

5. 对查询结果分组

有时我们不仅希望将聚集函数作用在单个元组集上,而且也希望将其作用在一组元组集上。在 SQL 中,可用 GROUP BY 子句实现这个愿望。GROUP BY 子句中的一个或多个属性是用来构造分组的,在 GROUP BY 子句中的所有属性上具有相同值的元组将被分到一个组中。如果未对查询结果分组,聚集函数将作用于整个查询结果(单个元组);如果使用 GROUP BY 子句对查询结果分组后,聚集函数将分别作用于每个组。

【例 3-43】 求各个课程编号及相应的选课人数。

```
SELECT 课程编号,COUNT(学号) as 选课人数
FROM Score
GROUP BY 课程编号;
```

查询结果如下。

```
课程编号     选课人数
------------------
04010101    5
04010102    3
04010103    2
04010104    1
```

注意：使用 GROUP BY 子句后，SELECT 子句的属性名列表中只能出现分组属性和聚集函数。

有时对分组限定条件比对元组限定条件更有用。使用 HAVING 子句对分组进行筛选，只有满足 HAVING 子句指定条件的分组才会输出。

【例 3-44】 查询选修了 2 门以上课程的学生学号。

```
SELECT 学号
FROM Score
GROUP BY 学号 HAVING COUNT( * )＞2;
```

【例 3-45】 查询有 2 门以上课程是 80 分以上的学生的学号及课程门数。

```
SELECT 学号, count( * ) AS 课程门数
FROM Score
WHERE 成绩＞＝80
GROUP BY 学号 HAVING COUNT( * )＞＝2;
```

查询结果如下。

```
学号        课程门数
------------------
2006091002 2
```

值得说明的是，如果在同一个查询语句中同时存在 WHERE 子句和 HAVING 子句，那么 SQL 首先应有 WHERE 子句中的条件，满足条件的元组通过 GRPOUP BY 子句形成分组。若 HAVING 子句存在，将作用于每个分组，不符合条件的分组将被抛弃，剩余的组被 SELECT 子句用来产生查询结果元组。

3.4.2 连接查询

若一个查询同时涉及两个以上的表，则称之为连接查询。用来连接两个表的条件称为连接条件或连接谓词。通过连接操作可查询出存放在多个表中的不同实体的信息。连接操作给用户带来很大的灵活性。

连接可以在 SELECT 语句的 FROM 子句或 WHERE 子句中建立，而在 FROM 子句中指出连接时有助于将连接操作与 WHERE 子句中的搜索条件区分开来。

SQL-92 标准定义的 FROM 子句的连接语法格式为：

```
FROM join_table join_type join_table [ON (join_condition)]
```

其中,join_table 指出参与连接操作的表名,可以用 AS 指定表别名。连接可以对同一个表操作,也可以对多表操作,对同一个表操作的连接又称为自身连接。

join_type 指出连接类型,可分为 3 种:内连接、外连接和交叉连接。

内连接(INNER JOIN 或 JOIN)使用比较运算符进行表间某(些)列数据的比较操作,并列出这些表中与连接条件相匹配的数据行。根据所使用的比较方式不同,内连接又分为等值连接、自然连接和不等连接 3 种。

外连接分为左外连接(LEFT OUTER JOIN 或 LEFT JOIN)、右外连接(RIGHT OUTER JOIN 或 RIGHT JOIN)和全外连接(FULL OUTER JOIN 或 FULL JOIN)3 种。与内连接不同的是,外连接不是列出与连接条件相匹配的行,而是列出左表(左外连接时)、右表(右外连接时)或两个表(全外连接时)中所有符合搜索条件的数据行。

交叉连接(CROSS JOIN)等价于没有连接条件的内连接,它返回连接表中所有数据行的笛卡儿积。

连接操作中的 ON (join_condition)子句指出连接条件,它由被连接表中的列和比较运算符、逻辑运算符等构成。连接条件中的列名称为连接字段。连接条件中的各连接字段类型必须是可比的,但不必是相同的。

1. 内连接

内连接查询操作列出与连接条件匹配的元组,它使用比较运算符比较连接字段的值。内连接分 3 种。

(1)等值连接:在连接条件中使用等号(=)运算符比较连接字段的值,其查询结果中列出被连接表中的所有列,包括其中的重复列。

【例 3-46】 查询每个学生及其选修课程的情况。

学生情况存放在 Student 表中,学生选课情况存放在 Score 表中,所以该查询涉及两个表,这两个表之间的联系是通过公共属性"学号"实现的。

```
SELECT s. * , sc. *
FROM Student AS s JOIN Score AS sc ON s.学号 = sc.学号;
```

或

```
SELECT s. * , sc. *
FROM Student AS s , Score AS sc
WHERE s.学号 = sc.学号;
```

注意:任何子句中引用两个表中的同名属性时,都必须加表名前缀,这是为了避免混淆。引用唯一属性名时可以加,也可以省略表名前缀。

(2)自然连接:在连接条件中使用等号(=)运算符比较连接字段的值,但它使用选择列表指出查询结果集合中包括的列,并删除连接表中的重复列,即在等值连接中把目标列中的重复属性列去掉。

【例 3-47】 对【例 3-46】用自然连接完成。

```
SELECT s.学号,姓名,性别,出生日期,课程编号,成绩,学期
FROM Student AS s JOIN Score AS sc ON s.学号 = sc.学号;
```

查询结果如下：

学号	姓名	性别	出生日期	课程编号	成绩	学期
2006091001	张楚	男	1986 – 01 – 15	04010101	92	200620071
2006091001	张楚	男	1986 – 01 – 15	04010102	84	200620072
2006091001	张楚	男	1986 – 01 – 15	04010103	54	200620072
2006091001	张楚	男	1986 – 01 – 15	04010104	NULL	200620072
2006091002	欧阳佳慧	女	1987 – 10 – 12	04010101	86	200620072
2006091002	欧阳佳慧	女	1987 – 10 – 12	04010102	90	200620072
2006091002	欧阳佳慧	女	1987 – 10 – 12	04010103	67	200620072
2006091003	孔灵柱	男	1986 – 05 – 21	04010101	74	200620071
2006091003	孔灵柱	男	1986 – 05 – 21	04010102	45	200620072
2006091004	门静涛	男	1987 – 04 – 28	04010101	72	200620071
2006091005	王广慧	女	1986 – 06 – 26	04010101	56	200620071

连接操作不仅可以在两个表之间进行，也可以是一个表与自己连接，称为表的自身连接。需要给表起别名以示区别，由于所有属性名都是同名属性，因此必须使用别名前缀。

【例 3-48】 查询每门课的间接先修课（即先修课的先修课）。

在 Course 中，只有每门课的直接先修课信息，而没有先修课的先修课。要得到这个信息，必须先对一门课找到其先修课，再按此先修课的课程编号，查找它的先修课，即可得到间接先修课。为此，要将 Course 表与其自身连接，并为其取两个别名，一个为 FIRST，另一个为 SECOND。可以将 FIRST 和 SECOND 看作 Course 表的两个不同的副本。进行连接查询的 SQL 语句为：

```
SELECT FIRST.课程编号,SECOND.先修课号
FROM Course AS FIRST JOIN Course AS SECOND
    ON FIRST.先修课号 = SECOND.课程编号;
```

查询结果如下：

```
课程编号    先修课号
----------------
04010101 04010102
04010103 NULL
04010104 04010103
```

（3）不等连接：在连接条件中使用除等号（＝）运算符以外的其他比较运算符比较连接字段的值。这些运算符包括＞、＞＝、＜＝、＜、!＞、!＜和＜＞。

2. 外连接

内连接时，返回查询结果集合中的仅是符合查询条件（WHERE 搜索条件或 HAVING 条件）和连接条件的元组。而采用外连接时，它返回到查询结果集合中的不仅包括符合连接条件的行，而且还包括左表（左外连接时）、右表（右外连接时）或两个连接表（全外连接）中的所有元组。

【例 3-49】 查询所有学生的选修课程的情况（包括未选修课程的学生信息）。

本例既可以用左外连接实现，也可以用右外连接实现，关键是看主体表（Student）放在关键字 JOIN 的哪一边。

- 使用左外连接实现。

```
SELECT s.学号,姓名,性别,课程编号,成绩
FROM Student AS s LEFT JOIN Score AS sc ON s.学号 = sc.学号;
```

查询结果如下：

学号	姓名	性别	课程编号	成绩
2006091001	张楚	男	04010101	92
2006091001	张楚	男	04010102	84
2006091001	张楚	男	04010103	54
2006091001	张楚	男	04010104	NULL
2006091002	欧阳佳慧	女	04010101	86
2006091002	欧阳佳慧	女	04010102	90
2006091002	欧阳佳慧	女	04010103	67
2006091003	孔灵柱	男	04010101	74
2006091003	孔灵柱	男	04010102	45
2006091004	门静涛	男	04010101	72
2006091005	王广慧	女	04010101	56
2006091006	孙晓楠	女	NULL	NULL
2006091007	张志平	男	NULL	NULL
2006091008	刘晓晓	女	NULL	NULL
2006091009	王大伟	男	NULL	NULL
2006091010	谢辉	男	NULL	NULL

- 使用右外连接实现。

```
SELECT s.学号,姓名,性别,课程编号,成绩
FROM Score AS sc RIGHT JOIN Student AS s ON s.学号 = sc.学号;
```

查询结果与左外连接相同。由此可见，左外连接列出左边关系（本例为 Student）中所有的元组；右外连接则是列出右边关系（本例为 Student）中所有的元组。

3. 交叉连接

交叉连接是不带连接谓词的连接，它返回被连接的两个表的广义笛卡儿积，很少使用。

例如，Student 表中有 10 行，而 Score 表中有 11 行，则下列交叉连接检索到的记录数将等于 $10 \times 11 = 110$ 行。

```
SELECT Student. * ,Score. *
FROM Student, Score
```

或

```
SELECT Student. * ,Score. *
FROM Student CROSS JOIN Score
```

4. 多表连接

连接操作除了可以是两表连接，一个表与其自身连接外，还可以是两个以上的表进行连接，后者通常称为多表连接。

【例 3-50】　查询每个学生的学号、姓名、选修的课程名称及成绩。

```
SELECT Student.学号,姓名,课程名称,成绩
FROM Student JOIN Score ON Student.学号 = Score.学号
        JOIN Course ON Score.课程编号 = Course.课程编号;
```

【**例 3-51**】 查询选修"数据库系统及应用"课程且成绩在 80 分以上的学生的学号、姓名及成绩。

```
SELECT Student.学号,姓名,课程名称,成绩
FROM Student JOIN Score ON Student.学号 = Score.学号
        JOIN Course ON Score.课程编号 = Course.课程编号
WHERE 课程名称 = '数据库系统及应用' AND 成绩>80;
```

3.4.3 嵌套查询

在 SQL 中,一个 SELECT-FROM-WHERE 语句称为一个查询块。将一个查询块嵌套在另一个查询块的 WHERE 子句或 HAVING 子句的条件中的查询称为嵌套查询。例如:

```
SELECT 姓名                   --外层查询或父查询
FROM Student
WHERE 学号 IN(
        SELECT 学号           --内层查询或子查询
        FROM Score
        WHERE 课程编号 = '04010101');
```

本例中,在谓词 IN 后边的查询块(SELECT 学号 FROM Score WHERE 课程编号 = '04010101')称为子查询(内层查询),而外层查询块称为父查询(外层查询)。

SQL 允许多层嵌套查询,即一个子查询中还可以嵌套其他子查询。需要特别指出的是,子查询中不能使用 ORDER BY 子句,ORDER BY 子句只能对最终结果排序。

嵌套查询使我们可以用多个简单查询构成复杂的查询,从而增强 SQL 的查询能力。以层层嵌套的方式来构造程序正是 SQL"结构化"的含义所在。

1. 带有 IN 谓词的子查询

【**例 3-52**】 查询与"张楚"在同一班学习的学生。

先分步来完成此查询,然后再构造嵌套查询。

(1) 确定"张楚"所在班级编号。

```
SELECT 班级编号
FROM Student
WHERE 姓名 = '张楚';
```

结果为:

```
班级编号
--------
200601
```

(2) 查找所有在 200601 班学习的学生。

```
SELECT 学号,姓名,班级编号
FROM Student
```

```
WHERE 班级编号 = '200601'
```

结果为:

```
学号              姓名            班级编号
----------------------------------------
2006091001      张楚            200601
2006091002      欧阳佳慧         200601
2006091003      孔灵柱          200601
2006091004      门静涛          200601
2006091005      王广慧          200601
```

(3) 构造嵌套查询。

将第一步查询嵌入到第二步查询的条件中,构造嵌套查询如下:

```
SELECT 学号,姓名,班级编号
FROM Student
WHERE 班级编号 IN(
                SELECT 班级编号
                FROM Student
                WHERE 姓名 = '张楚')
```

本例中,子查询的查询条件不依赖于父查询,称为不相关子查询。DBMS的一种求解方法是由里向外处理,即先执行子查询,子查询的结果用于建立父查询的查询条件,即得到如下语句:

```
SELECT 学号,姓名,班级编号
FROM Student
WHERE 班级编号 IN('200601')
```

该查询也可用自身连接来完成:

```
SELECT S1.学号,S1.姓名,S1.班级编号
FROM Student AS S1 JOIN Student AS S2 ON S1.班级编号 = S2.班级编号
WHERE S2.姓名 = '张楚';
```

可见,实现同一个查询要求可以有多种方法,当然,不同的方法其执行效率可能会有差别,甚至会影响应用程序的实用性。这就是数据库编程人员应该掌握的查询优化技术,有兴趣的读者可以参考有关文献,包括具体DBMS的查询优化方法。

【例3-53】 查询选修了课程名称为"管理学"的学生学号和姓名。

```
SELECT 学号,姓名
FROM Student
WHERE 学号 IN
            (SELECT 学号
            FROM Score
            WHERE 课程编号 IN
                (SELECT 课程编号
                FROM Course
                WHERE 课程名称 = '管理学'));
```

本查询的步骤如下:

（1）在 Course 关系中找出"管理学"的课程编号，结果为｛04010101｝。

（2）在 Score 关系中找出选修了 04010101 号课程的学生学号集合 X＝｛2006091001，2006091002，2006091003，2006091004，2006091005｝。

（3）在 Student 关系中选出学号在集合 X 中的学生的学号和姓名。结果为：

```
学号          姓名
--------------------
2006091001   张楚
2006091002   欧阳佳慧
2006091003   孔灵柱
2006091004   门静涛
2006091005   王广慧
```

2. 带有比较运算符的子查询

当能确切知道内层查询返回单个值（标量值）时，可用比较运算符（＞，＜，＝，＞＝，＜＝，！＝或＜＞）连接父查询与子查询。

例如，由于一个学生只能在一个班学习，并且必须属于某一个班，则在【例 3-52】中子查询的结果肯定是一个值，所以可以用＝代替 IN。

```
SELECT 学号,姓名,班级编号
FROM Student
WHERE 班级编号 = (SELECT 班级编号
                FROM Student
                WHERE 姓名 = '张楚')
```

注意：子查询一定要跟在比较符之后，下列写法是错误的。

```
SELECT 学号,姓名,班级编号
FROM Student
WHERE (SELECT 班级编号 FROM Student WHERE 姓名 = '张楚') = 班级编号
```

【例 3-54】　找出每个学生超出他选修课程平均成绩的课程编号。

```
SELECT s1.学号,s1.课程编号
FROM Score AS s1
WHERE 成绩>(SELECT AVG(成绩)          -- 求一个学生所有选修课程的平均成绩,
           FROM Score AS s2          -- 至于哪个学生要看参数 s1.学号的值,而
           WHERE s2.学号 = s1.学号)    -- 该值是与父查询相关的
```

本例中，子查询的查询条件依赖于父查询，这类子查询称为相关子查询，整个查询语句称为相关嵌套查询语句。求解相关嵌套查询语句的一种可能执行过程为：

（1）首先取父查询表中的第一个元组，将其学号值（2006091001）传送给内层查询，构成子查询。

```
SELECT AVG(成绩)
FROM Score AS s2
WHERE s2.学号 = '2006091001'
```

（2）执行子查询，得到一个值 76，用该值代替子查询，构成父查询：

```
SELECT s1.学号,s1.课程编号
FROM Score AS s1
WHERE 成绩>76
```

（3）执行父查询，把得到的元组集合{（2006091001，04010101），（2006091001，04010102）}放入结果表中。

然后再取父查询表的下一个元组重复上述步骤（1）～（3）的处理，直到父查询表的所有元组全部处理完毕。查询结果为：

```
学号                  课程编号
-----------------------
2006091001          04010101
2006091001          04010102
2006091002          04010101
2006091002          04010102
2006091003          04010101
```

3. 带有 ANY(SOME)或 ALL 谓词的子查询

子查询返回单值时可以用比较运算符，但返回多值时要用 ANY(有的系统用 SOME)或 ALL 谓词修饰符。而使用 ANY 或 ALL 谓词时必须同时使用比较运算符。其语义见表 3-7。

表 3-7　ANY、ALL 谓词与比较运算符结合的语义

谓　　词	语　　义
＞ANY	大于子查询结果中的某个值，即大于最小值
＞ALL	大于子查询结果中的所有值，即大于最大值
＜ANY	小于子查询结果中的某个值，即小于最大值
＜ALL	小于子查询结果中的所有值，即小于最小值
＞＝ANY	大于等于子查询结果中的某个值
＞＝ALL	大于等于子查询结果中的所有值
＜＝ANY	小于等于子查询结果中的某个值
＜＝ALL	小于等于子查询结果中的所有值
＝ANY	等于子查询结果中的某个值
＝ALL	等于子查询结果中的所有值(通常没有实际意义)
！＝(或＜＞)ANY	不等于子查询结果中的某个值
！＝(或＜＞)ALL	不等于子查询结果中的任何一个值

【例 3-55】　查询其他班中比"财务管理 062"班任意一个(其中某一个)学生年龄小的学生姓名和年龄。

```
SELECT 姓名,2012 - year(出生日期) AS 年龄          -- 父查询
FROM Student
WHERE 2012 - year(出生日期) < ANY (
        SELECT 2012 - year(出生日期)               -- 子查询
        FROM Student
        WHERE 班级编号 = (
            SELECT 班级编号                         -- 最内层子查询
```

```
            FROM Class
            WHERE 班级名称 = '财务管理 062'))
       AND 班级编号<>(                        -- 注意,这是父查询块中的条件
            SELECT 班级编号
            FROM Class
            WHERE 班级名称 = '财务管理 062');
```

查询结果如下：

```
姓名              年龄
------------------
张楚              26
欧阳佳慧          25
孔灵柱            26
门静涛            25
王广慧            26
王大伟            25
谢辉              26
```

RDMS 执行此查询时，首先处理最内层子查询，查出"财务管理 062"班的班级编号值为 200602；然后用该值代替最内层子查询，处理上一层子查询，找出 200602 班中所有学生的年龄，构成一个集合(25,25,27)；最后处理父查询，找出所有不是"财务管理 062"班且年龄小于 27 或 25 学生的姓名与年龄。

本查询也可以用聚集函数实现。首先用子查询找出"财务管理 062"班中的最大年龄(27)，然后通过父查询查出所有非"财务管理 062"班且年龄小于 27 的学生。SQL 语句如下：

```
SELECT 姓名,2012 - year(出生日期) AS 年龄
FROM Student
WHERE 2012 - year(出生日期) < (
         SELECT MAX(2012 - year(出生日期))
         FROM Student
         WHERE 班级编号 = (
              SELECT 班级编号
              FROM Class
              WHERE 班级名称 = '财务管理 062'))
         AND 班级编号<>(
              SELECT 班级编号
              FROM Class
              WHERE 班级名称 = '财务管理 062')
```

【例 3-56】 查询其他班中比"财务管理 062"班所有学生年龄都小的学生姓名和年龄。

方法一：用 ALL 谓词实现。

```
SELECT 姓名,2012 - year(出生日期) AS 年龄
FROM Student
WHERE 2012 - year(出生日期) < ALL(
         SELECT 2012 - year(出生日期)
         FROM Student
         WHERE 班级编号 = (
```

```
        SELECT 班级编号
        FROM Class
        WHERE 班级名称 = '财务管理 062'))
    AND 班级编号<>(
        SELECT 班级编号
        FROM Class
        WHERE 班级名称 = '财务管理 062')
```

方法二：用聚集函数实现。

```
SELECT 姓名,2012 - year(出生日期) AS 年龄
FROM Student
WHERE 2012 - year(出生日期) < (
        SELECT MIN(2012 - year(出生日期))
        FROM Student
        WHERE 班级编号 = (
            SELECT 班级编号
            FROM Class
            WHERE 班级名称 = '财务管理 062'))
        AND 班级编号<>(
            SELECT 班级编号
            FROM Class
            WHERE 班级名称 = '财务管理 062')
```

实际上,用聚集函数实现子查询通常比直接用 ANY 或 ALL 查询效率要高,因为前者通常能够减少比较次数。ANY、ALL 谓词与聚集函数、IN 谓词的等价转换关系见表 3-8。

表 3-8 ANY、ALL 谓词与聚集函数、IN 谓词的等价转换关系

比较符 谓词	=	<>或 !=	<	<=	>	>=
ANY	IN	无意义	<MAX	<=MAX	>MIN	>=MIN
ALL	无意义	NOT IN	<MIN	<=MIN	>MAX	>=MAX

4. 带有 EXISTS、NOT EXISTS 谓词的子查询

带有 EXISTS 或 NOT EXISTS 谓词的子查询不返回任何数据,只产生逻辑真值(True)或假值(False),所以子查询的目标列表达式通常都用 * ,因为即使给出列名,也无实际意义。

使用 EXISTS 谓词时,若子查询结果非空,则父查询的 WHERE 子句返回真值;若子查询结果为空,则返回假值。

使用 NOT EXISTS 谓词时,若子查询结果为空,则父查询的 WHERE 子句返回真值;否则返回假值。

【例 3-57】 查询所有选修了 04010101 号课程的学生姓名。

• 思路分析。

(1) 本查询涉及 Student 和 Score 关系。

(2) 在 Student 中依次取每个元组的学号值(Student. 学号),用此值去检查 Score

关系。

（3）若 Score 中存在这样的元组，其学号值（Score.学号）等于 Student.学号的值，并且其课程编号＝'04010101'，则取此 Student.姓名送入结果关系。

- 用嵌套查询。

```
SELECT 姓名
  FROM Student
    WHERE EXISTS
      (SELECT *
      FROM Score / * 相关子查询 * /
      WHERE Score.学号 = Student.学号 AND 课程编号 = '04010101');
```

- 用连接查询。

```
SELECT 姓名
FROM Student JOIN Score ON Score.学号 = Student.学号
WHERE 课程编号 = '04010101';
```

【例 3-58】 查询没有选修 04010101 号课程的学生姓名。

```
SELECT 姓名
FROM Student
WHERE NOT EXISTS
    (SELECT *
    FROM Score      / * 相关子查询 * /
    WHERE Score.学号 = Student.学号 AND 课程编号 = '04010101');
```

此例用连接查询难以实现。

一些带 EXISTS 或 NOT EXISTS 谓词的子查询不能被其他形式的子查询等价替换。但所有带 IN 谓词、比较运算符、ANY 和 ALL 谓词的子查询都能用带 EXISTS 谓词的子查询等价替换。例如，带有 IN 谓词的【例 3-52】可以用如下带 EXISTS 谓词的子查询替换。

```
SELECT 学号,姓名,班级编号
FROM Student AS S1
WHERE EXISTS (
        SELECT *
        FROM Student AS S2
        WHERE S2.班级编号 = S1.班级编号 AND S2.姓名 = '张楚');
```

【例 3-59】 查询选修了全部课程的学生姓名。

可将此题目的意思转换为：查找这样的学生，没有一门课是他不选修的。其 SQL 语句为：

```
SELECT 姓名
FROM Student
WHERE NOT EXISTS
        (SELECT *
        FROM Course
        WHERE NOT EXISTS
            (SELECT *
```

```
FROM Score
WHERE 学号 = Student.学号 AND 课程编号 = Course.课程编号));
```

3.4.4 集合查询

SELECT 语句的查询结果是元组的集合,所以多个 SELECT 语句的结果可进行集合操作。集合操作主要包括并操作(UNION)、交操作(INTERSECT)和差操作(EXCEPT)。需要注意的是,参加集合操作的各查询结果表的列数必须相同;并且对应列的数据类型也必须相同。

【例 3-60】 查询选修了课程 04010101 或者选修了课程 04010102 的学生。

```
SELECT 学号
FROM Score
WHERE 课程编号 = '04010101'
UNION
SELECT 学号
FROM Score
WHERE 课程编号 = '04010102';
```

本查询实际上是求选修课程 04010101 的学生集合与选修课程 04010102 的学生集合的并集。使用 UNION 将多个查询结果合并起来时,系统会自动去掉重复元组。如果要保留重复元组,则需用 UNION ALL 操作符。

【例 3-61】 查询既选修了课程 04010101,又选修了课程 04010102 的学生。

本例实际上是查询选修了课程 04010101 的学生集合与选修了课程 04010102 的学生集合的交集。

```
SELECT 学号
FROM Score
WHERE 课程编号 = '04010101'
INTERSECT
SELECT 学号
FROM Score
WHERE 课程编号 = '04010102';
```

【例 3-62】 查询未被学生选修的课程编号。

本例实际上是查询课程编号的集合与已被选修的课程编号的差集。

```
SELECT 课程编号
FROM Course
EXCEPT
SELECT DISTINCT 课程编号
FROM Score
```

3.5 视图

视图是从一个或几个基本表(或视图)导出的表。数据库中只存放视图的定义,而不存放视图对应的数据,这些数据仍存放在原来的基本表中,所以,视图是虚表。若基本表中的数据发生变化，则从视图中查询出的数据也随之改变。从这个意义上讲，视图就像一个窗口，透过它可以看到数据库中自己感兴趣的数据及其变化。

视图一经定义，就可以和基本表一样被查询、被删除，也可以在一个视图上再定义一个新视图，但对视图的更新操作有一定的限制。

3.5.1　定义视图

1. 创建视图

创建视图的语句格式如下。

```
CREATE VIEW <视图名> [(<列名> [,<列名>]…)]
AS <子查询>
[WITH CHECK OPTION];
```

注意：组成视图的属性列名可以全部省略或全部指定，如果省略，则由子查询中SELECT子句中目标列中的诸字段组成；当子查询的某个目标列是 * 、集函数、列表达式或需要在视图中为某个列重新命名时，则要全部指定视图的列名。WITH CHECK OPTION选项表示通过视图进行增、删、改操作时，不得破坏视图定义中的谓词条件（即子查询中的条件表达式）。另外，子查询中不允许含有ORDER BY子句和DISTINCT短语。

1）行列子集视图

从单个基本表导出，只是去掉了基本表的某些行和某些列，而保留了码的视图称为行列子集视图。

【例3-63】　建立工商管理061班学生的视图。

```
CREATE VIEW GS_Student
AS
   SELECT 学号,姓名,性别,入学成绩
   FROM Student
   WHERE 班级编号 = (SELECT 班级编号
                     FROM Class
                     WHERE 班级名称 = '工商管理061')
```

【例3-64】　建立学生党员的视图，并要求通过该视图进行的更新操作只涉及学生党员。

```
CREATE VIEW DY_Student
AS
   SELECT 学号,姓名,性别
   FROM Student
   WHERE 党员否 = 1
WITH CHECK OPTION;
```

2）基于多个基表的视图

视图不仅可以建立在单个基本表上，也可以建立在多个基本表上。也就是说，视图的属性列可来自多个基本表。

【例3-65】　建立200601班选修了04010101号课程的学生视图。

```
CREATE VIEW GS_S1(学号,姓名,成绩)
```

```
AS
  SELECT Student.学号,姓名,成绩
  FROM Student JOIN Score ON Student.学号 = Score.学号
  WHERE 课程编号 = '04010101';
```

3）基于视图的视图

视图不仅可以建立在一个或多个基本表上,也可以建立在一个或多个已建立好的视图上,或建立在基本表与视图上。

【例3-66】 建立200601班选修了04010101号课程且成绩在60分以上的学生的视图。

```
CREATE VIEW GS_S2
AS
  SELECT 学号,姓名,成绩
  FROM GS_S1
  WHERE 成绩> = 60;
```

4）带表达式的视图

由于视图中的数据并不实际存储,所以定义视图时可以根据应用的需要,设置一些派生属性列。这些派生属性由于在基本表中并不实际存在,所以也称为虚拟列。带虚拟列的视图也称为带表达式的视图。

【例3-67】 建立一个反映学生年龄的视图。

```
CREATE VIEW AGE_Student(学号,姓名,年龄)
AS
  SELECT 学号,姓名,year(getdate()) - year(出生日期)
  FROM Student
```

5）分组视图

还可以用带有聚集函数和GROUP BY子句的查询来定义视图,这种视图称为分组视图。

【例3-68】 将学生的学号及他的平均成绩定义为一个视图。这类视图必须明确定义组成视图的各个属性列名。

```
CREATE VIEW S_AVG(学号,平均成绩)
AS
  SELECT 学号,AVG(成绩)
  FROM Score
  GROUP BY 学号;
```

2. 删除视图

删除视图的语句格式为:

```
DROP VIEW <视图名>;
```

该语句的功能是从数据字典中删除指定的视图定义。而由该视图导出的其他视图的定义却仍存在数据字典中,但这些视图已失效。为了防止用户使用时出错,要用DROP VIEW语句把那些失效的视图一一删除。同样,删除基表后,由该基表导出的所有视图定义都必须显式地使用DROP VIEW语句删除。

【例 3-69】 删除视图 GS_Student。

```
DROP VIEW GS_Student;
```

3.5.2 查询视图

从用户角度而言，查询视图与查询基本表相同。DBMS 实现视图查询的方法有两种。

（1）实体化视图（View Materialization）。

- 有效性检查：检查所查询的视图是否存在。
- 执行视图定义，将视图临时实体化，生成临时表。
- 查询视图转换为查询临时表。
- 查询完毕后，删除被实体化的视图（临时表）。

（2）视图消解法（View Resolution）。

- 进行有效性检查，检查查询的表、视图等是否存在。如果存在，则从数据字典中取出视图的定义。
- 把视图定义中的子查询与用户的查询结合起来，转换成等价的对基本表的查询。
- 执行修正后的查询。

【例 3-70】 在工商管理 061 班学生的视图中找出入学成绩大于 500 分的学生姓名。

```
SELECT 姓名
FROM GS_Student
WHERE 入学成绩>500;
```

实体化视图法是将 GS_Student 实体化成临时表后再查询。而视图消解法是将该查询转换成如下的查询语句对基表查询。

```
SELECT 姓名
FROM Student
WHERE 班级编号 = (SELECT 班级编号
                FROM Class
                WHERE 班级名称 = '工商管理 061')
        AND 入学成绩>500
```

【例 3-71】 查询工商管理 061 班选修了 04010101 号课程的学生姓名。

```
SELECT 姓名
FROM GS_Student JOIN Score ON GS_Student.学号 = Score.学号
WHERE Score.课程编号 = '04010101';
```

注意：有些情况下，视图消解法不能生成正确的查询。采用视图消解法的 DBMS 会限制这类查询。

【例 3-72】 在 S_AVG 视图中查询平均成绩在 85 分以上的学生学号和平均成绩。

```
SELECT *
FROM S_AVG
WHERE 平均成绩>=85;
```

将本例中的查询语句与 S_AVG 视图中定义的查询结合，形成如下的查询转换语句：

```
SELECT 学号,AVG(成绩)
FROM Score
WHERE AVG(成绩)> = 85
GROUP BY 学号
```

由于 WHERE 子句中不能用聚集函数作为条件表达式,所以该查询不能被执行。正确的查询转换语句为:

```
SELECT 学号,AVG(成绩)
FROM Score
GROUP BY 学号 HAVING AVG(成绩)> = 85
```

目前多数关系数据库系统对行列子集视图的查询均能进行正确的转换,但对非行列子集视图的查询(如【例 3-72】)就不一定能正确转换了,因此这类查询应该直接对基本表进行转换。

3.5.3 修改视图

修改(更新)视图是指通过视图来插入、删除和修改数据。由于视图是不存储数据的虚表,因此对视图的更新,最终要转换为对基本表的更新。

为防止用户更新视图时有意无意地对不属于视图范围内的基本表数据进行操作,可在定义视图时指定 WITH CHECK OPTION 子句,这样,DBMS 在更新视图时会检查视图定义中的条件,若不满足条件,则拒绝执行更新操作。

【例 3-73】 将工商管理 061 班学生视图 GS_Student 中学号为 2006091001 的学生入学成绩改为 550。

```
UPDATE GS_Student
SET 入学成绩 = 550
WHERE 学号 = '2006091001';
```

【例 3-74】 向工商管理 061 班学生视图 GS_Student 中插入一个新的学生记录:(2006091021,赵新,男,500)。

```
INSERT
INTO GS_Student
VALUES('2006091021','赵新','男',500);
```

注意:导出视图的基表 Student 中,除指定了具体值的学号、姓名、性别和入学成绩属性列之外,其他未明确给定值的属性应该允许插入 NULL 值,否则,插入操作将不会执行。显然,由于新插入学生记录的班级编号属性列为 NULL,即该学生不属于任何班级,因此,新插入的学生记录不会出现在虚表 GS_Student 中,而只是在基表 Student 中。

如果在定义视图 GS_Student 的 CREATE VIEW 语句中指定 WITH CHECK OPTION 选项,则本例的插入操作将不会被执行,因为新插入的元组不符合视图定义时的条件,即未明确指定班级编号属性。

【例 3-75】 删除视图 GS_Student 中学号为 2006091002 的记录。

```
DELETE
FROM GS_Student
WHERE 学号 = '2006091002';
```

在关系数据库中，并不是所有的视图都是可更新的，因为有些视图的更新不能唯一地有意义地转换成对基本表的更新。

例如，在【例3-68】中定义的视图 S_AVG 是不可更新的。对于如下更新语句：

```
UPDATE S_AVG
SET 平均成绩 = 90
WHERE 学号 = '2006091001';
```

系统无法将其转换成对基本表 Score 的更新，因为系统无法修改 Score 表的各门课成绩，以使平均成绩为 90。所以，S_AVG 视图是不可更新的。

总之，可以得出如下结论：

（1）如果视图属性中包含基本表的主码（也可能是其他一些候选码），那么由单一基本表导出的视图，即行列子集视图是可以更新的，这是因为每个视图（虚）元组都可以映射到一个基本表的元组中。

（2）在多个表上使用连接操作定义的视图一般都是不可更新的。

（3）使用分组和聚集函数定义的视图是不可更新的。

一般来说，实际 DBMS 都允许对行列子集视图进行更新；而且各个系统对视图的更新还有更进一步的规定。例如，SQL Server 对视图更新的规定如下：

（1）若视图的字段来自聚集函数，则此视图不允许更新。

（2）若视图定义中含有 GROUP BY 子句，则此视图不允许更新。

（3）若视图定义中含有 DISTINCT 短语，则此视图不允许更新。

（4）在一个不允许更新的视图上定义的视图也不允许更新。

（5）由于向视图插入数据的实质是向其所引用的基本表中插入数据，所以必须确认那些未包括在视图中的列但属于基表的列允许 NULL 值或有默认值。对多表视图，若要执行 INSERT 语句，则一个插入语句只能对属于同一个表的列执行操作，即一个插入操作需要用多个 INSERT 语句来实现。

（6）通过视图对数据进行修改与删除需要注意两个问题：执行 UPDATE 或 DELETE 时所删除与修改的数据，必须包含在视图结果集中；视图引用多个表时，无法用 DELETE 命令删除数据，若使用 UPDATE，则应与 INSERT 操作一样，被修改的列必须属于同一个表。

3.5.4 视图的作用

视图是定义在基本表上的，对视图的一切操作最终也要转换为对基本表的操作，并且对视图的更新操作还会受到种种限制。既然如此，为什么还要使用视图呢？这是因为合理使用视图能够带来许多好处。

1. 视图能够简化用户的操作

视图机制使用户可以将注意力集中在所关心的数据上。如果这些数据不是直接来自基本表，则可以通过定义视图，使数据库看起来结构简单、清晰，并且可以简化用户的数据查询操作。例如，基于多张表连接形成的视图，就将表与表之间的连接操作对用户隐藏起来了。换句话说，用户所做的只是对一个虚表的简单查询，而这个虚表是怎样得来的，用户无须了解。

2. 视图使用户能以多种角度看待同一数据

视图机制能使不同用户以不同方式看待同一数据，但许多不同种类的用户共享同一个数据库时,这种灵活性是非常重要的。

3. 视图对重构数据库提供了一定程度的逻辑独立性

在关系数据库中,数据库的重构往往是不可避免的。重构数据库最常见的是将一个基本表"垂直"地分成多个基本表。例如,将学生基本表:

Student(Sno,Sname,Ssex,Sage,Sdept)

"垂直"地分成两个基本表。

SX(Sno,Sname,Sage)
SY(Sno,Ssex,Sdept)

通过建立一个视图 Student:

```
CREATE VIEW Student(Sno,Sname,Ssex,Sage,Sdept)
    AS
    SELECT SX.Sno,SX.Sname,SY.Ssex,SX.Sage,SY.Sdept
    FROM SX,SY
    WHERE SX.Sno = SY.Sno;
```

使用户的外模式保持不变,用户的应用程序通过视图仍然可以查询数据。

当然,视图只能在一定程度上提供数据的逻辑独立性,例如,由于对视图的更新是有条件的,所以应用程序中修改数据的语句可能仍会因基本表结构的改变而改变。

4. 视图能够对机密数据提供安全保护

视图可以作为一种安全机制。通过视图,用户只能查看和修改他们所能看到的数据。在涉及数据库应用系统时,对不同用户定义不同视图,使机密数据不出现在不应看到这些数据的用户视图上,这样视图机制就自动提供了对机密数据的安全保护功能。

3.6 SQL 的数据控制

数据控制也称为数据保护,包括数据的安全性控制、完整性控制、并发控制和恢复。

SQL 提供了数据控制功能,能够在一定程度上保证数据库中数据的安全性、完整性,并提供了一定的并发控制及恢复能力。

安全性指保护数据库,防止不合法的使用造成的数据泄露和破坏。保证数据安全性的主要措施是存取控制机制,控制用户只能存取他有权存取的数据,同时令所有未被授权的用户无法接近数据。

目前,大型数据库管理系统几乎都支持自主存取控制(即用户对不同的数据库对象有不同的存取权限,不同的用户对同一对象也有不同的权限,而且用户还可以将其拥有的存取权限转授给其他用户),在 SQL 标准中,主要是通过 GRANT 和 REVOKE 语句来实现的。

用户权限由两个要素组成:数据库对象和操作类型。定义用户的存取权限就是定义这个用户可以在哪些数据库对象上进行哪些类型的操作。这一操作称为授权。

关系数据库系统中存取控制的对象不仅有数据本身(基本表中的数据、属性列上的数据),还有数据库模式(数据库、基本表、视图和索引等)。表 3-9 列出了关系数据库系统中的存取权限。

表 3-9　关系数据库系统中的存取权限

对　　象	对象类型	操作类型
属性列	数据	SELECT，INSERT，UPDATE，REFERENCE，ALL PRIVILEGES
基本表与视图	数据	SELECT，INSERT，UPDATE，DELETE，REFERENCE，ALL PRIVILEGES
索引	模式	CREATE INDEX
视图	模式	CREATE VIEW
基本表	数据库	CREATE TABLE，ALTER TABLE

3.6.1　授权

授权语句的一般格式为：

```
GRANT <权限>[,<权限>] …
ON <对象类型> <对象名>[,<对象类型> <对象名>] …
TO <用户>[,<用户>] …
[WITH GRANT OPTION];
```

其功能为：将对指定操作对象的指定操作权限授予指定的用户。发出该授权语句的可以是 DBA，也可以是该数据库对象的创建者（即属主 OWNER），也可以是已经拥有该权限的用户。接受权限的用户可以是一个或多个具体用户，也可以是 PUBLIC（全体用户）。

如果指定了 WITH GRANT OPTION 子句，则获得某种权限的用户还可以把这种权限再授予别的用户。如果没有指定 WITH GRANT OPTION 子句，则获得某种权限的用户只能使用该权限，不能传播该权限。

【例 3-76】　把查询 Student 表的权限授予用户 U1。

```
GRANT SELECT
ON TABLE Student
TO U1;
```

【例 3-77】　把对 Student 表的全部权限授予用户 U2 和 U3。

```
GRANT ALL PRIVILEGES
ON TABLE Student
TO U2, U3;
```

【例 3-78】　把对 Score 表的查询权限授予所有用户。

```
GRANT SELECT
ON TABLE Score
TO PUBLIC;
```

【例 3-79】　把查询 Student 表和修改学生学号的权限授予用户 U4。

```
GRANT UPDATE(学号),SELECT
    ON TABLE Student
TO U4;
```

注意：对属性列的授权必须明确指出相应的属性列名称。

【例 3-80】　把对 Score 表的 INSERT 权限授予用户 U5，并允许他再将此权限授予其他用户。

```
GRANT INSERT
ON TABLE Score
TO U5
WITH GRANT OPTION;
```

执行此 SQL 语句后,用户 U5 不仅拥有了对表 Score 的 INSERT 权限,还可以传播此权限。例如,用户 U5 可以将此权限授予用户 U6。

```
GRANT INSERT
ON TABLE Score
TO U6
WITH GRANT OPTION;
```

同样,用户 U6 还可以将此权限授予用户 U7。

```
GRANT INSERT
ON TABLE Score
TO U7;
```

但用户 U7 不能再传播此权限。因为用户 U6 未给用户 U7 传播的权限。也不允许循环授权,即被授权者不能把权限再授回给授权者或其祖先。例如,用户 U6 不能再把权限授回给用户 U5。

3.6.2 收回权限

授予的权限可以由 DBA 或其他授权者用 REVOKE 语句收回,REVOKE 语句的一般格式为:

```
REVOKE <权限>[,<权限>]…
ON <对象类型> <对象名>[,<对象类型> <对象名>]…
FROM <用户>[,<用户>]…[CASCADE|RESTRICT];
```

该语句的功能为从指定用户那里收回对指定对象的指定权限。

【例 3-81】 把用户 U4 修改学生学号的权限收回。

```
REVOKE UPDATE(学号)
ON TABLE Student
FROM U4;
```

【例 3-82】 收回所有用户对 Score 表的查询权限。

```
REVOKE SELECT
ON TABLE Score
FROM PUBLIC;
```

【例 3-83】 把用户 U5 对 Score 表的 INSERT 权限收回。

```
REVOKE INSERT
ON TABLE Score
FROM U5 CASCADE;
```

将用户 U5 的 INSERT 权限收回时必须级联（CASCADE）收回，不然系统将拒绝（RESTRICT）执行该命令。因为用户 U5 将对 Score 的 INSERT 权限授予用户 U6，而用户 U6 又将其授予用户 U7。

注意，这里的默认值为 RESTRICT，有的 DBMS 默认值为 CASCADE，会自动执行级联操作，而不必明确加 CASCADE 选项。如果用户 U6 或用户 U7 还从其他用户处获得了对表 Score 的 INSERT 权限，则他们仍具有此权限，系统只是收回直接或间接从用户 U5 处获得的权限。

SQL 提供了非常灵活的授权机制。DBA 拥有对数据库中所有对象的所有权限，并可以根据实际情况将不同的权限授予不同的用户。

用户对自己建立的基本表和视图拥有全部的操作权限，并且可以用 GRANT 语句把其中某些权限授予其他用户。被授权的用户如果有"继续授权"的许可，还可以把获得的权限再授予其他用户。所有授予出去的权利在必要时又都可以用 REVOKE 语句收回。

习题

1. 简述 SQL 的特点。

2. 什么是基本表，什么是视图，两者的区别和联系是什么？

3. 简述视图的优点。所有视图是否都可以更新？为什么？

4. 针对第 2 章中习题 5 的题意要求，试用 SQL 语句表示其查询。

5. 设有下列 4 个关系模式：

S(SNO,SNAME,CITY)

P(PNO,PNAME,COLOR,WEIGHT)

J(JNO,JNAME,CITY)

SPJ(SNO,PNO,JNO,QTY)

其中，供应商 S 由供应商号（SNO）、供应商姓名（SNAME）、供应商所在城市（CITY）组成，记录各个供应商的情况。零件表 P 由零件号（PNO）、零件名称（PNAME）、零件颜色（COLOR）、零件重量（WEIGHT）组成，记录各种零件的情况。工程项目表 J 由项目号（JNO）、项目名（JNAME）、项目所在城市（CITY）组成，记录各个项目的情况。供应情况表 SPJ 由供应商号（SNO）、零件号（PNO）、项目号（JNO）、供应数量（QTY）组成，记录各供应商供应各种零件给各工程项目的数量。试使用 SQL 命令完成下列查询操作。

（1）求供应工程 J1 零件的供应商号（SNO）。

（2）求供应工程 J1 零件 P1 的供应商号（SNO）。

（3）求供应工程 J1 红色零件的供应商号（SNO）。

（4）求没有使用天津供应商生产的红色零件的项目号（JNO）。

（5）求至少用了 S1 供应商所供应的全部零件的项目号（JNO）。

6. 设要建立学生选课数据库，库中包括学生、课程和选课 3 个基本表，其表结构为：

学生(学号,姓名,性别,年龄,所在系)

课程(课程号,课程名,先行课)

选课(学号,课程号,成绩)

试用 Transact-SQL 完成下列操作。

（1）建立学生选课数据库。

（2）建立学生、课程和选课表。

（3）创建成绩单视图，包括学号、姓名、课程号、课程名及成绩5列。

（4）建立在对选课表输入或更改数据时，必须服从参照完整性约束的 INSERT 和 UPDATE 触发器。

（5）建立在删除学生记录时，同时也要删除相应选课记录的 DELETE 触发器。

（6）建立统计某学生所修课程平均成绩的存储过程。

（7）查询各系及学生数，最后求出共有多少系和多少学生。

（8）将学生表与选课表进行内连接、左外连接和右外连接。

（9）查询学生学号、姓名及学习情况。学习情况用好、较好、一般或较差表示。当其所修课程的平均成绩大于85分时，学习情况为好；当平均成绩为70~85分时，学习情况为较好；当平均成绩为60~69分时，学习情况为一般；当平均成绩在60分以下时，学习情况为较差。

第 4 章　关系数据库规范化理论

一个关系数据库模式是由一组关系模式组成的,每个关系模式中主要确定了该关系中包含哪些列(属性)及列的相应属性等信息。设计数据库时除了要考虑该数据库中应该包含多少个关系外,还需要考虑每个关系中应该包含哪些列,某一列只包含在一个关系中,还是同时出现在几个关系中才更"好"。所谓"好"的关系,就是其中存储的数据冗余度小,对其进行增加、删除或修改的时候不会出现异常情况。

本章就来学习一下判断关系模式优劣的理论标准——关系数据库的规范化理论。它可以帮助我们预测关系模式中可能出现的问题,并且提供了自动产生各种模式的算法,是数据库设计人员有效的工具,也使数据库设计工作有了严格的理论基础。关系数据库的规范化理论是在数据依赖理论的基础上提出的,下面首先来了解一下数据依赖的相关知识。

4.1　数据依赖

数据依赖是指一个关系中属性值的相等与否体现出来的数据间的相互关系。它是现实世界中属性间相互关系的抽象,是数据内在的性质,是数据语义的体现。

现实生活中有许多种类型的数据依赖,其中最重要的是函数依赖(Functional Dependency,FD)和多值依赖(Multivalued Dependency,MVD)。下面简单介绍函数依赖的有关概念,多值依赖将在后面的章节中介绍。

4.1.1　关系模式中的函数依赖

定义 4-1　设关系模式 $R(U)$,其中 $U=\{A_1,A_2,\cdots,A_n\}$,X 和 Y 为属性集合 U 的子集,如果对于关系模式 $R(U)$ 的任何一个可能的关系 r,设 u、v 是 r 中的任意两个元组,如果 $u[X]=v[X]$,就有 $u[Y]=v[Y]$,这时我们称"X 函数确定 Y",或称"Y 函数依赖于 X",记作 $X \to Y$。

也就是说,如果 $X \to Y$ 成立,则对于 $R(U)$ 的任意一个可能的关系 r 中的任意两个元组,只要在 X 上的属性值相等,则其在 Y 上的属性值也一定相等。即在 $R(U)$ 的任意一个可能的关系 r 中,只要指明该关系在 X 列的任意一个值 x,就能确切地知道该关系中与 x 在同一行的 Y 列上的值是什么,不管 x 在 X 列上是否重复。函数依赖像函数 $y=f(x)$ 一样,x 的值给定后,y 的值也就唯一确定了。

对于函数依赖的定义,需要说明以下几点:

(1) 函数依赖 $X \to Y$ 的定义要求关系模式 R 任何一个可能的关系 r 都满足上述条件,

即 R 在任何一个确定时刻对应的 r 中存储的值都必须满足该条件,不能仅考察关系模式 R 在某一时刻的关系 r 中的值,就断定某函数依赖成立。

【例 4-1】 有学生基本情况的关系模式,该关系模式包含的属性有学号、姓名、入学成绩,其中一名学生只能有唯一的一个学号,且只有一个入学成绩。

该关系模式的描述如下:

学生(学号,姓名,入学成绩)

可能在某一时刻 1,学生关系中每个学生的入学成绩都不同,见表 4-1。也就是说,此时只要入学成绩的值确定,就能准确地知道与该值对应的学号的值,但我们绝不能据此就断定"入学成绩→学号"。因为很有可能在另一时刻 2,学生关系中存储的数据有两个或两个以上学生的入学成绩相同,而在学号属性上的值不同的情况。如表 4-2 为学生关系在时刻 2 时所存储的数据,此时,第二个元组(行)和第四个元组的入学成绩列上的值都是 534,但在学号列上的值不同,即入学成绩的值 534 确定后,有两个学号和其对应,不能唯一地确定一个学号值,所以入学成绩→学号不成立。

表 4-1 时刻 1 对应的关系 r_1

学 号	姓 名	入 学 成 绩
2006091001	张楚	541
2006091002	欧阳佳慧	534
2006091003	孔灵柱	526

表 4-2 时刻 2 对应的关系 r_2

学 号	姓 名	入 学 成 绩
2006091001	张楚	541
2006091002	欧阳佳慧	534
2006091003	孔灵柱	526
2006091004	门静涛	534

(2) 函数依赖是语义范畴的概念,只能根据语义确定一个函数依赖关系是否成立,而且数据库的设计者可以对现实世界作强制规定。

在【例 4-1】的学生关系中,如果规定关系中不能有重名的学生,则"姓名→入学成绩"成立,反之,"姓名→入学成绩"就不成立。

(3) $X→Y$,则 X 称为这个函数依赖的决定属性集,也称为决定因素(Determinant),Y 称为被决定属性集。

(4) 若 Y 不函数依赖于 X,则记作 $X\nrightarrow Y$。

(5) 若 $X→Y$,并且 $Y→X$,则记作 $X↔Y$。

4.1.2 函数依赖的分类

1. 平凡函数依赖与非平凡函数依赖

定义 4-2 设关系模式 $R(U)$,其中 $U=\{A_1,A_2,\cdots,A_n\}$,X 和 Y 为属性集合 U 的子集,如果 $X→Y$,但 $Y\nsubseteq X$,则称 $X→Y$ 是非平凡函数依赖。若 $Y\subseteq X$,则称 $X→Y$ 是平凡函数依赖。

对于任意一个关系模式,平凡函数依赖都是必然成立的,它不反映新的语义,因此若不特殊说明,本书讨论的都是非平凡函数依赖。

2. 完全函数依赖与部分函数依赖

定义 4-3 设关系模式 $R(U)$,其中 $U=\{A_1,A_2,\cdots,A_n\}$,X 和 Y 为属性集合 U 不同的属性子集,若存在 $X \rightarrow Y$,并且对于 X 的任何一个真子集 X'（即 $X' \subset X$）,都有 $X' \nrightarrow Y$,则称 Y 完全函数依赖于 X,记作 $X \xrightarrow{f} Y$。若 $X \rightarrow Y$,但 Y 不完全函数依赖于 X,即至少存在 X 的一个真子集 X',使得 $X' \rightarrow Y$ 成立,则称 Y 部分函数依赖于 X,记作 $X \xrightarrow{p} Y$。

也就是说,在一个函数依赖关系中,只要决定属性集中不包含多余的属性,即从决定属性集中去掉任何一个属性,该函数依赖关系都不成立,这时就是完全函数依赖,否则就是部分函数依赖。由此可知,决定属性集中只包含一个属性的函数依赖一定是完全函数依赖。

【例 4-2】 有学生选课情况的关系模式,该关系模式包含的属性有学号、课程编号、成绩,其中一名学生可以选修多门课程,一门课程允许多名学生选修。每名学生选修的每门课程只有一个成绩。

该关系模式的描述如下:

成绩(学号,课程编号,成绩)

由题中叙述可知,该关系模式中存在函数依赖"(学号,课程编号)→成绩"。

又因为学号 $\nrightarrow$ 成绩,课程编号 $\nrightarrow$ 成绩,即从该函数依赖的决定属性集(学号,课程编号)中去掉任何一个属性"学号"或"课程编号",该函数依赖都不成立,所以"(学号,课程编号) $\xrightarrow{f}$ 成绩"。

而在【例 4-1】的关系模式"学生(学号,姓名,入学成绩)"中,因为"学号→入学成绩",所以"(学号,姓名) $\xrightarrow{p}$ 入学成绩"。

3. 传递函数依赖

定义 4-4 在关系模式 $R(U)$ 中,设 X、Y、Z 是 U 的不同的属性子集,如果 $X \rightarrow Y$,$Y \nrightarrow X$,且 $Y \not\subseteq X$,$Y \rightarrow Z$,则称 Z 传递函数依赖于 X,记作 $X \xrightarrow{传递} Z$。

定义 4-4 中说明 $Y \nrightarrow X$,是因为如果 $Y \rightarrow X$,则有 $X \leftrightarrow Y$,实际形成的 $X \rightarrow Z$ 是直接函数依赖,而非传递函数依赖。

【例 4-3】 有学生班级情况的关系模式,该关系模式包含的属性有学号、班级名称、班主任,其中一名学生只能属于一个班级,一个班级可以有多名学生;一个班级只有一个班主任老师,一名老师可以在多个班级担任班主任。

该关系模式描述如下:

学生班级(学号,班级名称,班主任)

由题中的叙述可知:

学号→班级名称

班级名称→班主任

班级名称 $\subseteq$ 学号

班级名称 $\nrightarrow$ 学号

则学号与班主任之间是传递函数依赖,即学号 $\xrightarrow{传递}$ 班主任。

4. 关系模式中的码

属性集 U 上的关系模式 $R(U)$ 常常表示为 $R(U,F)$，F 是属性组 U 上的一组函数依赖。

码是关系模式中的一个重要概念。前面章节中已经给出了有关码的定义，下面从函数依赖的角度重新定义码。

定义 4-5　设 K 为关系模式 $R(U,F)$ 中的属性或属性组合，若 $K \xrightarrow{f} U$，则 K 称为 R 的一个候选码。包含在任意一个候选码中的属性叫作主属性。不包含在任何候选码中的属性叫作非主属性或非码属性。

一个关系模式中可以有多个候选码，候选码可以由单个属性或多个属性组合形成。最简单的情况为，单个属性是候选码。最极端的情况为，全部属性组合构成候选码，称为全码。

通过定义我们知道，关系模式的每个候选码具有下列两个特性：

（1）唯一性。在关系模式 $R(U)$ 中，设 K 为关系模式 R 的候选码，对于关系模式 R 对应的任何一个关系 r，任何时候都不存在候选码属性值相同的两个元组，即每个元组对应的候选码的值在关系 r 中都是唯一的。

（2）最小特性。在关系模式 $R(U)$ 中，设 K 为关系模式 R 的候选码，X 为 R 中的属性。若 $X \subset K$，则 X 不会是候选码。即候选码中不包含任何多余的属性，也就是从候选码中去掉任何一个属性后都不再是候选码。

在【例 4-1】的关系模式"学生(学号，姓名，入学成绩)"中，如果允许有重名的学生存在，则学号是该关系模式唯一的候选码；如果不允许有重名的学生存在，则学号和姓名都是该关系模式的候选码，即该关系模式有两个候选码。

前面提到的候选码都是单个属性，有时候选码还可能是两个或两个以上的属性组成的属性组。如在【例 4-2】的关系模式"成绩(学号，课程编号，成绩)"中，候选码是(学号，课程编号)。

定义 4-6　从关系模式 R 的候选码中选定任意一个属性作为主码(Primary Key)。

通常在关系模式中，在主码对应的属性名下加下画线，例如【例 4-1】的关系模式可描述为：学生(<u>学号</u>，姓名，入学成绩)。

定义 4-7　关系模式 R 中属性或属性组 X 并非 R 的主码，但 X 是另一个关系模式 S 的主码，则称 X 是 R 的外部码(Foreign Key)，简称外码。

如在【例 4-2】的关系模式"成绩(<u>学号，课程编号</u>，成绩)"中，学号不是该关系模式的主码(只是主码的一部分)，但学号是关系模式"学生(<u>学号</u>，姓名，入学成绩)"的主码，则学号是关系模式"成绩"的外部码。

4.1.3　函数依赖对关系模式的影响

通过前面的讲解我们知道，函数依赖普遍存在于现实生活中，并且函数依赖对关系模式有重要的影响。

【例 4-4】　有一个描述学生教务的关系模式，包含的属性有学生的学号、班级名称、班主任、课程编号和成绩。其中一名学生只能从属于一个班级，每个班级可以有多名学生；一个班级只能有一名班主任；一名学生可以选修多门课程，每门课程允许多名学生选修；每个学生选修的每门课程都只有一个成绩。

如果用一个单一的关系模式 STC 来表示,则该关系模式的属性集合为:

$U=\{$学号,班级名称,班主任,课程编号,成绩$\}$

其中,(学号,课程编号)是该关系的主码。表 4-3 为关系模式 STC 在某一时刻对应的关系。

表 4-3　关系模式 STC 在某一时刻对应的关系

学　　号	班 级 名 称	班 主 任	课 程 编 号	成　绩
2006091001	管理 1	王平	04010101	65
2006091002	化工 1	张宇思	04010102	70
2006091003	管理 1	王平	04010103	56
2006091004	管理 1	王平	04010104	78
2006091005	机械 1	雷雨	04010101	87

由上述事实可以得到属性组 U 上的一组函数依赖:

学号→班级名称

班级名称→班主任

(学号,课程编号)→成绩

如果只考虑函数依赖这种数据依赖,就得到了一个描述学生的关系模式:

STC(U,F)

其中:

$U=\{$学号,班级名称,班主任,课程编号,成绩$\}$;

$F=\{$学号→班级名称,班级名称→班主任,(学号,课程编号)→成绩$\}$。

但是,这个关系模式存在以下问题:

(1) 数据冗余太大。例如,每个班的班主任姓名重复出现,重复次数与该班所有学生的所有课程成绩出现次数相同。这将浪费大量的存储空间。

(2) 更新异常。由于数据冗余,当更新数据库中的数据时,系统要付出很大的代价来维护数据库的完整性,否则就面临数据不一致的危险。例如,某班更换班主任后,必须修改与该班学生有关的每个元组。

(3) 插入异常。如果一个班刚成立,尚无学生,就无法把这个班及其班主任的信息存入数据库。因为学号是该关系的主属性,若要保存没有学生的班的相关信息,必然会在关系中出现学号属性上为空的元组,这与实体完整性中规定的主属性不能为空是矛盾的。

(4) 删除异常。如果某个班的学生全部毕业了,那么在删除学生信息的同时,就会把这个班及其班主任的信息也丢掉。原因与(3)相同。

根据以上种种问题,可以得出这样的结论:关系模式 STC 不是一个好的模式。一个好的模式应当不会发生插入异常、删除异常、更新异常,数据冗余应尽可能少。

之所以会出现这些问题,是因为存在于该模式中的某些数据依赖引起的。假如把这个单一的模式改造一下,可分成 3 个关系模式:

S(学号,班级名称)

SG(学号,课程编号,成绩)

GR(班级名称,班主任)

分解后的 3 个模式完全可以克服前面提到的更新异常、插入异常、删除异常等问题,数据的冗余也得到了一定控制。

规范化理论正是用来研究和分析各种数据依赖,改造关系模式,通过消除关系模式中不合适的数据依赖,来避免产生插入异常、删除异常、更新异常和数据冗余等问题的方法。

4.2 范式与关系模式规范化

函数依赖引起的主要问题是操作异常,通常的解决办法是对关系模式进行合理的分解,即将一个关系模式分解成两个或两个以上的合理、等价的关系模式(至于如何分解才是"合理""等价"的,后面会有讨论)。如4.1.3节中的关系模式STC由于存在操作异常,我们将它分解成S、SG和GR 3个关系模式,分解后即可消除关系模式STC中存在的那些操作异常,此时可以说关系模式S、SG和GR比关系模式STC"好"。之所以会这样,从数据依赖的角度分析,是因为关系模式S、SG和GR与关系模式STC相比满足一定的约束条件。

定义4-8 满足一定约束条件的关系模式的集合称为范式(Normal Form,NF),即对于一个具体的关系模式 R,只要满足某一约束条件,就称 R 为某一范式。

范式的概念最早由"关系数据库之父"E. F. Codd 提出,他在1971—1972年系统地提出了第一范式、第二范式和第三范式的概念;1974年,Codd 和 Boyce 共同提出了 Boyce-Codd 范式;1976年,Fagin 提出了第四范式,以后又有人提出了第五范式。

满足最低约束条件的关系模式叫作第一范式,简称1NF,这是关系模式最基本的约束条件。在第一范式的基础上又满足一定约束条件的叫作第二范式,简称2NF。以此类推,有第三范式(3NF)、Boyce-Codd范式(BCNF)、第四范式(4NF)和第五范式(5NF)等。各种范式之间的关系是:1NF⊃2NF⊃3NF⊃BCNF⊃4NF⊃5NF,如图4-1所示。关系模式 R 为第几范式可以写成 $R \in x\text{NF}$,如 $R \in 2\text{NF}$ 表示 R 属于第二范式。关系所属的范式级别越高,关系的规范化程度就越高,如果 $R_1 \in 3\text{NF}$,$R_2 \in 2\text{NF}$,则 R_1 的规范化程度比 R_2 高。

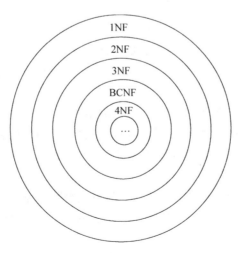

图4-1 各种范式之间的关系

4.2.1　第一范式

定义 4-9　如果一个关系模式 R 的所有属性都是不可分的基本数据项，则称 R 属于第一范式（1NF），记作 $R \in 1NF$。

关系数据模型要求所有的关系模式必须满足第一范式的要求。这是对关系模式最基本的要求，不满足第一范式的数据库模式不能称为关系数据库，表 4-4 就不满足第一范式，我们可以将其转换为满足第一范式的二维表，见表 4-5。

表 4-4　非第一范式的二维表

学　　号	课 程 编 号	成　　绩	班　　级	
			班级名称	班主任
2006091001	04010101	65	管理1	王平
2006091002	04010102	70	化工1	张宇思
2006091001	04010103	56	管理1	王平
2006091001	04010104	78	管理1	王平
2006091003	04010101	87	机械1	雷雨
2006091004	04010101	66	化工1	张宇思

表 4-5　满足第一范式的二维表

学　　号	课 程 编 号	成　　绩	班 级 名 称	班 主 任
2006091001	04010101	65	管理1	王平
2006091002	04010102	70	化工1	张宇思
2006091001	04010103	56	管理1	王平
2006091001	04010104	78	管理1	王平
2006091003	04010101	87	机械1	雷雨
2006091004	04010101	66	化工1	张宇思

表 4-5 用关系模式描述为"STC(学号,课程编号,成绩,班级名称,班主任)"。

如果一个关系仅满足第一范式的要求是不够的，还不是一个"好"的关系，可能会存在种种操作异常。如上例中的关系 STC 属于第一范式，但在对 STC 进行操作的过程中会出现以下问题。

（1）插入异常：无法向 STC 中插入未选课的学生信息，造成部分学生信息无法保存的情况。因为此关系的主码为(学号,课程编号)，因此"学号"和"课程编号"为主属性，关系的实体完整性规定主属性不能为空，因此未选课的学生（即课程编号为空）不能在此关系中保存。

（2）删除异常：删除选课记录时会将其他信息也删除。原因同上。

（3）数据冗余大：如果一个学生选修了多门课程，其班级和班主任的信息就要重复存储多次，造成数据冗余。

（4）更新异常：若某学生从一个班级转到另一个班级，则需要在修改其班级名称的同时，也修改其班主任的值，而且如果该学生选修了 n 门课程，则必须修改 n 次班级名称和班主任的值，这就造成了更新的复杂性。

为什么会出现上述问题呢？我们先来分析一下该关系模式中的数据依赖关系，此关系中的函数依赖如图4-2所示，其中实线表示完全函数依赖，虚线表示部分函数依赖。

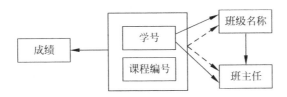

图4-2 STC中的函数依赖

(学号，课程编号) $\xrightarrow{f}$ 成绩

学号 $\longrightarrow$ 班级名称

(学号，课程编号) $\xrightarrow{p}$ 班级名称

学号 $\longrightarrow$ 班主任

(学号，课程编号) $\xrightarrow{p}$ 班主任

班级名称 $\longrightarrow$ 班主任

关系 STC 之所以会存在以上列举的种种操作异常，是因为班级和班主任等非主属性对码(学号，课程编号)的部分函数依赖。原因如下：

若某关系模式的属性间有函数依赖 $X \xrightarrow{p} Y$，而 X 又是码，因此 X 的值就可能重复出现，这样，在具有相同 X 值的所有元组中，与其对应的 Y 值就会重复出现，这就是数据冗余，随之而来的是更新异常。如 STC 关系中的"学号→班级名称""学号→班主任"，只要学号值相同，班级和班主任的值就相同，而学号又不是码(只是码的一部分)，可能会在不同的元组中重复出现，因此造成班级及班主任的值重复存储，出现数据冗余，进而出现了更新异常等问题。

某个特定的 X 值与某个特定的 Y 值相联系，这是数据库中应存储的信息，但由于 X 不含码，这种 X 与 Y 相联系的信息可能由于码或码的一部分为空值而不能作为一个合法的元组在数据库中存在，这就是插入异常和删除异常的问题。如 STC 关系中的函数依赖学号→班级名称(即一个学生只能属于一个班级)是数据库中应存储的信息，但由于学号不是主码(只是主码的一部分)，可能出现某个元组中不包含在该数据依赖中的主属性为空，从而造成该信息无法保存的情况。

可见，为了避免关系 STC 中的种种操作异常，必须消除所有非主属性对码的部分函数依赖，使其完全依赖于码。我们可以采用投影法，对关系模式 STC 进行分解，使其变成两个关系。

SC(学号，课程编号，成绩)

SGT(学号，班级名称，班主任)

其中，关系 SC 的主码是(学号，课程编号)，关系 SGT 的主码是学号，而且两个关系中所有的非主属性都完全依赖于码，即消除了非主属性对码的部分函数依赖，如图4-3所示。此时前面提到的操作异常也得到了一定程度的解决。

(1) 即使某学生未选课(课程编号为空值)，其信息也可以保存到关系 SGT 中。

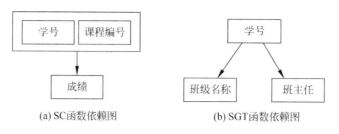

图 4-3　STC 分解后的函数依赖图

（2）当删除学生的选课信息时，只会影响关系 SC，关系 SGT 不会受到影响，因此学生的信息可以继续保存。

（3）由于学生选课和学生的基本情况是分开存储在两个关系中的，所以，无论某学生选修了多少门课程，班级名称和班主任的值都只存储了一次，这就降低了数据冗余。

（4）某学生从一个班级转到另一个班级，只需要修改一次 SGT 关系中的班级名称和班主任的值即可，不会再出现更新异常。

4.2.2　第二范式

定义 4-10　如果关系模式 R 满足第一范式，并且它的任何一个非主属性都完全函数依赖于任一个候选码，则 R 满足第二范式（2NF），记作 $R \in 2NF$。

2NF 就是不允许关系模式的属性之间有函数依赖 $X \rightarrow Y$，其中 X 是某个候选码的真子集，Y 是非主属性。显然，码只包含一个属性的关系模式如果满足 1NF，那么它也一定满足 2NF。

上例中，关系 SGT 和关系 SC 都满足 2NF，它们在一定程度上解决了原 1NF 关系中存在的插入异常、删除异常、数据冗余大及更新异常等问题，但并不能完全将上述问题消除，即满足 2NF 的关系模式也不一定是一个"好"的关系模式。如关系模式 SGT（学号，班级名称，班主任）满足 2NF，但该关系模式还存在下列问题。

（1）插入异常：如果某个班级由于种种原因还没有学生，则无法将班级的信息存入该关系中。因为若保存无学生的班级信息，就会出现学号为空值的元组，而学号是码，根据主属性不能为空的规则，这样的元组不能存在。

（2）删除异常：如果某个班级的学生全部毕业了，在删除该班级学生信息的同时，把这个班级的信息也就删除了，即不保存学生信息就无法保存班级信息，原因同上。

（3）数据冗余大：如果某个班级有多名学生，则班主任信息会大量重复，造成数据冗余。

（4）更新异常：如果某个班级需要更换班主任，由于班主任信息的重复存储，所以在修改时，必须更新该班级所有学生的班主任的值。

可见，关系 SGT 虽然满足 2NF，但也会出现操作异常。下面再分析一下关系 SGT 中存在的函数依赖关系。如图 4-4 所示，SGT 中存在的函数依赖具体如下：

学号→班级名称

班级名称→班主任

班级名称↛学号

班级名称 ⊈ 学号

学号 $\xrightarrow{\text{传递}}$ 班主任

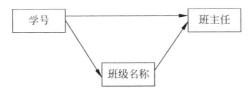

图 4-4 SGT 中的函数依赖

关系 SGT 存在操作异常的原因是存在非主属性"班主任"对码"学号"的传递函数依赖。所以还需要对关系 SGT 进行投影,将其分解为两个关系模式 SG 和 ST,消除非主属性对码的传递函数依赖。

SG(<u>学号</u>,班级名称)

GT(<u>班级名称</u>,班主任)

分解后,关系模式中既不存在非主属性对码的部分函数依赖,也不存在非主属性对码的传递函数依赖,如图 4-5 所示。

    (a) SG函数依赖图   (b) GT函数依赖图

图 4-5 SGT 分解后的函数依赖图

此时,在一定程度上解决了上述 4 个问题。

(1) 如果某个班级没有学生,可以将其保存在关系 GT 中。

(2) 如果某个班级的学生全部毕业,只是删除 SG 关系中的相应元组,GT 关系不受任何影响,其中相应班级信息仍存在。

(3) 无论某个班级有多少学生,其班主任信息只在 GT 中存在一次。

(4) 班级更换班主任时,只修改 GT 关系中的一个相应元组的班主任值即可。

4.2.3 第三范式

定义 4-11 如果关系模式 R 满足 2NF,并且它的任何一个非主属性都不传递函数依赖于任何候选码,则称 R 满足第三范式(3NF),记作 R ∈ 3NF。

3NF 就是指在 2NF 的基础上消除了非主属性对码的传递函数依赖。

满足 3NF 的关系可以在一定程度上解决关系模式中的插入异常、删除异常、数据冗余大及更新异常等问题,但仍不能完全消除。如关系模式 STJ(学号,教师编号,课程编号),假设每个教师只教一门课程,每门课程可以由若干个教师讲授,某一学生选定了某门课程,就确定了一个固定的教师。此关系模式中存在的函数依赖关系如图 4-6 所示。

教师编号 ⟶ 课程编号

(学号,教师编号) $\xrightarrow{p}$ 课程编号

此关系的候选码为(学号,教师编号)、(学号,课程编号),那么"学号""教师编号""课程

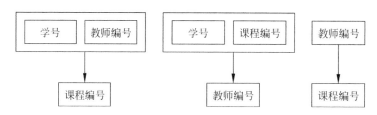

图 4-6　STJ 中的函数依赖

编号"都是主属性。根据范式的有关定义，该关系模式中没有任何非主属性对码的部分函数依赖和传递函数依赖，因此 STJ 属于 3NF，但此关系模式中还存在以下问题。

（1）插入异常：如果某个学生刚入学还没有选课，则不能保存到关系中。

（2）删除异常：删除选课信息时，也会将教师开设该门课程的信息删除。

（3）数据冗余大：教师所教课程的信息重复存储，即每个选修该教师该门课程的学生元组都要记录这一信息。

（4）更新异常：如果某个教师开设的某门课程编号修改了，则所有选修了该教师该门课程的学生元组都要进行相应的修改。

关系模式 STJ 出现上述问题的原因在于主属性课程依赖于教师，即主属性部分函数依赖于码（学号，教师编号），要解决这一问题，仍可以采用投影法，将关系 STJ 分解为两个关系模式。

ST（学号，教师编号）

TJ（教师编号，课程编号）

显然，分解后的关系模式中没有任何属性对码的部分函数依赖和传递函数依赖，它解决了上述问题。

（1）如果某个学生尚未选修课程，则可以将其信息保存在关系 ST 中。

（2）删除学生选修课程的信息，只涉及 ST 关系，不会影响 TJ 关系中相应教师开设该门课程的信息。

（3）每个教师开设课程的信息只在 TJ 关系中存储一次。

（4）某个教师开设的某门课程编号更改时，只修改 TJ 关系中的一个相应元组即可。

4.2.4　BC 范式

定义 4-12　关系模式 R 满足 1NF，其中 X、Y 是 R 中的属性（组），对于任何 $X \rightarrow Y$，X 必含有候选码，则 R 满足 Boyce-Codd 范式（简称 BC 范式），记作 $R \in$ BCNF。

通常认为 BCNF 是 3NF 的修正，有时也称为扩充的第三范式。

也就是说，在关系模式 R 中，若 R 的每个决定属性集都包含候选码，则 $R \in$ BCNF。由 BCNF 的定义可知，一个满足 BCNF 的关系模式有如下特性：

（1）每个非主属性对每个候选码都是完全函数依赖。

（2）所有的主属性对每个不包含它的候选码，也是完全函数依赖。

（3）没有任何属性完全依赖于非候选码的一组属性。

（4）若 $R \in$ BCNF，则 $R \in$ 3NF；若 $R \in$ 3NF，则 R 不一定属于 BCNF。

BCNF 是 3NF 的进一步规范化，即限制条件更为严格。3NF 中，对于 Y 是非主属性的

非平凡函数依赖 $X \to Y$,允许有 X 不包含候选码的情况。而在 BCNF 中,不管 Y 是主属性,还是非主属性,只要 X 不包含候选码,就不允许有 $X \to Y$ 这样的非平凡函数依赖,因此才会有上面提到的特性(4)。然而,BCNF 又是概念上更加简单的一种范式,判断一个关系模式是否属于 BCNF,只要考察每个非平凡函数依赖 $X \to Y$ 的决定因素 X 是否包含候选码即可。

4.2.5 多值依赖与第四范式

在函数依赖的范畴内,BCNF 是最"好"的范式,那么满足 BCNF 的关系模式是否很完美,是否不会出现任何操作异常呢? 下面来看一个例子。

【例 4-5】 设学校某门课程由多个教师讲授,他们使用相同的一套参考书。可以用一个非规范化的关系模式 Teacher(C, T, B)来表示教师 T、课程 C 和参考书 B 之间的关系,见表 4-6。

表 4-6　Teacher

课程 C	教师 T	参考书 B
物理	李勇 王军	普通物理学 光学原理 物理习题集
数学	王强 张平	数学分析 微分方程 高等代数

把表 4-6 变成一张规范化的二维表,见表 4-7。

表 4-7　规范化的二维表 Teacher

课程 C	教师 T	参考书 B
物理	李勇	普通物理学
物理	李勇	光学原理
物理	李勇	物理习题集
物理	王军	普通物理学
物理	王军	光学原理
物理	王军	物理习题集
数学	王强	数学分析
数学	王强	微分方程
数学	王强	高等代数
数学	张平	数学分析
数学	张平	微分方程
数学	张平	高等代数

关系模式 Teacher(C, T, B)具有唯一的候选码(C, T, B),即全码。因此,Teacher $\in$ BCNF,但 Teacher 模式中存在以下问题。

数据冗余大: 每门课程的参考书是固定的,但在 Teacher 关系中,一门课有多少名任课教师,参考书就要重复存储多少次,造成大量的数据冗余。同样,每门课程的授课教师也是固定的，一门课有多少参考书，任课教师的信息也要重复存储多少次。

插入复杂：当某一课程增加一名任课教师时，该课程有多少本参考书，就必须插入多少个元组。

删除复杂：某门课程要去掉一本参考书，该课程有多少名授课教师，就必须删除多少个元组；对于某门课程要取消某位教师任课时，该门课程有多少本参考书，就要删除多少个元组。

更新复杂：某门课程要修改一本参考书，该课程有多少名教师，就必须修改多少个元组。同样，要修改某门课程的任课教师时，也存在类似问题。

满足 BCNF 的关系模式 Teacher 之所以会产生上述问题，是因为关系模式 Teacher 中存在一种新的数据依赖——多值依赖。

定义 4-13 有关系模式 $R(U)$，其中 X、Y 是 U 的子集，$Z=U-X-Y$。对于关系模式 $R(U)$ 的任一关系 r，给定一对 (x,z) 的值，就有一组 y 值与之对应，而且这组 y 值只依赖于 x 值，与 z 值无关，则称 Y 多值依赖于 X，记作 $X\rightarrow\rightarrow Y$。

在上面的关系模式 Teacher 中，(C,B) 上的一个值对应一组 T 值，而且这种对应与 B 无关。例如，对于表 4-7 中 (C,B) 上的一个值（物理，光学原理）对应一组 T 值{李勇，王军}，对于 (C,B) 上的另一个值（物理，普通物理学），它对应的一组值仍是{李勇，王军}。也就是说，这组值仅仅取决于课程 C 的值，而与参考书 B 的值无关。因此，一个 C 值对应多个 T 值，称 T 多值依赖于 C，即 $C\rightarrow\rightarrow T$。

若 $X\rightarrow\rightarrow Y$，而 $X=U-X-Y=\Phi$，则称 $X\rightarrow\rightarrow Y$ 为平凡多值依赖，否则称 $X\rightarrow\rightarrow Y$ 为非平凡的多值依赖。

多值依赖具有下列性质：

（1）多值依赖具有对称性，即若 $X\rightarrow\rightarrow Y$，则 $X\rightarrow\rightarrow Z$，其中 $X=U-X-Y$。

例如，在关系模式 Teacher(C,T,B) 中，可以发现 $C\rightarrow\rightarrow T$，同时 $C\rightarrow\rightarrow B$。

（2）函数依赖可以看作是多值依赖的特殊情况，即若 $X\rightarrow Y$，则 $X\rightarrow\rightarrow Y$。因为当 $X\rightarrow Y$ 时，对 X 的每个值 x，Y 有一个确定的值 y 与之对应，所以 $X\rightarrow\rightarrow Y$。

多值依赖与函数依赖相比，具有下面两个基本的区别。

（1）多值依赖的有效性与属性集的范围有关。

若 $X\rightarrow\rightarrow Y$ 在 U 上成立，则在 $W(XY\subseteq W\subseteq U)$ 上一定成立，其中 XY 表示 $X\bigcup Y$；反之则不然，即 $X\rightarrow\rightarrow Y$ 在 $W(W\subset U)$ 上成立，在 U 上并不一定成立。这是因为多值依赖的定义中不仅涉及属性组 X 和 Y，而且涉及 U 中的其余属性 Z。

但是，在关系模式 $R(U)$ 中，函数依赖 $X\rightarrow Y$ 的有效性仅决定于 X、Y 这两个属性集的值。只要在 $R(U)$ 的任何一个关系 r 中，$X\rightarrow Y$ 均成立，则函数依赖在任何属性集 $W(XY\subseteq W\subseteq U)$ 上也都成立。

（2）若函数依赖 $X\rightarrow Y$ 在 $R(U)$ 上成立，则对于任何 $Y'\subset Y$，均有 $X\rightarrow Y'$ 成立。而多值依赖 $X\rightarrow\rightarrow Y$ 若在 $R(U)$ 上成立，却不能断言对于任何 $Y'\subset Y$，都有 $X\rightarrow\rightarrow Y'$ 成立。

定义 4-14 关系模式 $R(U)\in 1NF$，如果对于 R 的每个非平凡多值依赖 $X\rightarrow\rightarrow Y$，$X$ 都含有候选码，则称 R 属于第四范式（4NF），记作 $R\in 4NF$。

根据定义，对于每个非平凡多值依赖 $X\rightarrow\rightarrow Y$，$X$ 都含有候选码，于是就有 $X\rightarrow Y$。所以，4NF 允许的非平凡多值依赖实际上是函数依赖。4NF 不允许的是非平凡且非函数的多值依赖。

显然,如果一个关系模式是 4NF,则必为 BCNF。

在本节前面提到的关系模式 Teacher 中存在非平凡的多值依赖课程 $C \twoheadrightarrow$ 教师 T,且 C 不是候选码,因此 Teacher 不属于 4NF。这正是 Teacher 存在数据冗余大,插入、删除、更新等操作复杂的根源。可以用投影法将 Teacher 分解为如下两个 4NF 的关系模式。

$CT(C, T)$

$CB(C, B)$

CT 中虽然有 $C \twoheadrightarrow T$,但这是平凡多值依赖,即 CT 中已不存在既非平凡也非函数依赖的多值依赖。所以,CT 属于 4NF。同理,CB 也属于 4NF。Teacher 关系模式中的问题在 CB、CT 中可以得到解决。

(1) 参考书只需要在 CB 关系中存储一次。

(2) 当某一课程增加一名任课教师时,只需要在 CT 关系中增加一个元组。

(3) 某一门课程要去掉一本参考书,只需要在 CB 关系中删除一个相应的元组。

函数依赖和多值依赖是两种最重要的数据依赖。人们还研究了其他数据依赖,如连接依赖和 5NF,这里就不再讨论了。

4.3 关系模式规范化

通过前面的分析我们知道,规范化程度低的关系不一定能够很好地描述现实世界,可能会存在插入异常、删除异常、数据冗余大、更新异常等问题。解决的方法是通过投影,将其分解成多个关系模式,从而转换成高一级的范式。

通过模式分解把一个属于低一级范式的关系模式转换为若干个与原关系模式等价的、高一级范式的关系模式的过程叫作关系模式的规范化。

4.3.1 模式分解的步骤

规范化的基本思想就是逐步消除数据依赖中不合适的部分,使关系模型中的各种关系模式达到某种程度的"分离",以解决关系模式中存在的种种操作异常。

关系模式规范化的步骤如图 4-7 所示。

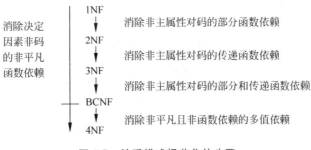

图 4-7 关系模式规范化的步骤

(1) 对满足 1NF 的关系模型进行投影,消除原关系中所有非主属性对候选码的部分函数依赖,将满足 1NF 的关系模式转换为若干个满足 2NF 的关系模式。

(2) 对满足 2NF 的关系模型进行投影,消除原关系中所有非主属性对候选码的传递函数依赖，将满足 2NF 的关系模式转换为若干个满足 3NF 的关系模式。

（3）对满足 3NF 的关系模式进行投影，消除原关系中所有主属性对候选码的部分函数依赖和传递函数依赖，将满足 3NF 的关系模式转换为若干个满足 BCNF 的关系模式。

以上 3 步可以合并为一步，即对原关系进行投影，消除决定属性不是候选码的任何函数依赖。若一个关系数据库中的关系模式都满足 BCNF，则在函数依赖的范畴内，已实现了分离，消除了插入异常、删除异常、数据冗余及更新异常等问题。

（4）对满足 BCNF 的关系模式进行投影，消除原关系中非平凡且非函数依赖的多值依赖，将满足 BCNF 的关系模式转换为若干个满足 4NF 的关系模式。

规范化程度的高低是衡量一个关系模式好坏的标准之一，但不是唯一的标准，而且在实际设计中，并不是规范化程度越高越好，这取决于应用情况。因为对规范化程度高的关系模式进行查询时，可能要做更多的连接操作，会降低查询效率。

4.3.2　分解的无损连接性和保持函数依赖性

规范化的过程就是将一个关系模式分解成若干个与原关系模式等价的关系模式。常用的等价标准要求有 3 种。

（1）分解是具有无损连接性的。

（2）分解是保持函数依赖的。

（3）分解既要具有无损连接，又要保持函数依赖。

将一个关系模式 $R(U,F)$ 分解成若干个关系模式 $R_1(U_1,F_1)$，$R_2(U_2,F_2)$，$\cdots$，$R_n(U_n, F_n)$，其中 $U=U_1 \bigcup U_2 \bigcup \cdots \bigcup U_n$，$R_i$ 是 R 在 U_i 上的投影。这意味着相应地将存储在一张二维表 r 中的数据分散到若干个二维表 r_1，r_2，$\cdots$，r_n 中存放（其中，r_i 是 r 在属性组 U_i 上的投影）。我们当然希望这样的分解不会丢失原关系 r 中的信息，也就是说，希望能够通过对关系 r_1，r_2，$\cdots$，r_n 的自然连接重新得到关系 r 中的所有信息。

实际上，将关系 r 投影为 r_1，r_2，$\cdots$，r_n 时并不会丢失信息，关键是对 r_1，r_2，$\cdots$，r_n 进行自然连接时，可能会产生一些原来 r 中没有的元组，从而无法区别哪些元组是 r 中原来有的，即数据库中应该存在的数据；哪些元组是 r 中原来没有的，即数据库中不应该存在的数据，在这个意义上丢失了信息。

例如，设关系模式 S（学号，班级，系）在某一时刻的关系 r 如表 4-8 所示。如果按分解方案一将关系模型 S 分解为 S_{11} 和 S_{12}：S_{11}（学号，系）和 S_{12}（班级，系），则将 r 投影到 S_{11} 和 S_{12} 的属性上，得到关系 r_{11}（见表 4-9）和关系 r_{12}（见表 4-10）。

表 4-8　关系 r

学　　号	班　　级	系
0001	1 班	管理
0002	2 班	计算机
0003	2 班	计算机
0004	3 班	管理

表 4-9 关系 r_{11}

学 号	系
0001	管理
0002	计算机
0003	计算机
0004	管理

表 4-10 关系 r_{12}

班 级	系
1 班	管理
2 班	计算机
3 班	管理

对分解后的两个关系进行自然连接 $r_{11} \infty r_{12}$,得到关系 r_1,见表 4-11。

表 4-11 关系 r_1

学 号	班 级	系
0001	1 班	管理
0001	3 班	管理
0002	2 班	计算机
0003	2 班	计算机
0004	1 班	管理
0004	3 班	管理

关系 r_1 中的元组(0001,3 班,管理)和(0004,1 班,管理)都不是原来的 r 中的元组。我们无法准确地知道原来关系 r 中到底有哪些元组,这是我们不希望的。也就是说,分解方案一造成了数据丢失。

定义 4-15 设关系模式 $R(U,F)$ 分解为关系模式 $R_1(U_1,F_1),R_2(U_2,F_2),\cdots,R_n(U_n,F_n)$,若对于 R 的任何一个可能的关系 r,都有 $r=r_1 \infty r_2 \cdots \infty r_n$,即关系 r 在 $R_1,R_2,\cdots,R_n$ 上的投影的自然连接等于关系 r,则称关系模式 R 的这个分解是具有无损连接性的。

上例中的分解方案一不具有无损连接性,不是一个"合理""等价"的分解方案。

再考察一下第二种分解方案,将关系模式 S 分解为 S_{21}(学号,班级)和 S_{22}(学号,系)两个关系模式。通过对分解后的两个关系进行自然连接的方式可以证明分解方案二具有无损连接性。表 4-12 为将 r 投影到 S_{21} 属性上得到的关系 r_{21}。表 4-13 为将 r 投影到 S_{22} 属性上得到的关系 r_{22}。表 4-14 为关系 r_{21} 和 r_{22} 进行自然连接后的关系 r_2。

表 4-12 关系 r_{21}

学 号	班 级
0001	1 班
0002	2 班
0003	2 班
0004	3 班

表 4-13 关系 r_{22}

学 号	系
0001	管理
0002	计算机
0003	计算机
0004	管理

表 4-14 关系 r_2

学　号	班　级	系
0001	1班	管理
0002	2班	计算机
0003	2班	计算机
0004	3班	管理

可见，两个关系自然连接后得到的新的关系 r_2 与原关系 r 完全相同，所以说分解方案二具有无损连接性。

可以通过下面的算法判断分解是否为无损连接分解。

算法 4-1　验证无损连接性。

输入：关系模式 $R(A_1, A_2, \cdots, A_n)$，它的函数依赖 F 以及分解 $\rho = \{R_1, R_2, \cdots, R_k\}$。

输出：确定 ρ 是否具有无损连接性。

方法：

（1）构造一个 k 行、n 列的表格，第 i 行对应关系模式 R_i，第 j 列对应属性 A_j。如果 $A_j \in R_i$，则在第 i 行、j 列上放置符号 a_j，否则放置 b_{ij}。

（2）逐个检查 F 中的每个函数依赖，并修改表中的元素。其方法是：取得 F 中的一个函数依赖 $X \rightarrow Y$，在 X 的分量中寻找相同的行，然后将这些行中的 Y 分量修改为相同的符号，如果有 a_j，则 b_{ij} 改为 a_j；若无 a_j，则无须修改。

（3）反复进行，如果发现某行变成了 $a_1, a_2, \cdots, a_k$，则分解 ρ 具有无损连接性；如果 F 中的所有函数依赖都不能再修改表中的内容，且没有发现这样的行，则分解 ρ 不具有无损连接性。

【例 4-6】　有 $R<U, F>, U = (A, B, C)$，$F = \{A \rightarrow B, C \rightarrow B\}$，判断 $\rho = \{AC, BC\}$ 是否为无损连接分解。

解：构造 2 行、3 列的表格如下：

R_{ij}	A	B	C
AC	a_1		a_3
BC		a_2	a_3

在依赖集中，对 $A \rightarrow B$，寻找 A 列中相同的行（即 a_j），若没有，对 $C \rightarrow B, C$ 列有相同的行（即 a_j），判断 B 列有无 a_i，结果有 a_2，则修改其他的分量为 a_2 后得到下表。发现某一行成为 $a_1, a_2, \cdots, a_k$ 形式。

R_{ij}	A	B	C
AC	a_1	a_2	a_3
BC		a_2	a_3

虽然分解方案二具有无损连接性，但也不是一个很好的分解方案。假设学生 0003 从 2 班转到 3 班（同时也转系了），我们需要在 r_{21} 中将第三个元组修改为（0003, 3 班），同时在 r_{22}

中将第三个元组改为(0003,管理)。如果这两个修改没有同时完成,数据库中的数据就会不一致。造成数据不一致的原因主要是分解得到的两个关系模式不是互相独立的,即 S 中的函数依赖"班级→系"既没有投影到关系模式 S_{21} 中,也没有投影到关系模式 S_{22} 中,而是跨在两个关系模式上。函数依赖是数据库中的完整性约束条件,在 r 中,若两个元组的班级值相等,则系值也必须相等。现在 r 的一个元组中的班级值和系值跨在两个不同的关系中,为维护数据库的一致性,在关系 r_{21} 中修改班级值时,就需要相应地在另一个关系 r_{22} 中修改系的值,这当然是很麻烦而且容易出错的,因此要求模式分解保持函数依赖这条等价标准。

定义 4-16 当对关系模式 R 进行分解时,R 的函数依赖集也将按相应的模式进行分解。如果分解后总的函数依赖集与原函数依赖集保持一致,则称为保持函数依赖。

也就是说,分解前在原关系模式中存在的函数依赖在分解后得到的若干个关系模式中仍然能找得到,不会丢失,这就是保持函数依赖。

分解方案二不保持函数依赖,因为分解得到的关系模式中只有函数依赖"学号→班级",丢失了函数依赖"班级→系",因此不是一个好的分解方案。

模式分解保持函数依赖实际是要求分解为相互独立的投影。

分解方案一既不具有无损连接性,也不是保持函数依赖。它丢失了函数依赖"学号→班级"。

分解方案二具有无损连接性,但不保持函数依赖,因为分解得到的关系模式中丢失了函数依赖"班级→系"。

下面考察第三种分解方案,将关系模式 S 分解为 S_{31} 和 S_{32}:S_{31}(学号,班级)和 S_{32}(班级,系),将关系 r 投影到 S_{31} 和 S_{32} 的属性上,得到关系 r_{31} 和关系 r_{32},见表 4-15 和表 4-16。

<table>
<tr><td colspan="2">表 4-15 关系 r_{31}</td></tr>
<tr><th>学 号</th><th>班 级</th></tr>
<tr><td>0001</td><td>1 班</td></tr>
<tr><td>0002</td><td>2 班</td></tr>
<tr><td>0003</td><td>2 班</td></tr>
<tr><td>0004</td><td>3 班</td></tr>
</table>

<table>
<tr><td colspan="2">表 4-16 关系 r_{32}</td></tr>
<tr><th>班 级</th><th>系</th></tr>
<tr><td>1 班</td><td>管理</td></tr>
<tr><td>2 班</td><td>计算机</td></tr>
<tr><td>3 班</td><td>管理</td></tr>
</table>

对分解后的两个关系进行自然连接后得到的关系 r_3 与 r 相同,见表 4-17,说明该分解方案具有无损连接性。

表 4-17 关系 r_3

学 号	班 级	系
0001	1 班	管理
0002	2 班	计算机
0003	2 班	计算机
0004	3 班	管理

原关系模式中的函数依赖"学号→班级"和"班级→系"在分解后的两个关系模式中都可以找到,所以分解方案三同时保持函数依赖。

一个无损连接分解不一定具有依赖保持性;一个依赖保持性分解不一定具有无损连

接性。

4.4 候选关键字求解理论及算法

4.4.1 属性闭包

1. Armstrong 公理

设 U 为属性总体集合，F 为 U 上的一组函数依赖集合，对于关系模式 $R(U,F)$，X、Y、Z 为属性 U 的子集，有以下推理规则：

A1：自反律。若 $Y \subseteq X \subseteq U$，则 $X \to Y$ 为 F 所蕴涵。

A2：增广律。若 $X \to Y$ 为 F 所蕴涵，且 $Z \subseteq U$，则 $XZ \to YZ$ 为 F 所蕴涵。式中，XZ 和 YZ 是 $X \cup Z$ 和 $Y \cup Z$ 的简写。

A3：传递律。若 $X \to Y$、$Y \to Z$ 为 F 所蕴涵，则 $X \to Z$ 为 F 所蕴涵。

由自反律得到的函数依赖都是平凡函数依赖，自反律的使用并不依赖于 F，而只依赖于属性集合 U。

Armstrong 公理是有效的和完备的，可以利用该公理系统推导 F 的闭包 F^+，但是利用 Armstrong 公理直接计算 F^+ 很麻烦。根据 A1、A2、A3 这 3 条推理规则还可以得到其他规则，用于简化计算 F^+ 的工作。如下面扩展的 3 条推理规则。

合并规则：由 $X \to Y$，$X \to Z$，有 $X \to YZ$

伪传递规则：由 $X \to Y$，$WY \to Z$，有 $XW \to Z$

分解规则：由 $X \to YZ$，有 $X \to Z$，$X \to Y$

Armstrong 公理可以有多种表示形式。例如，已知 $X \to Y$，用自反律 A1、传递律 A3 和合并规则可推导出增广律 A2。

证明：因为 $XZ \to X$（A1：自反律）

$\qquad\qquad X \to Y$（给定条件）

$\qquad\qquad XZ \to Y$（A3：传递律）

$\qquad\qquad XZ \to Z$（A1：自反律）

$\qquad$ 所以 $XZ \to YZ$（合并规则）

2. 属性集的闭包

定义 4-17 设关系模式 $R<U,F>$，U 是属性集合，F 是函数依赖集，则称所有用 Armstrong 公理从 F 推出的函数依赖 $X \to A_i$ 的属性集合为 X 的属性闭包，记为 X^+。

算法 4-2 求属性集 X 关于函数依赖 F 的属性闭包 X^+。

输入：关系模式 R 的全部属性集 U，在 U 上的函数依赖 F，U 的子集 X。

输出：关于 F 的属性闭包 X^+。

方法：计算 $X(i)(i=0,1,\cdots)$

(1) $X(0)=X$。

(2) $X(i+1)=X(i)A$。其中，A 是这样的属性，在 F 中寻找尚未用过的左边是 $X(i)$ 的子集的函数依赖：$Y_j \to Z_j (j=1,\cdots,k)$，其中 Y_j 属于 $X(i)$，是 $X(i)$ 的子集，即在 Z_j 中寻找 $X(i)$ 中未出现过的属性集合 A，若无这样的 A，则转(4)。

(3) 判断是否有 $X(i+1)=X(i)$，若有，则转(4)，否则转(2)。

（4）输出 $X(i)$，即为 X^+。

对于（3）的计算停止条件，下面 4 种方法是等价的。

- $X(i+1)=X(i)$。
- 当发现 $X(i)$ 包含了全部属性时。
- 在 F 中的函数依赖的右边属性中再也找不到 $X(i)$ 中未出现过的属性。
- 在 F 中未用过的函数依赖的左边属性已没有 $X(i)$ 的子集。

【例 4-7】 已知关系模式 $R(U,F)$，$U=\{A,B,C,D,E,G\}$，$F=\{AB\rightarrow C,D\rightarrow EG,C\rightarrow A,BE\rightarrow C,BC\rightarrow D,AC\rightarrow B,CE\rightarrow AG\}$，求 $(BD)^+$。

解：

（1）$(BD)^+=\{BD\}$。

（2）计算 $(BD)^+$，在 F 中扫描函数依赖，其左边为 B、D 或 BD 的函数依赖，得到一个 $D\rightarrow EG$。所以，$(BD)^+=\{(BD)^+\bigcup EG\}=\{BDEG\}$。由于 $(BD)^+$ 有变化但不等于 U，所以转（3）继续迭代。

（3）计算 $(BD)^+$，在 F 中查找左部为 $BDEG$ 的所有函数依赖，有两个：$D\rightarrow EG$ 和 $BE\rightarrow C$。所以，$(BD)^+=\{(BD)^+\bigcup EGC\}=\{BCDEG\}$。由于 $(BD)^+$ 有变但不等于 U，所以转（4）继续迭代。

（4）计算 $(BD)^+$，在 F 中查找左部为 $BCDEG$ 子集的函数依赖，除去已经找过的以外，还有 3 个新的函数依赖：$C\rightarrow A$、$BC\rightarrow D$、$CE\rightarrow AG$，得到 $(BD)^+=\{(BD)^+\bigcup ADG\}=\{ABCDEG\}$。

（5）判断，这时由于 $(BD)^+=U$，算法结束，得到 $(BD)^+=\{ABCDEG\}$。

$(BD)^+$ 计算的结果是 $(BD)^+=\{ABCDEG\}$，说明 (BD) 是关系模式的一个候选码。因为，由计算结果可知，(BD) 可以决定属性集合 $U=\{A,B,C,D,E,G\}$，所以，(BD) 是一个候选码。可见，通过计算某个属性集的闭包，可以判断该属性集是否为关系模式的候选码。

4.4.2 函数依赖最小集

定义 4-18 对于给定的函数依赖 F，当满足下列条件时，称为 F 的最小集，记为 F'。

（1）F' 的每个依赖的右部都是单个属性。

（2）对于 F' 中的任何一个函数依赖 $X\rightarrow A$，$F'-\{X\rightarrow A\}$ 与 F' 都不等价。

（3）对于 F' 中的任何一个函数依赖 $X\rightarrow A$ 和 X 的真子集 Z，$\{F'-\{X\rightarrow A\}\}\bigcup\{Z\rightarrow A\}$ 与 F' 都不等价。

条件（2）保证了 F 中不存在多余的函数依赖，条件（3）保证了 F 中每个函数依赖的左边没有多余的属性。

函数依赖最小集与函数依赖集合等价。

4.4.3 候选关键字快速求解理论

对于给定的关系 $R(A_1,A_2,\cdots,A_n)$ 和函数依赖集 F，可以将其属性分为 4 类。

L 类：仅出现在 F 的函数依赖左部的属性。

R 类：仅出现在 F 的函数依赖右部的属性。

N 类：在 F 的函数依赖左右两边均未出现的属性。

LR 类：在 F 的函数依赖左右两边均出现的属性。

1. 快速求解候选关键字的一个充分条件

定理 4-1 对于给定的关系模式 R 及函数依赖集 F，若 $X(X \in R)$ 是 L 类属性，则 X 必为 R 的任一候选关键字的成员。

【例 4-8】 设关系模式 $R(A,B,C,D)$，其函数依赖集 $F = \{D \rightarrow B, B \rightarrow D, AD \rightarrow B, AC \rightarrow D\}$，求 R 的所有候选关键字。

解：考察 F 发现，A、C 两个属性是 L 类属性，则 AC 必定是所有候选关键字的成员，又因为 $(AC)^+ = ABCD$，所以 AC 是 R 的唯一候选关键字。

定理 4-2 对于给定的关系模式 R 及函数依赖集 F，若 $X(X \in R)$ 是 R 类属性，则 X 不在任何候选关键字中。

定理 4-3 对于给定的关系模式 R 及函数依赖集 F，若 X 是 N 类属性，则 X 必包含在 R 的任一候选关键字中。

【例 4-9】 设有关系模式 $R(A,B,C,D,E,P)$，R 的函数依赖集为 $F = \{A \rightarrow D, E \rightarrow D, D \rightarrow B, BC \rightarrow D, DC \rightarrow A\}$，求 R 的所有候选关键字。

解：考察 F 发现，C、E 两个属性是 L 类属性，故 C、E 必在 R 的任何候选关键字中；P 是 N 类属性，故 P 也必在 R 的任何候选关键字中。又因为 $(CEP)^+ = ABCDEP$，所以 CEP 是 R 的唯一候选关键字。

2. 左边为单属性的函数依赖集的候选关键字成员的图论判断方法

函数依赖图中的术语：

引出线/引入线：若结点 A_i 到 A_j 是连接的，则边 (A_i,A_j) 是 A_i 的引出线，同时也是 A_j 的引入线。

原始点：只有引出线，没有引入线（L）。

终结点：只有引入线，没有引出线（R）。

途中点：有引出线，也有引入线（LR）。

孤立点：无引入线，也无引出线（N）。

独立回路：不能被其他结点到达的回路。

关键点：原始点与孤立点统称为关键点。

关键属性：关键点对应的属性称为关键属性。

算法 4-3 左边单属性函数依赖集候选关键字图论判断方法。

（1）求最小依赖集。

（2）构造依赖图。

（3）从图中找出关键属性集合 $X(X$ 可为空$)$。

（4）查看图中有无独立回路，若无，则输出 X（即 R 的唯一候选关键字），转（6）；若有，则转（5）。

（5）从各独立回路中各取一结点，对应的属性与 X 组合成一候选关键字，重复这一过程，取尽所有可能的组合，即 R 的全部候选关键字。

（6）结束。

【例 4-10】 设 $R = (O,B,I,S,Q,D)$，$F = \{S \rightarrow D, D \rightarrow S, I \rightarrow B, B \rightarrow I, B \rightarrow O, O \rightarrow B\}$，求 R 的所有候选关键字。

解：(1) $F' = F = \{S \rightarrow D, D \rightarrow S, I \rightarrow B, B \rightarrow I, B \rightarrow O, O \rightarrow B\}$；

(2) 构造函数依赖图如图 4-8 所示。

(3) 关键属性集 $\{Q\}$。

(4) 共有 4 条回路，但回路 IBI 和 BOB 不是独立回路，而 SDS 和 $IBOBI$ 是独立回路，故共有 $M = 2 \times 3 = 6$ 个候选关键字。每个关键字有 $N = 1 + 2 = 3$ 个属性。候选关键字是：$QSI, QSB, QSO, QDI, QDB, QDO$。

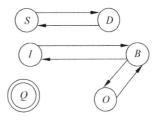

图 4-8　构造函数依赖图

习题

1. 下表给出的关系 R 是第几范式？这样的关系模式存在什么问题？如何将其分解为高一级范式？

工程号	材料号	数　量	开工日期	完工日期	价　格
P_1	M_1	4	0608	0710	160
P_1	M_2	6	0608	0710	300
P_1	M_3	15	0608	0710	180
P_2	M_1	6	0506	0705	160
P_2	M_4	18	0506	0705	350

2. 设关系模式 $R(B, O, I, S, Q, D)$，函数依赖集 $F = \{S \rightarrow D, I \rightarrow S, IS \rightarrow Q, B \rightarrow Q\}$。

(1) 找出 R 的主码。

(2) 把 R 分解为 BCNF，且具有无损连接性。

3. 设关系模式 $R<A, B, C, D, E, F>$，函数依赖集 $F = \{AB \rightarrow E, AC \rightarrow F, AD \rightarrow B, B \rightarrow C, C \rightarrow D\}$，证明 AB、AC、AD 均是候选关键字。

第 5 章　数据库设计

　　人们在总结信息资源开发、管理和服务的各种手段时，认为最有效的是数据库技术。数据库设计应能保证系统数据的整体性、完整性和共享性，因此，数据库设计是管理信息系统开发中非常重要的一个环节。数据库设计是否合理、是否能够满足用户的需求，直接关系到系统开发的成败和系统的可扩展性、稳定性等。

　　本章主要讨论基于 RDBMS 的关系数据库设计问题。

5.1　数据库设计概述

　　数据库系统是计算机应用系统的重要组成部分，开发一个应用系统，特别是管理信息系统，一般都要用到数据库。以数据库为基础的信息系统通常称为数据库应用系统，从系统的功能上看，一般具有数据的输入、数据传输、数据处理、数据加工、数据存储和数据输出等。

　　数据库设计是指对于一个给定的应用环境，构造最优的数据库模式，将其在相应的数据库产品中实现，有效存储数据，满足用户信息要求和处理要求。数据库设计一般是指数据库应用系统的设计。

　　数据库设计是将业务对象转换成数据库中的表和视图等业务过程，将管理信息系统中的大量数据按照一定的模型组织起来，为用户提供存储、维护、检索等功能，使信息系统可以方便、及时、准确、有效地从数据库中获取所需的信息。例如办公自动化(OA)系统、决策支持系统(DSS)、管理信息系统(MIS)和企业资源计划(ERP)等。数据库系统由三大部分组成：计算机系统与计算机网络、数据库及数据库管理系统和基于数据库的应用软件系统。

5.1.1　数据库设计的一般策略

　　数据库是应用系统的核心，一个应用系统能否受用户欢迎，数据库设计的好坏是一个重要的方面。"三分技术，七分管理，十二分数据"是数据库建设的基本规律，从中可以看出有效地管理与组织数据对数据库应用系统的重要性。一个好的数据库设计应当遵循以下策略。

　　(1) 设计的数据库应与信息的逻辑模型相符，能充分反映客观事物及其联系，满足用户对信息的实际需求，具有完整性。

　　(2) 设计的数据库应具有较小的冗余度，数据库中的数据应协调一致，没有语义或值的冲突，能保持数据的一致性。

　　(3) 数据独立性强，当对数据库进行修改或扩充时，应尽可能不影响原有用户的使用方式。

（4）确保数据库安全、可靠。

5.1.2　数据库设计方法

数据库设计方法的选择直接关系到数据库应用系统的质量和运行时维护的效率,从设计过程形式化的程度看,数据库设计方法可分为三大类:手工试凑法、规范化设计方法、计算机辅助设计方法。

1. 手工试凑法

手工试凑法也称为直观设计法。在过去相当长的一段时期内,数据库设计主要采用手工试凑法,使用这种方法与设计人员的经验和水平有直接关系,它使数据库设计成为一种艺术,而不是工程技术,缺乏科学理论和工程方法的支持,数据库的质量难以保证,常常是数据库运行一段时间后又不同程度地发现各种问题,再进行修改,增加了系统维护的代价和成本。

手工试凑法一般应用于小型的数据库系统设计中。

2. 规范化设计方法

1978 年 10 月,来自 30 多个国家的数据库专家在美国新奥尔良(New Orleans)市专门谈论了数据库设计问题,运用软件工程的思想和方法,提出了数据库设计的规范,即著名的新奥尔良法。

新奥尔良法将数据库设计分成需求分析、概念设计、逻辑设计和物理设计。

常用的规范设计法大多起源于新奥尔良法。下面介绍几种常用的规范设计方法。

（1）基于 E-R 模型的数据库设计方法,是由 P. P. S. Chen 于 1976 年提出的数据库设计方法。其基本思想是:在需求分析的基础上,用 E-R 图构造一个反映现实世界实体之间联系的企业模式,转换成基于某一特定的 DBMS 的概念模式。

（2）基于 3NF 的数据库设计方法,是由 S. Atre 提出的结构化设计方法。其基本思想是:在需求分析的基础上,确定数据库模式中的全部属性和属性间的依赖关系,将它们组织在一个单一的关系模式中,然后再分析模式中不符合 3NF 的约束条件,将其进行投影分解,规范成若干个 3NF 关系模式的集合。具体步骤如下:

① 设计企业模式,利用规范化得到的 3NF 关系模式画出企业模式。

② 设计数据库的概念模式,把企业模式转换成 DBMS 能接受的概念模式,并根据概念模式导出各个应用的外模式。

③ 设计数据库的物理模式(存储模式)。

④ 对物理模式进行评价。

⑤ 数据库实现。

（3）基于视图的数据库设计方法。基于视图的数据库设计方法先从分析各个应用的数据着手,其基本思想是为每个应用建立自己的视图,然后再把这些视图汇总起来,合并成整个数据库的概念模式。合并过程中要解决以下问题:

- 消除命名冲突。
- 消除冗余的实体和联系。
- 进行模式重构。在消除了命名冲突和冗余后,需要对整个汇总模式进行调整,使其满足全部完整性约束条件。

注：规范化设计方法本质上仍然是手工设计方法，其基本思想是过程迭代和逐步求精。

3. 计算机辅助设计方法

计算机辅助设计方法是在数据库设计的某些过程中模拟某一规范化设计方法，并以人的知识或经验为主导，通过人机交互方式实现设计中的某些部分或全部。该方法利用一些专门的软件工具来支持数据库设计过程，这些工具统称计算机辅助软件工程（Computer Aided Software Engineering，CASE）。早期的工具只能支持数据库设计的某一阶段，数据库工作者和数据库厂商一直在研究和开发数据库设计工具，近十年来，市场已出现一些支持（几乎）整个数据库生命周期的大型商品化工具，如 Sybase 公司的 PowerDesigner、Oracle 公司的 Designer 2000、Computer 公司的 ERWin、Associates、Microsoft 公司的 Visio 和 Database Designer，见表 5-1。

表 5-1 常见的数据库辅助设计工具

产　品	功　能	公　司
PowerDesigner	支持数据库建模和应用开发且不一定要求 Sybase 数据库环境	Sybase
Designer	分析设计工具，支持数据库设计的各个阶段，常和应用开发工具一起使用。需要 Oracle 数据库环境	Oracle
ERWin	支持数据库设计的各个阶段，还支持事务和数据仓库设计	Computer Associates
Visio、Database Designer	Visio 是图形工具集，提供了设计 E-R 图的工具。Database Designer 是一个嵌入在 SQL Server 和 Access 中的图形工具。所建立的图称为 Database Diagram——这种图不是 E-R 图，它实际上是数据库逻辑模式的图形化	Microsoft

本章后面将介绍使用 PowerDesigner 进行数据库设计的方法和实例。

5.2 数据库设计步骤

数据库设计是一种特定的软件系统设计，设计的过程具有一定的规律和标准。在设计过程中，通常采用"分阶段法"，即"自顶向下，逐步求精"的设计原则，将数据库设计过程分解为若干相互依存的阶段，每一阶段采用不同的技术和工具解决不同的问题，从而将一个大的问题局部化，减少局部问题对整体设计的影响及依赖，并利于多个合作。

按照规范化设计方法的基本理论，数据库设计分为逻辑数据库设计和物理数据库设计。一般将数据库设计划分为以下 6 个阶段。

（1）需求分析。

（2）概念结构设计。

（3）逻辑结构设计。

（4）物理结构设计。

（5）数据库实施。

（6）运行和维护。

下面分别介绍各个阶段的工作。

5.2.1 需求分析阶段

需求分析是数据库设计的第一个阶段。需求分析就是分析用户的需求,是数据库设计的起点和依据。需求分析的结果是否准确地反映了用户的实际需求,将直接影响到后面各个阶段的设计,并最终影响到数据库设计结果的合理性与实用性。如果需求分析有误,则以它为基础的整个数据库将会重新设计。

1. 需求分析的任务

需求分析的任务是对现实世界要处理的对象(如组织、部门、企业等)进行详细调查,在充分了解原系统(手工系统或计算机系统)运行概况的基础上,确定新系统的功能。数据库设计必须满足用户的需求,但同时也要充分考虑到系统的扩充和改变,增强数据库系统的灵活性。

需求分析是通过各种方式进行调查和分析,逐步明确用户需求,主要包括数据需求和对这些数据的业务处理需求。需求分析与一般管理信息系统中的系统分析基本上一致。在需求分析中,调查的重点是"数据"和"处理",通过调查、收集与分析,获得用户对数据库的如下要求。

(1)信息要求:指用户需要从数据库中获得信息的内容与性质。由信息要求可以导出数据要求,即数据库需要存储哪些数据。

(2)处理要求:指用户要完成什么样的处理功能,处理的响应时间要求,处理方式是单机处理还是联机处理。例如,某数据库应用系统中存在用户注册这项功能,则用户在注册的时候,在处理用户名称是否重复时,需要与哪些表中的相应数据进行核对,如果用户名称出现重复,如何返回给用户信息,返回什么样的信息等。

(3)安全性与完整性要求:确定用户的最终需求是一件很困难的事情,因为一方面用户缺乏计算机知识,开始时不知道计算机能做什么、不能做什么,对自己的想法有些担心,甚至认为某些想法不可能在计算机中得到实现,在与数据库设计人员进行交流时,经常会改变某些想法,需求不断发生改变;另一方面,数据库设计人员缺乏专业的业务知识,不易理解用户的真正需求,甚至可能会误解用户的需求。因此,设计人员必须不断地与用户进行交流,深入实践,确定用户的最终需求。

2. 需求分析的方法

为了准确地了解用户的实际需求,可以采用以下方法进行需求调查。

(1)跟班作业。通过亲身参加业务工作来了解业务活动的情况,这种方法可以准确地了解用户的需求,特别适合于设计人员对用户的复杂业务操作,但这种方法比较浪费时间。

(2)开调查会。通过与用户座谈来了解业务活动的情况及业务需求。

(3)请专人介绍。请每个业务的主管人员或者是负责人介绍业务情况。

(4)询问。对于调查中不明白的问题,可以找专人询问,以解决问题。

(5)设计调查表,请用户填写。无论是大型系统或者是小型系统,数据库设计都有一定的规律可循,在设计人员了解全部业务或者部分业务的基础之上,可以根据设计人员的经验设计一些调查表(如系统某一项业务涉及的人员、业务的功能、处理的方法、信息的查询与反馈等),请用户填写。这种方法比较容易被用户接受,若调查表设计得合理,则可以有效地完成需求分析的任务。

（6）查阅记录。查阅与原系统有关的数据记录和文档资料。

在需求调查过程中，一般需要综合使用上述方法，并使用户积极参与配合，才能达到最终的目的。

3. 需求分析的步骤

需求分析可以按照以下几个步骤来进行。

（1）需求收集。充分了解用户的需求，包括组织机构设置、主要业务活动、工作流程、各级人员的业务范围及约束等，然后做进一步的调查访问，了解系统用户和潜在用户的功能需求及业务处理情况，包括所需的数据、约束条件和相互联系等，将用户的需求形成材料。

（2）分析整理。将需求分析得到的材料（如文件、图表等）进行分析整理，这一阶段中的主要工作是业务流程分析，一般采用数据流分析法。此外，还需要对数据的完整性、一致性、安全性等文档资料进行整理。

（3）确定系统边界。对前面的调查结果进行初步分析，确定哪些工作由计算机完成，哪些工作手工完成，并与用户进行交流，将最终由计算机完成的部分确定为系统的边界，即数据库应用系统的全部功能。

4. 需求分析文档

需求分析的根本目的是了解用户的需求。需求分析的最终结果是系统要实现的功能，新系统在实现每一部分的功能时，一般来说要有一个先后顺序，即哪一部分功能先执行，哪一部分功能后执行，每种功能之间的数据联系如何。需求分析的结果应以文档的形式保留下来，在需求文档中包括用户需求的所有内容，对于数据库设计人员，系统的数据流程和数据字典是必不可少的。

1）数据流程

数据流程记录系统在实现每一部分功能时数据的流动方向和处理过程。为了便于数据库设计人员理解数据的流向，一般将数据流程用图形表示，称为数据流程图（Data Flow Diagram，DFD）。数据流程图可以精确地描述系统在实现每一项功能时输入的数据、输出的数据和数据存储之间的关系。

数据流程图一般由多个元素构成，部分元素及对应的图示标识符如图 5-1 所示。

图 5-1　数据流程图中的元素标识符

其中，数据文件表示传统的数据单据，在需求分析中以文件的形式体现，如原材料供应单、电话交费票据等；数据流表示数据的流动方向；数据处理表示系统中的某项功能，在DFD 中体现在对输入的数据流的处理，并输出数据。例如，在学生成绩管理系统中，对于学生成绩的统计处理，输入的数据流为学生每门课的成绩，在统计中进行汇总，并将统计的结果提供给下一功能进行处理或将数据保存下来；数据存储表示对数据的集中存储，方便对数据的检索与管理。一般来说，数据存储会对应一个表，在后面数据库具体设计时使用。

本章以小型超市管理系统的数据库设计为例，说明数据库设计的步骤与方法，限于篇幅,本书只分析系统中几个主要的业务实现过程。

在小型超市管理系统中主要实现的功能是对商品的进、存、销进行管理,在进货时根据进货单录入商品信息,根据商品存货信息进行商品销售,并对销售单据汇总,形成月报表或年报表,进行利润统计。小型超市管理系统的数据流程如图 5-2 所示。

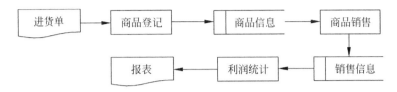

图 5-2　小型超市管理系统的数据流程

2）数据字典

数据字典是系统中各类数据描述的集合,它以特定的格式记录系统中的各种数据、数据元素以及它们的名称、性质、意义及各类约束条件,也包括系统中用到的常量、变量、数组和其他数据单位的重要文档。

数据流程图表达了数据与处理之间的关系。数据字典产生于数据流程图,是对系统中数据的一种描述方式,是进行详细的数据收集和数据分析所获得的主要成果。数据字典在数据库设计中占有很重要的地位。

数据字典通常包括数据项、数据结构、数据流、数据存储和处理过程 5 个部分。

（1）数据项。数据项是不可再分的数据单位,对其进行描述的一般格式为:

数据项描述 = {数据项名,数据项含义说明,别名,数据类型,长度,取值范围,取值含义,与其他数据项的逻辑关系,数据项之间的联系}

其中,"取值范围""与其他数据项的逻辑关系"（例如,该数据项等于另几个数据项的和,该数据项的值等于另一数据项的值等）定义了数据完整性约束条件,是设计数据检验功能的依据。

在小型超市管理系统中,商品的各个属性为数据项,如商品名称、进货价格、出厂日期、保质期等。商品数据项的描述如下:

数据项名:商品名称

别名:名称

数据类型:文本

长度:1～100

数据项名:进货价格

别名:成本

数据类型:数值

取值范围:大于 0

数据项名:出厂日期

别名:出厂日期

数据类型：日期

取值范围：限定的某一日期(如 2000-1-1)到当前日期

取值含义：根据商品的特点，不能小于某个规定的日期，否则视为不合理

数据项名：保质期

别名：保质期

数据类型：数值

取值范围：大于 0

取值含义：因商品特性不同，取值单位也不同，可能为小时、天、月或年

　　注：在数据字典的描述中，别名是对名称的另外一种理解或描述方式，可以使用汉语，也可以使用其他语种进行描述。在数据库设计中，表的列名来自数据项的名称或者是别名。另外，为了便于数据字典的查询，可以为数据字典的每项内容设置一个编号，如数据项 1、数据项 2 等，以下类同。

　　(2) 数据结构。数据结构反映了数据之间的组合关系。一个数据结构可以由若干个数据项组成，也可以由若干个数据结构组成，或由若干个数据项和数据结构混合组成。对数据结构的描述，通常格式如下：

数据结构 = {数据结构名,含义说明,组成:{数据项或数据结构}}

　　在小型超市管理系统中，选择商品信息和销售信息作为实例进行描述，数据结构内容如下：

数据结构名：商品

含义说明：对商品信息的描述

组成：(商品编号，商品名称，进货价格，出厂日期，保质期，供应商，单位数量，库存量，类别)

数据结构名：销售单

含义说明：商品销售清单

组成：(商品编号，商品名称，价格，折扣，数量，销售日期)

　　(3) 数据流。数据流是数据结构在系统内传输的路径。对其描述的格式通常为：

数据流 = {数据流名,说明,数据流来源,数据流去向,组成:{数据结构},平均流量,高峰期流量}

　　在小型超市管理系统中，根据系统数据流程图，主要有六个数据流，选择其中两个作为示例进行描述，内容如下：

数据流名：进货单

说明：进货单数据流

数据流来源：进货单

数据流去向：商品登记处理

组成：(商品编号，商品名称，进货价格，出厂日期，保质期，供应商，单位数量，经手人，进货日期)

平均流量：5 次/天

高峰期流量：20 次/天

数据流名：商品销售

说明：商品销售数据流

数据流来源：商品销售处理

数据流去向：销售信息数据处理

组成：(商品编号,商品名称,价格,折扣,数量,销售日期)

平均流量：200 次/天

高峰期流量：500 次/天

(4) 数据存储。数据存储是数据结构停留或保存的地方,也是数据流的来源和去向之一,它可以是手工文档或手工凭单,也可以是计算机文档。对其描述的格式通常为：

数据存储＝{数据存储名,说明,编号,输入的数据流,输出的数据流,组成：{数据项或数据结构},数据量,存取频度,存取方式}

其中,"存取频度"指每小时或每天或每周存取几次、每次存取多少数据等信息,"存取方式"为批处理或联机处理、检索或更新、顺序检索或随机检索等。

在小型超市管理系统中,数据存储主要有商品信息和销售信息,对其描述的内容如下：

数据存储名：商品信息

说明：商品基本信息

输入的数据流：商品登记

输出的数据流：商品销售

组成：(商品编号,商品名称,进货价格,出厂日期,保质期,供应商,单位数量,销售价格,商品类别)

存取方式：检索,写操作,更新操作

数据存储名：销售信息

说明：销售商品基本信息

输入的数据流：商品销售

输出的数据流：利润统计

组成：(商品编号,商品名称,价格,折扣,数量,类别,销售日期,销售员)

存取方式：检索,写操作,更新操作

(5) 处理过程。处理过程说明数据处理的逻辑关系,即输入和输出之间的逻辑关系,同时也要说明数据处理的触发条件、错误处理等问题。对其描述的格式通常为：

处理过程描述＝{处理过程名,说明,输入：{数据流},输出：{数据流},处理：{简要说明}}

在处理的简要说明中,可以根据处理的特点进行一定的扩充,以满足实际需要。

在小型超市管理系统中,处理过程主要有商品登记、商品销售和利润统计,对其描述,内容如下：

处理过程名：商品登记

说明：录入新进的商品信息

输入：进货单数据流

输出：商品基本信息数据流

处理说明：根据进货单提供的商品信息进行录入，同时录入商品的销售价格等信息

处理流量：根据每天的进货次数来定

处理过程名：商品销售

说明：根据商品信息填写销售基本信息

输入：商品销售数据流

输出：销售信息数据流

处理说明：根据顾客购买的商品进行销售信息记录

处理流量：根据每天的卖货次数来定

数据字典是关于系统中基本数据的描述，即元数据，而不是数据本身，是数据库设计过程中的依据。数据字典中的数据约束等内容将在数据库设计过程中实现。

数据字典是在需求分析阶段建立，并且在数据库设计过程中不断修改、充实和完善的。

5.2.2 概念结构设计阶段

概念结构设计是对收集的信息和数据进行分析整理，确定实体、属性及联系。它是整个数据库设计的关键。概念模型是独立于计算机的，基于用户的观点来反映现实世界，所以并不涉及用什么数据模型来实现它的问题，因此概念结构设计与具体的 DBMS 无关。

1. 概念结构模型的特点

概念结构设计的目标是反映系统信息需求的数据库概念结构，概念结构独立于 DBMS 和使用的硬件。在这一阶段，数据库设计人员要从用户的角度看待数据以及数据处理的要求和约束，产生一个反映用户观点的概念模式，然后再将概念模式转换成逻辑模式。因此，概念结构模型具有以下几个特点。

（1）语义表达能力丰富。概念结构模型能准确地表达用户的需求，反映系统中各部分之间复杂的联系和用户处理信息时所用的数据。

（2）易于交流。概念结构模型是系统用户和数据库设计人员的主要交流工具，既能被数据库设计人员读懂，也能够被不懂计算机专业知识的广大用户识别，并据此与数据库设计人员进行交流。

（3）易于修改。当应用环境和应用要求改变时，容易对概念模型进行修改和扩充，以使数据库适应新的变化和发展。

（4）易于转换。概念结构模型设计的最终目的是实现应用系统的数据库设计，因此，概念结构模型易于向关系、网状、层次和面向对象等各种数据模型转换。

概念结构是各种数据模型的共同基础，它比数据模型更独立于机器、更抽象，因而更稳定。

概念模型的表示方法较多,在关系型数据库设计中,一般使用实体(Entity)—联系(Relationship)模型,称为 E-R 图。

2. 概念结构设计方法

概念结构设计一般有 4 种方法。

(1)自顶向下。即先定义全局概念结构的框架,然后逐步细化。

(2)自底向上。首先定义局部的概念结构,然后再进行集成,进而得到全局的概念结构。

(3)逐步扩张。首先定义最重要的核心结构,然后向外扩充,以滚雪球的方式逐步生成其他概念结构,直至整体概念结构。

(4)混合策略。即将自顶向下和自底向上相结合,用自顶向下策略设计一个全局概念结构的框架,以它为骨架集成由自底向上策略中设计的各局部概念结构。

其中最常采用的策略是自底向上方法,即自顶向下进行需求分析,然后再自底向上设计概念结构。

3. 概念结构设计的步骤

1)确定实体及其关键属性

概念结构是对现实世界的一种抽象,即对实际的人、事、物和概念进行加工处理。在需求分析中,已经初步得到有关实体、实体之间的简单关系等,在这一阶段中要进一步确认系统中有哪些具体的实体,每个实体有哪些属性。

对数据流程图进行分析,一般来说,一个单据(包括系统输入和生成的)、一个数据存储都可以作为实体。在小型超市管理系统中,进货单、商品信息、销售信息及报表都可以作为实体,在数据流程图中,每个实体都可以认为是针对实体进行处理,再根据需求分析中数据流中的数据项目进一步确定每个实体的属性。在本系统中,各个实体的属性如下。

进货单:(进货单编号,商品编号,商品名称,进货价格,出厂日期,保质期,供应商,单位数量,经手人,进货日期)

商品信息:(商品编号,商品名称,进货价格,出厂日期,保质期,厂家,单位数量,库存量)

销售信息:(销售单编号,商品编号,商品名称,价格,折扣,数量,类别,销售日期,经手人)

报表:(报表编号,商品编号,商品名称,成本,价格,折扣,数量,销售日期,利润,报表时间区间)

2)确定实体间的联系

实体之间是相互联系的,这种联系有 3 种不同的形式,分别是 $1:1$、$1:n$、$m:n(m、n$ 的含义为多方)。在本例中,各个实体之间的对应关系如下。

进货单与商品信息为 $m:n$ 联系,即一个进货单中可能存在多种商品,一种商品也可能存在于多个进货单中,即某商品多次进货。

商品信息与销售信息为 $m:n$ 联系,即一次可以销售多种商品,一种商品可以多次销售。

商品信息与报表、销售信息与报表之间没有严格的对应关系。实际上,报表是对销售信息在某种条件下的汇总。

3）绘制 E-R 图

根据实体之间的联系绘制 E-R 图。

小型超市管理系统的 E-R 图一如图 5-3 所示。

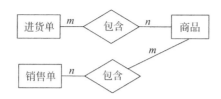

图 5-3　小型超市管理系统的 E-R 图一

另举一例，在大学里，学生、班级和专业的对应关系比较明显，其对应关系如下：

学生—班级：$m:1$，一个学生只能在一个班级，一个班级可以包含多名学生；

班级—专业：$n:1$，一个班级只能在一个专业，一个专业可以包含多个班级。

其 E-R 图如图 5-4 所示。

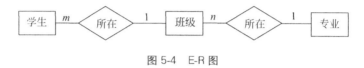

图 5-4　E-R 图

4）E-R 图的合成与分解

E-R 图绘制完成以后，需要进行下一步的分析，分析实体中的属性集合及属性之间是否存在包含等内部约束关系。在小型超市管理系统中，分析进货单、销售信息、商品信息及报表四个实体，其分析结果如下。

（1）进货单：在进货单中，一张进货单包含了多种商品，进货单自身的属性有进货单编号、经手人、进货日期等，其余为商品信息。

（2）销售信息：在销售信息中，一个销售信息包含了多种商品，销售单自身有销售单编号、销售日期、经手人等，其余为商品信息。

（3）商品信息：在商品信息中体现出对商品信息的维护和存储，其中可以对类别属性进行分解，即将类别单独提取出来，与商品信息形成 $1:n$ 联系。

（4）报表：报表在任何一个系统中都存在，是对数据的汇总。本例根据条件对销售信息进行汇总，所以报表中的属性来自其他实体。在数据库设计中可以将几个实体中的若干个属性进行合成，即报表可以作为视图在数据库中出现，而不是以基本表的形式出现。

通过对 E-R 图的合成与分解，得出小型超市管理系统的 E-R 图二，如图 5-5 所示。

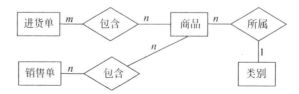

图 5-5　小型超市管理系统的 E-R 图二

概念结构设计是对现实世界的抽象,是数据流程图到计算机模型的一种转换,是数据库设计中的一个链条,若此部分出现问题,则后续的设计结果必然会有偏差,因此需要反复评审。

5.2.3 逻辑结构设计阶段

1. 逻辑结构设计的任务

概念结构是独立于任何一种数据模型的信息结构,逻辑结构设计的任务就是把概念结构设计阶段设计好的基本的 E-R 图转换为与所选用 DBMS 产品支持的数据模型相符的逻辑结构。

逻辑结构设计阶段的主要依据有:概念结构设计的所有的局部和全局概念模式,即局部和全局 E-R 图;需求分析阶段产生的业务活动分析结果,主要包括用户需求、数据的使用频率和数据库的规模等。

理论上,设计逻辑结构应选择最适于概念结构的数据模型,目前的 DBMS 产品一般支持关系、网状和层次三种模型,对于某种模型,各个机器系统又有许多不同的限制,提供不同的环境与工具,其中面向关系模式的 DBMS 产品居多。本书使用 MS SQL Server 作为DBMS,它的数据结构就是二维表,因此本阶段的主要任务有:

(1) 将 E-R 图模型转换为等价的关系模式;

(2) 按需要对关系模式进行规范化;

(3) 对规范化的模式进行评价。

2. 逻辑结构设计的步骤

逻辑结构设计一般分为 5 个过程。

* 将概念结构转换为一般的关系、网状、层次模型。
* 将由概念结构转换来的模型向所选用 DBMS 支持的数据模型转换。
* 对数据模型进行优化。
* 对数据模型进行评价和修正。
* 设计外模式。

1) E-R 图向关系模型的转换

E-R 图向关系模型转换要解决的问题是如何将实体和实体间的联系转换为关系模式,以及如何确定这些模式的属性和码。

关系模型的逻辑结构是一组关系模式的集合,在 E-R 图中由实体、实体的属性、实体与实体之间的联系 3 个要素组成,将 E-R 图转换为关系模型实际是将实体、实体的属性和实体之间的联系转换为关系模式,转换的原则如下:

(1) 实体的转换。一个实体转换为一个关系模式,实体的属性就是关系的属性,实体的码就是关系的码。

(2) 1:1 联系的转换。一个 1:1 联系可以转换为两个独立的关系模式,也可以与任意一端进行关系模式的合并。如果转换为两个独立的关系模式,则每个关系模式包括对应实体的属性,并在关系中加入另一关系的码及联系的属性;如果对关系模式进行合并,则需要在该关系模式的属性中加入另一关系模式的码和联系本身的属性。如课程与题库之间为1:1 联系,课程属性有课程编号、课程名称,题库属性有题库编号、课程编号及其他属性,则合并以后的关系模式为：

课程（课程编号、课程名称、题库编号、其他属性列表）

（3）1∶n 联系的转换。1∶n 联系的存在实际上是对关系模式的分解，从而使数据库设计符合第三范式，在转换时可以转换为两个关系模式，同时将"1"的一方纳入"n"方实体对应的关系中作为外部码，把联系的属性也一并纳入"n"方对应的关系中。例如，班级与学生之间为 1∶n 联系，班级和学生两个实体分别转换为关系，为了实现两者之间的联系，把"1"方（班级）码"班级编号"纳入"n"方（学生）作为外部码，对应的关系模式为：

学生（<u>学号</u>，姓名，性别，<u>班级编号</u>）

班级（<u>班级编号</u>，班级名称，入学时间）

注：加双下画线的为关系的主码，加单下画线的为关系的外部码，以下类同。

（4）m∶n 联系的转换。两个实体分别转换为关系，并将联系建立一个关系，该关系中包括被它联系的各个实体的码，如果联系上有属性，也要归入这个关系中。如学生与课程之间为 m∶n 联系，则学生与课程分别转换为一个关系，如下：

学生（<u>学号</u>，姓名，性别）

课程（<u>课程编号</u>，课程名称）

学生与课程的联系为学生选修课程，则另外建立一个关系"选修"，学生在选修某一门课程时，包括一个"成绩"属性，而"成绩"属性归入"学生"关系和"课程"关系都不合理，所以归入"选修"，则新建立的"选修"关系如下：

选修（<u>学号</u>，课程编号，成绩）

如果一个实体内部属性之间存在 m∶n 联系，则需要对实体中的属性进行分解。

在小型超市管理系统中，根据上述转换规则，进货单和商品之间的联系应转换为一个关系，命名为进货清单，进货清单中的每个商品包含进货价格、供应商和数量等属性；销售单与商品之间的联系转换为一个关系，命名为销售清单，销售清单中的每个商品包含价格、折扣和数量等属性。创建的关系如下：

进货单（<u>进货单编号</u>，出厂日期，经手人，进货日期）

进货清单（<u>进货单编号</u>，<u>商品编号</u>，进货价格，供应商，数量）

商品（<u>商品编号</u>，商品名称，保质期，厂家，单位数量，库存量，<u>商品类别编号</u>）

销售单（<u>销售单编号</u>，销售日期，经手人）

销售清单（<u>销售单编号</u>，<u>商品编号</u>，价格，折扣，数量）

类别（<u>类别编号</u>，类别名称，说明）

2）数据模型优化

数据库逻辑设计的结果不是唯一的，为了进一步提高数据库应用系统的性能，还应该根据应用需要适当地修改、调整数据模型的结构。关系数据模型的优化通常以规范化理论为指导，具体方法为：

（1）确定数据依赖。分析每个关系中各个属性之间的联系，如果在需求分析阶段没有完成，可以现在补做，即按照需求分析阶段得到的语义，分别写出每个关系模式内部各属性之间的数据依赖以及不同关系模式属性之间的数据依赖。

（2）对各个关系模式之间的数据依赖进行极小化处理，消除冗余的联系。

（3）按照数据依赖的理论对关系模式逐一进行分析，考察是否存在部分函数依赖、传递函数依赖、多值依赖等,确定各个关系模式分别属于第几范式。

(4)按照需求分析阶段得到的处理要求,分析这些模式对这样的应用环境是否合适,确定是否要对某些模式进行合并或分解。

(5)对关系模式进行必要的分解,提高数据操作的效率和存储空间的利用率。

3)对数据模型进行评价和修正

模式评价可检查规范化后的关系模式是否满足用户的各种功能要求和性能要求,并确认需要修正的模式部分。关系模式中,必须包含用户可能访问的所有属性,根据需求分析和概念结构设计文档,如果发现用户的某些应用不被支持,则应进行模式修正。问题的产生可能在逻辑设计阶段,也可能在概念设计或需求分析阶段,所以,有可能要回溯到前几个阶段重新审查,并进行必要的修正处理。

4)设计外模式

外模式也称子模式,是用户可直接访问的数据模式。在同一系统中,因用户的权限不同,访问的数据内容会有所差异。可以为不同的用户设计不同的外模式。设计外模式的优点为:

(1)对逻辑模式进行屏蔽,为应用程序提供一定的逻辑独立性。

(2)可以更好地适应不同用户对数据的需求。

(3)为不同用户划定了访问数据的范围,有利于数据的保密。

外模式一般使用视图完成,目前的关系数据库管理系统一般都提供了视图,视图是基于表的。在数据库设计中可以为不同类型的用户设计视图,如在商品销售中,允许超市管理员看到商品的成本价格,而普通销售人员不需要看到商品的成本价格,所以设计两个视图:一个是为管理员提供的;另一个是为普通销售人员提供的,在用户使用中,应根据用户的角色使用不同的视图,查看不同的数据。

5.2.4　物理结构设计阶段

数据库在物理设备上的存储结构与存取方法称为数据库的物理结构设计,它依赖于给定的计算机系统。为一个给定的逻辑数据模型选取一个最适合应用要求的物理结构的过程,就是数据库的物理设计。在数据库物理结构设计中,设计人员必须充分了解所用DBMS的内部特征,了解数据库的应用环境,特别是数据应用处理的频率和响应时间的要求,了解外存储设计的特征。

数据库的物理结构设计通常分为两步:一是对物理结构进行评价,评价的重点是时间和空间效率;二是对评价结果进行分析,如果不能满足要求,则返回逻辑结构设计阶段修改数据模型,若满足要求,则可以进入物理实施阶段。

1. 物理结构设计的内容

不同的数据库产品提供的物理环境、存取方法和存储结构有很大差别,能供设计人员使用的设计变量、参数范围也不相同,因此没有通用的物理设计方法可遵循。良好的数据库物理结构要求对各种事务的响应时间小、存储空间利用率高、事务吞吐率大,因此要对运行的事务进行详细分析,获得设计需要的参数,充分了解DBMS的内部特征,特别是系统提供的存取方法和存储结构。

对于数据库查询事务,需要得到如下信息。

- 查询的关系。
- 查询条件涉及的属性。
- 查询的投影属性。

对数据更新事务，需要得到如下信息：

- 被更新的关系。
- 每个关系上的更新操作条件涉及的属性。
- 修改操作要改变的属性值。

除此之外，还需要知道每个事务在各关系上运行的频率和性能要求。

2. 物理结构设计的方法

1）存储结构的设计

存储记录结构包括记录的组成、数据项的类型、长度和数据项间的联系以及逻辑记录到存储记录的映射。在设计记录的存储结构时，并不改变数据库的逻辑结构，但可以在物理上对记录进行分割。当多个用户同时访问常用数据项时，会因访问冲突而等待，如果将这些数据分布在不同的磁盘组上，当用户同时访问时，系统可并行执行 I/O，减少访问冲突，提高数据库的性能。因此，对于常用关系，最好将其水平分割成多个关系，分布在多个磁盘上，以均衡各个磁盘组的负荷，发挥多磁盘组并行操作的优势。

2）存取方法的设计

存取方法是为存储在物理设备上的数据提供存储和检索的能力，它包括存储结构和检索机制两部分：存储结构限定了可能访问的路径和存储记录；检索机制定义了每个应用的访问路径。数据库系统是多用户共享的系统，对同一个关系要建立多条存取路径，才能满足多用户的多种应用要求。物理设计的任务之一就是要选择存取方法，即建立存取路径。常用的存取方法如下：

（1）索引存取方法。索引存取方法实际上是根据应用要求确定对关系的哪些属性列建立索引、哪些属性建立组合索引、哪些索引要设计为唯一索引等。

建立索引（组）的条件：索引（组）经常再现；属性经常作为最大值或最大值等聚集函数的参数；在查询条件中经常出现。

建立索引是要付出代价的，即维护和查找索引等，所以在关系上定义的索引不是越多越好。例如，一个关系的更新频率很高，这个关系上定义的索引数量就不宜太多。

（2）聚簇存取方法。为了提高某个属性（组）的查询速度，把相应属性（组）上具有相同值的元组存放在连续的物理块，称为聚簇（Cluster）。聚簇功能可以大大提高按聚簇码进行查询的效率。聚簇功能不但适用于单个关系，也适用于经常进行连接操作的多个关系。一个数据库可以建立多个聚簇，一个关系只能加入一个聚簇。

（3）HASH 存取方法。有些数据库管理系统提供了 HASH 存取方法。选择 HASH 存取方法的规则如下。

如果一个关系的属性主要出现在相等连接条件中或主要出现在相等连接比较选择条件中，而且满足下列两个条件之一，则此关系可以选择 HASH 存取方法。

- 如果一个关系的大小可预知，而且不变。
- 如果关系的大小动态改变，且 DBMS 提供动态 HASH 存取方法。

5.2.5 数据库实施阶段

通过需求分析、概念结构设计、物理结构设计后,数据库设计人员对目标系统的结构就比较清楚了,但只是停留在文档阶段,数据库设计的根本目的是为用户提供一个可以在计算机上正确运行的数据库应用软件系统。

数据库系统的实施从宏观上讲包括两大部分:一是数据库的实现过程;二是根据用户的功能需求,开发数据库应用系统程序,完成数据库和应用程序之间的结合。本书主要讨论数据库的实现过程。

1. DBMS 产品选择

根据用户的需求和各个 DBMS 产品的特点进行选择,目前可供选择的 DBMS 产品较多,如 SQL Server、Oracle、MySQL、DB2、Access 等,在实际使用中,设计者应根据应用系统的规模、可靠性、安全性和用户的资金承受能力等因素综合考虑选用哪种数据库及相应的版本。本书在设计数据库时选择 SQL Server 2008。

2. 创建数据库及相关的数据库对象

完成数据库的逻辑设计和物理设计之后,就要在选定的软件和硬件平台基础上创建数据库,并在数据库中创建数据表、视图、索引和完整性约束等其他数据库对象,可以同时创建,也可以在需要时再创建。

创建数据库对象的方式一般有以下几种。

(1) 可视化方式。在 SQL Server 2008 中,可以使用可视化的方式来创建表,如本书前面的介绍,需要在企业管理器中通过"新建表"来完成。可视化方式是建立数据表最直接的方式,具有所见即所得的效果。在使用中,数据库设计者必须具有能够通过"企业管理器"连接到数据库服务器的权限。

(2) 命令方式。在 RDBMS 中,一般支持 SQL 语句。在 SQL Server 2008 中,可以通过"查询分析器"执行标准的 SQL 语句来实现数据库对象的创建,如创建数据表可以使用 create 命令来完成。使用命令方式为数据库设计者提供了较自由的空间,要求设计人员对 SQL 命令比较熟悉。

(3) 应用程序方式。严格来说,通过应用程序创建数据库及其他内部对象是使用命令方式创建的另一种形式的体现,此种方式一般适用于数据库应用产品的安装,是软件开发人员为了便于用户使用,为不了解数据库操作的用户提供的方式,在安装应用程序时,要求安装人员提供连接数据库的用户名和密码后,由应用程序执行相应的 SQL 语句来实现数据库的创建。比较典型的案例是在安装用友公司 U8 产品时数据库的创建过程。

使用应用程序方式创建数据库,在数据库应用系统开发时一般不采用,而在系统安装或者应用时采用。

(4) 数据导入方式。在 SQL Server 2008 中,可以通过数据导入的方式将数据从其他文件(如文本文件或 Excel 文件)或者数据库产品(如 Oracle、Access)中导入到数据库,并同时创建相应的表,但一般只能完成表的创建,其他数据库对象需要设计人员使用可视化的方式完成。此种方式一般适合于系统的升级,在其他数据库产品中已经创建了数据库,采用数据转换服务(Data Transfer Service,DTS)直接导入。

本书中使用可视化方式创建数据库。

（1）数据表的创建。在小型超市管理系统中，建立表5-2～表5-7所示的表结构。

表5-2   进货单

序号	字段名称	类型	长度	是否允许空	主键	说　明
1	进货单编号	varchar	50	否	是	
2	出厂日期	datetime	8	否		
3	经手人	varchar	50	否		
4	进货日期	datetime	8	否		默认当前日期

表5-3   进货清单

序号	字段名称	类型	长度	是否允许空	主键	说　明
1	进货单编号	varchar	50	否	是	
2	商品编号	varchar	50	否	是	
3	进货价格	float	8	否		
4	供应商	varchar	100	否		
5	数量	int	4	否		

表5-4   商品

序号	字段名称	类型	长度	是否允许空	主键	说　明
1	商品编号	varchar	50	否	是	
2	商品名称	varchar	100	否		
3	保质期	float	10	是		
4	厂家	varchar	100	否		
5	单位数量	float	8	否		
6	库存量	float	8	否		大于0
7	类别编号	varchar	50	是		可以不做分类

表5-5   销售单

序号	字段名称	类型	长度	是否允许空	主键	说　明
1	销售单编号	varchar	50	否	是	
2	销售日期	datetime	8	否		默认当前日期
3	经手人	varchar	50	否		

表5-6   销售清单

序号	字段名称	类型	长度	是否允许空	主键	说　明
1	销售单编号	varchar	50	否	是	
2	商品编号	varchar	50	否	是	
3	价格	float	8	否		
4	折扣	float	8	是		
5	数量	int	4	否		

表 5-7　类别

序号	字段名称	类型	长度	允许空	主键	说　　明
1	类别编号	varchar	50	否	是	
2	类别名称	varchar	50	否		
3	说明	varchar	200	是		

说明：文本型字段的长度要达到字段可能存放数据的最大长度，一般在数据表设计时，可能会考虑比实际长度多出若干位，以免发生个别较长数据无法完全存放的现象。

（2）数据表之间联系的建立。数据表创建完成以后，根据关系之间的联系，创建相应表之间的联系。

在小型超市管理系统中，各表之间存在的联系如下：

进货单—进货清单：$1:n$

进货清单—商品：$n:1$

销售单—销售清单：$1:n$

销售清单—商品：$n:1$

类别—商品：$1:n$

在 SQL Server 2008 中，各个表之间的联系确定以后，为数据库建立一个"关系图"，并将建立的所有表添加进去，数据库将自动显示已经创建好的各个表之间的联系，如图 5-6 所示。

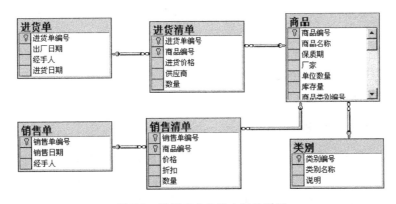

图 5-6　数据库中各表之间的联系

（3）视图的建立。视图是对一个表或者多表进行检索的临时表，也被看作虚拟表或者存储查询。根据用户的需要在数据库中建立相应的视图。

在 SQL Server 2008 中，表之间的联系建立完成以后，可以通过可视化的方式建立视图。

（4）其他数据库对象的创建。其他数据库对象的创建包括存储过程、索引、约束、角色、默认值等，这些对象丰富了数据库本身的功能。在数据库的使用过程中，一般将规则建立在数据库中，而不是只建立在应用程序中。

3. 数据录入与测试

数据录入与测试是数据库设计的重要环节，主要任务是发现并修改系统中的错误，包括字段是否允许为空、默认值是否起作用、主键设置是否合理、数据类型是否正确、数据长度是否合理等。例如,某字段的数据类型为日期型,则可以录入非日期型数据进行测试,因为在数据库设计中,不能保证设计人员不会出错。

在数据录入过程中,不仅能检测出一些最基本的规则是否正确,而且还能检测出数据表之间的联系是否正确等,但这只是在数据库中完成的,更多的检测需要在应用程序开发时进行同步测试,即一方面测试数据库设计是否规范合理,另一方面检测应用程序的逻辑结构是否严密。关于应用程序测试,本书不做讨论。

4. 数据库的安全与保密设计

数据库是多用户共享的数据资源,但不同的用户对数据存取有不同的要求,应当根据数据的安全级别与保密程度,进行数据库的安全与保密设计,防止非法用户篡改、破坏或者泄露数据。数据库的安全技术有如下几种。

（1）存取控制技术。指对存取数据库的用户进行身份验证,在建立数据库中的相应表、视图、存储过程等对象时,可以为每个对象指定所有者,当用户以不同的身份登录数据库时,只能查看到相应身份的数据对象。

（2）隔离控制技术。指通过某些中间机制,将用户和存取对象隔离,用户不能直接对存取对象进行操作,而是通过中间机构间接进行。较常用的中间机构有视图和存储过程。

（3）加密技术。加密是将数据（明文）通过某种算法,经过运算以后转换为不可理解或难以理解的数据（密文）,以达到防止信息泄露的目的。目前加密技术已经比较成熟。对数据的加密主要是防止能够直接访问数据库的用户的一些非法操作。

需要加密的数据是比较敏感或者重要的数据,例如数据库中用户的登录密码、用户银行账号及密码等。

加密技术的实现过程一般是通过应用程序来完成的。如用户登录的密码,数据库中存储的是通过应用程序加密的密文,这样即使数据库管理员或其他人员能够直接查看到密码字段的内容,也无法得知用户真正的密码。

5.2.6 运行和维护阶段

数据库经过调试与试运行、成功地投产交付使用后,在运行过程中,为了能保证数据库正确、有效地运行,适应不断变化的应用环境和物理存储,在设计时就必须考虑数据库的维护。用户单位应由数据库管理人员（DBA）负责数据库的维护。维护的主要工作如下。

1. 数据库的转储和恢复

数据库的转储和恢复是系统正式运行后最重要的维护工作之一。DBA 要针对不同的应用要求制订不同的转储计划,以保证一旦发生故障,能尽快将数据库恢复到某种一致的状态,并尽可能减少对数据库的破坏。

2. 数据库的安全性、完整性控制

在数据库运行过程中,由于应用环境的变化,对安全性的要求也会发生变化,如原来是绝密的数据现在允许公开查询了,而新加入的数据又可能变成绝密的数据,这些需要 DBA根据实际情况修改原有的安全控制。同样,数据库的完整性约束条件也在变化,也需要DBA 不断修正,以满足用户要求。

3. 数据性能的监督、分析和改造

在数据库运行过程中,还需要监测数据的变化,改进数据库的性能。例如,原来设计一个表时预计最多存储 10000 条记录,结果现在存储了上千万条记录,这时可能需要对表的关联、索引等进行改进。

目前有些 DBMS 提供了监测系统性能参数的工具,DBA 可以利用这些工具方便地得到系统运行过程中一系列性能参数的值,判断当前系统运行状况是否是最佳,应当做哪些改进。

4. 数据库的重组织与重构造

数据库运行一段时间后,由于记录不断增加、修改、删除,数据库的物理存储情况变差,数据存取效率降低,数据库性能下降,这时 DBA 就要对数据库进行重组织,或部分重组织。在重组织过程中,按原设计要求重新安排存储位置、回收垃圾、减少指针链等,提高系统性能。

5.3 PowerDesigner 数据建模

5.3.1 PowerDesigner 概述

PowerDesigner 是 Sybase 公司推出的、一个集成了 UML(统一建模语言)和数据建模的 CASE 工具集,使用它可以方便地对数据库应用系统进行分析设计,它可以用于系统设计和开发的不同阶段(即商业流程分析、对象分析、对象设计以及开发阶段)。利用 PowerDesigner 可以制作数据流程图、概念数据模型、物理数据模型,可以生成多种客户端开发工具的应用程序,还可为数据仓库制作结构模型,也能对团队设计模型进行控制。它可与许多流行的数据库设计软件(如 Java、PowerBuilder、Delphi、VS. NET 等)配合使用来缩短开发时间,使数据库系统设计更优化。作为功能强大的、全部集成的建模和设计解决方案,PowerDesigner 可使企业快速、高效并一致地构建自己的信息系统。PowerDesigner 提供大量角色功能,从而区分企业内部不同职责。PowerDesigner 使用中央企业知识库提供高级的协同工作和元数据的管理,并且十分开放,支持所有主流开发平台。

PowerDesigner 系列产品提供了一个完整的建模解决方案,业务或系统分析人员、设计人员、数据库管理员(DBA)和开发人员可以对其裁剪,以满足他们特定的需要;而其模块化的结构为购买和扩展提供了极大的灵活性,从而使开发单位可以根据其项目的规模和范围来使用他们需要的工具。PowerDesigner 灵活的分析和设计特性允许使用一种结构化的方法有效地创建数据库或数据仓库,而不要求严格遵循一种特定的方法。PowerDesigner 提供了直观的符号表示,使数据库的创建更加容易,并使项目组内的交流和通信标准化,同时能更加简单地向非技术人员展示数据库和应用的设计。

PowerDesigner 不仅加速了开发的过程,也向最终用户提供了管理和访问项目信息的一个有效的结构。它允许设计人员不仅创建和管理数据的结构,而且开发和利用数据的结构针对领先的开发工具环境快速地生成应用对象和数据敏感的组件。开发人员可以使用同样的物理数据模型查看数据库的结构和整理文档,以及生成应用对象和在开发过程中使用的组件。应用对象的生成有助于在整个开发生命周期提供更多的控制和更高的生产率。

PowerDesigner 是业界第一个同时提供数据库设计开发和应用开发的建模软件。

5.3.2 PowerDesigner 功能介绍

PowerDesigner 功能强大，主要包括以下几个部分。

- DataArchitect：这是一个强大的数据库设计工具，使用 DataArchitect 可利用 E-R 图为一个信息系统创建"概念数据模型"，并且可根据概念数据模型产生基于某一特定数据库管理系统（如 Sybase System 11）的"物理数据模型"。还可优化物理数据模型，产生为特定 DBMS 创建数据库的 SQL 语句，并可以文件形式存储，以便在其他时刻运行这些 SQL 语句创建数据库。另外，DataArchitect 还可根据已存在的数据库反向生成物理数据模型、概念数据模型及创建数据库的 SQL 脚本。
- ProcessAnalyst：用于设计和构造数据流图（DFD）和数据字典，它支持多种处理建模方法，用户可以选择适合自己应用环境的建模方法来描述系统的数据及对数据的处理。
- AppModeler：为客户/服务器应用程序创建应用模型。
- ODBC Administrator：此部分用来管理系统的各种数据源。

PowerDesigner 主要有 4 种模型文件，具体内容如下。

（1）业务处理模型。业务处理模型（Business Process Model，BPM）主要在需求分析阶段使用，是从业务人员的角度对业务逻辑和规则进行详细描述，并使用流程图表示从一个或多个起点到终点的处理过程、流程、消息和协作协议。需求分析阶段的主要任务是理清系统的功能，所以系统分析员与用户充分交流后，应得出系统的逻辑模型，BPM 就是为达到这个目的而设计的。

（2）概念数据模型。概念数据模型（Conceptual Data Model，CDM）主要在系统开发的数据库设计阶段使用，是按用户的观点对数据和信息进行建模，利用 E-R 图实现。它描述系统中的各个实体以及相关实体之间的关系，是系统特性的静态描述。系统分析员通过 E-R 图表达对系统静态特征的理解。CDM 表现数据库的全部逻辑结构，与任何软件或数据存储结构无关。一个概念模型经常包括在物理数据库中仍然不实现的数据对象，它给运行计划或业务活动的数据一个正式表现方式。

（3）物理数据模型。物理数据模型（Physical Data Model，PDM）提供了系统初始设计需要的基础元素，以及相关元素之间的关系，但在数据库的物理设计阶段，必须在此基础上进行详细的后台设计，包括数据库存储过程、触发器、视图和索引等。物理数据模型是以常用的 DBMS 理论为基础，将 CDM 中所建立的现实世界模型生成相应的 BDMS 的 SQL 脚本，利用该 SQL 脚本在数据库中产生现实世界信息的存储结构（如表、约束等），并保证数据在数据库中的完整性和一致性。

（4）面向对象模型。面向对象模型（Object-Oriented Model，OOM）是利用 UML 的图形来描述系统结构的模型，它从不同角度表现系统的工作状态，这些图形有利于用户、管理人员、系统分析员、开发人员、测试人员和其他人员之间进行信息交流。一个 OOM 包含一系列包、类、接口和它们的关系。这些对象一起形成一个软件系统逻辑设计视图的类结构。一个 OOM 本质上是软件系统的一个静态的概念模型。

各模型之间的转换关系如图 5-7 所示。

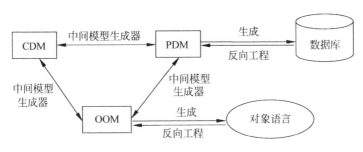

图 5-7 各模型之间的转换关系

5.3.3 PowerDesigner 数据建模实例

下面以小型超市管理系统的数据库创建为例,来说明使用 PowerDesigner 12 英文版创建数据库的方法和过程。该系统的业务处理过程在本章前面已经做了详细分析(见图 5-2)。使用 PowerDesigner 对该系统进行建模时,可以完成系统开发过程中的多项任务,限于篇幅,本书仅介绍创建 BPM、CDM 和 PDM 的操作过程,BPM 对应前面的需求分析,根据需求分析的结果设计 CDM,CDM 对应前面的概念结构设计,然后将 CDM 转换为 PDM,PDM 对应前面的逻辑结构设计,再通过 PowerDesigner 提供的"生成"工具,将 PDM 转换为 DBMS 产品对应的 SQL 脚本,最终生成数据库。

1. 创建 BPM

BPM 是从业务人员的角度对业务逻辑和规则进行详细描述的概念模型,并使用流程图表示从一个或多个起点到终点间的处理过程、流程、消息和协作协议。BPM 与 PowerDesigner 其他模块之间的关系如图 5-8 所示。

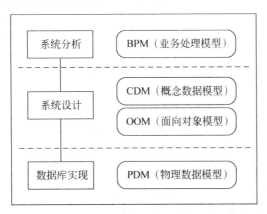

图 5-8 BPM 与 PowerDesigner 其他模块之间的关系

打开 PowerDesigner 设计器,选择 File→New 命令,打开 New 窗口,在左边模型选择列中选中 Business Process Model,单击"确定"按钮,确认创建业务处理模型,如图 5-9 所示。

BPM 描述业务处理过程,一套业务过程从开始到结束要经过较复杂的业务处理,在绘制 BPM 时,应根据实际流程逐一完成。在 BPM 的绘制界面中有一个 Palette(工具面板),里面存放了绘制 BPM 所用的工具,在 Palette 中找到 Start,选中它,在 BPM 的工作区空白位置单击,工作区中将生成一个 Start 图标,右击使鼠标处于指针选择状态,再双击 Start 图

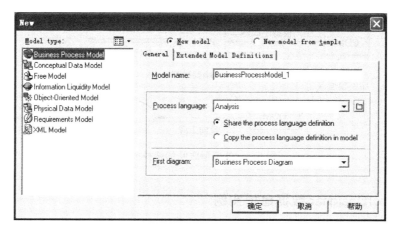

图 5-9　BPM 创建对象窗口

标，打开属性窗口，修改 Name 为"开始"，如图 5-10 所示。

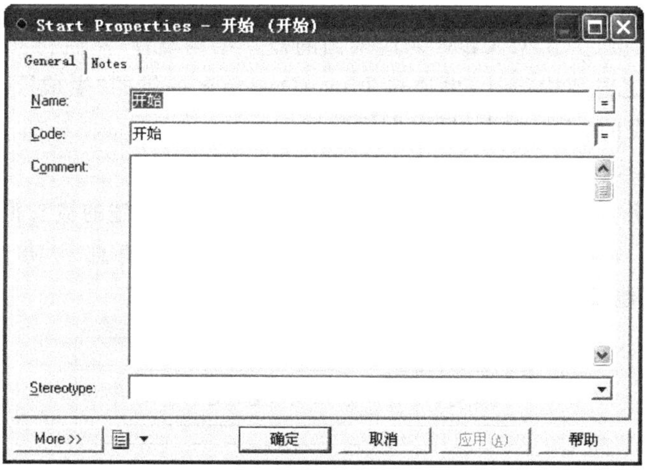

图 5-10　Start 属性设置

如上所述，在工作区中添加一个 Process，并修改其 Name 值为"商品登记"，再添加一个 Resource，修改其 Name 为"进货单"。选择 Flow/ Resource Flow，然后在工作区中单击"开始"图标并拖动鼠标至"商品登记"图标上，松开左键，就完成了将"开始"与"商品登记"连接的操作，表示的含义为从业务开始后进行商品登记处理，按照上述操作过程，拖动一个从"进货单"到"商品登记"的 Flow，表示的含义为在进行商品登记处理时，需要使用进货单。完成以后工作区的效果如图 5-11 所示。

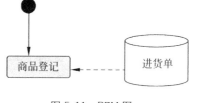

图 5-11　BPM 图一

在商品登记中，一般的业务规则是先进行商品信息的校验，如果校验有误，则不能完成商品登记处理；如果校验正确，则将商品直接入库。继续执行上面的操作，在工作区中添加一个 Decision、一个 Resource、两个 Process、一个 End、若干个 Flow，完成以后工作区的效果如图 5-12 所示。

以上完成了业务流程过程中商品登记的 BPM，在本章前面的例子中，下一步为商品的销售及销售利润的统计等，读者可根据前面的操作过程自行完成。

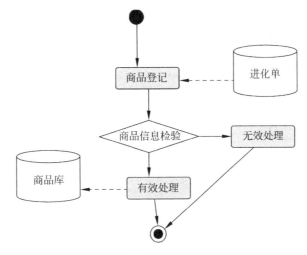

图 5-12　BPM 图二

2. 创建 CDM

CDM 对应数据库概念结构设计中的 E-R 图，即将 E-R 图转换为相应的 CDM，过程如下。

打开 PowerDesigner 设计器，选择 File→New 命令，打开 New 窗口，在左边模型选择列中选中 Conceptual Data Model，单击"确定"按钮，确认创建概念数据模型，如图 5-13 所示。

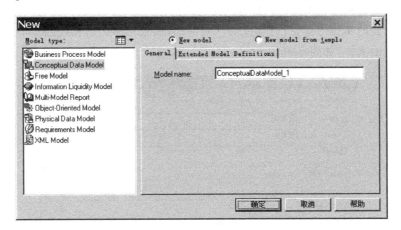

图 5-13　CDM 创建对象窗口

创建完成以后，双击左侧资源浏览窗口中新创建的 CDM 名称图标，打开 CDM 模型属性窗口，进行相关属性信息的设置。

PowerDesigner 默认在 CDM 中不能存在相同名称的实体属性，这也是考虑到可能产生的一些如主键、外键等名称冲突问题，但进行实际数据库设计时，可能会多次使用相同数据项（DataItem），便于理解各实体。为此需要更改 PowerDesigner 相关设置。软件默认为

DataItem 不能重复使用（即重名），需要进行以下操作：

选择 Tools→Model Options 命令，如图 5-14 所示。

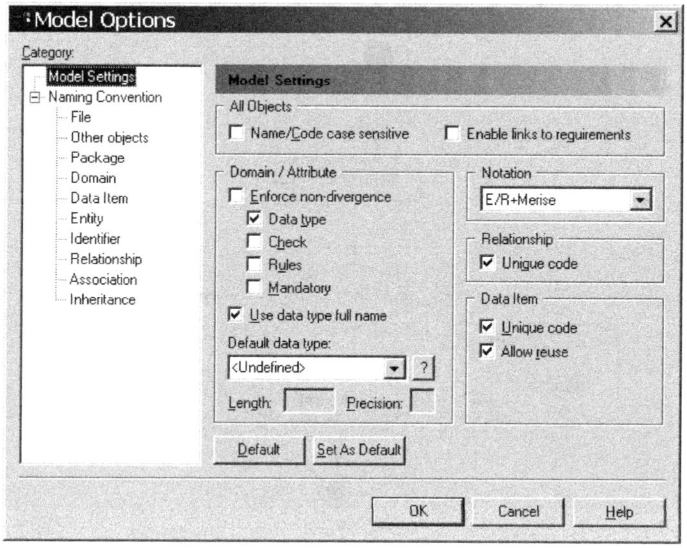

图 5-14　模型选项

在 Model Settings 设置目录中，将 Data Item 下的 Unique code 取消选中。系统默认将 Unique code 和 Allow reuse 均选中。

在新创建的 CDM 中，选中 Palette 工具面板中的 Entity 工具，再在模型区域单击，即添加了一个实体图标。

右击或单击面板中的 Pointer 工具，使鼠标处于选择图形状态。

双击新创建的实体图标，打开实体属性对话框，输入实体名称和代码。本示例中创建了一个"进货单"的实体，如图 5-15 所示。

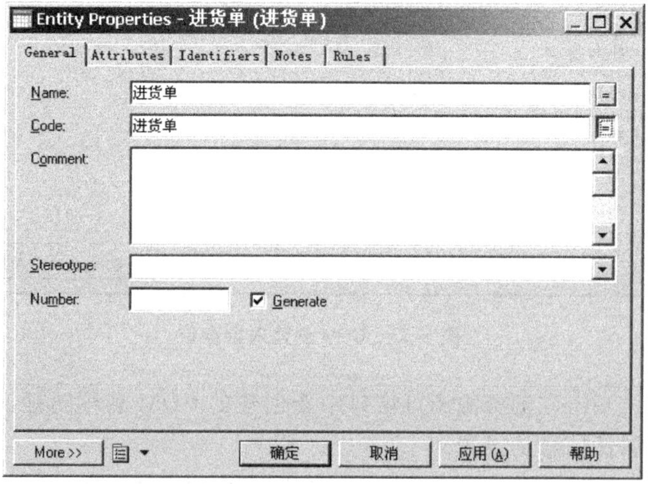

图 5-15　实体属性对话框

输入完成以后,单击"确定"按钮,完成命名工作。

再次双击新创建的"进货单"实体图标,打开实体属性对话框,选择 Attributes 选项卡,单击 Name 下面的第一个单元格,PowerDesigner 会自动增加一个属性 Attributes_1,根据 E-R 图中每个实体的属性进行录入,"进货单"的第一个属性为"进货单编号",Code 的位置不用修改,在 Data Type 中单击右侧的浏览按钮,打开 tandard Data Types 对话框,选择 Variable characters,Length 为 50,如图 5-16 所示。

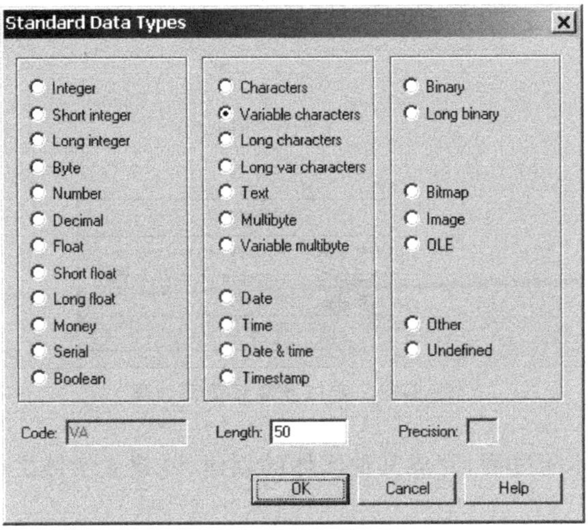

图 5-16 标准数据类型选择窗口

"进货单"实体创建完成以后的属性列表如图 5-17 所示。

图 5-17 建立完成的实体属性

根据上述规则再新建另外一个实体"进货清单",各个属性及相应信息请参考 E-R 图。完成以后在界面中有两个实体,下面来完成两个实体之间的联系。

选中 Palette 面板中的 Relationship,在实体"进货单"上单击后按住不放,拖曳鼠标至实体"进货清单"上后松开,这样就建立了"进货单"和"进货清单"之间的联系。右击或选中

Palette 面板上的 Pointer 工具，使鼠标返回至选择状态，双击图表中刚建立的两实体之间的关系（Relationship），打开关系属性对话框，对联系进行详细定义。

建立完联系以后，页面效果如图 5-18 所示。

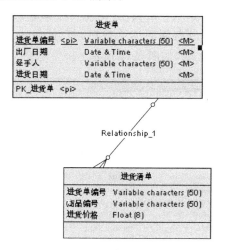

图 5-18 实体及联系页面效果

按照上述建立实体的过程，完成其他实体的创建，并建立实体之间的关系，得到 E-R 图显示的效果。

所有内容创建完成以后的效果如图 5-19 所示。

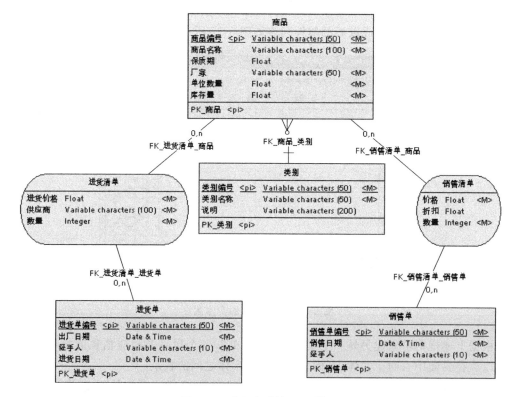

图 5-19 建立完成的 CDM 模型

到此数据库设计中的 CDM 设计完成。

3. 创建 PDM

完成 CDM 创建以后,可以通过 PowerDesigner 完成到 PDM 的转换,当从 CDM 生成 PDM 时,PowerDesigner 将 CDM 中的对象和数据类型转换为 PDM 对象和当前 DBMS 支持的数据类型。CDM 到 PDM 转换的对象对应关系见表 5-8。

表 5-8 CDM 到 PDM 转换的对象对应关系

CDM 对象	在 PDM 中生成的对象
实体(Entity)	表(Table)
实体属性(Entity Attribute)	列表(Table Column)
主标识符(Primary Identifier)	根据是否为依赖关系确定是主键或外键
标识符(Identifier)	候选键(Alternate key)
关系(Relationship)	引用(Reference)

选择 Tools→Generate Physical Data Model 命令,弹出 PDM Generation Options 对话框,如图 5-20 所示。

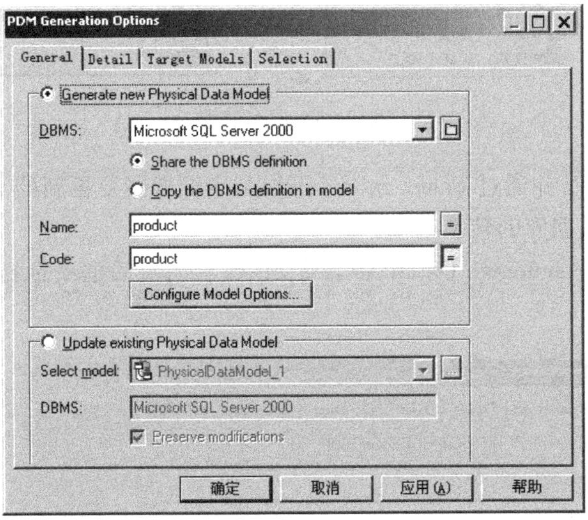

图 5-20 生成 PDM 选项

选择 Generate new Physical Data Model,在 DBMS 下拉列表中选择相应的 DBMS,输入新物理模型的 Name 和 Code。

若单击 Configure Model Options 按钮,则进入 Model Options 对话框,在其中可以设置新物理模型的详细属性。

选择 PDM Generation Options 中的 Detail 选项卡,设置目标 PDM 的属性细节。

选择 Selection 选项卡,选择需要转化的对象。

确认各项设置后,单击"确定"按钮,即生成相应的 PDM 模型,如图 5-21 所示。

生成 PDM 后,可能还会对前面的 CDM 进行更改,若要将所做的更改与生成的 PDM 保持一致,可以对已有的 PDM 进行更新。操作如下:选择 Tools→Generate Physical Data Model 命令,在弹出的 PDM Generation Options 对话框中选择 Update existing Physical

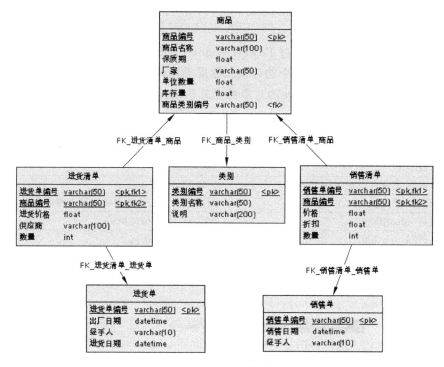

图 5-21　PDM 模型

Data Model 单选按钮，并通过 Select model 下拉列表框选择要更新的 PDM。

4. 从 PDM 到数据库的转换

选择 Database→Generate Database 命令，在弹出的对话框中选择保存文件的位置，如图 5-22 所示。

图 5-22　数据库生成选项

如果需要，可以对相应的项目进行修改，设置完成以后单击"确定"按钮，将会生成 SQL 脚本文件。使用 MS SQL Server 2008 打开 SQL 脚本文件后执行，将根据前面设置的规则创建相应的数据表及其他对象。

5. 数据库修改

当数据库出现问题时,依然可以使用 PowerDesigner 进行修改,限于篇幅,本书省略该部分内容。

PowerDesigner 提供的另外一个非常实用的工具是数据库的逆向工程,感兴趣的读者可以参考相应的书籍或 PowerDesigner 帮助文件自行学习。

习题

1. 什么是数据库设计?

2. 数据库设计的基本方法有哪些?

3. 数据库设计的基本步骤有哪些?

4. 什么是数据字典? 数据字典在数据库设计中的作用是什么?

5. E-R 图向关系模式转换的原则有哪些?

6. 列举数据库安全技术。

7. 为什么要进行数据库的重组织与重构造?

8. 使用 PowerDesigner 设计数据库与使用 SQL 企业管理器创建数据库的优点有哪些?

9. 设计一个图书馆图书借阅数据库,数据库中需要记录图书、借书人及借书明细的基本信息。图书信息包括书号、书名、作者、出版社、出版日期、价格等,借书人信息包括读者编号、姓名、性别、出生日期、地址、联系电话(可以为空)、邮编、电子信箱等,借书明细包括借书日期、应还日期、续借次数等。

要求:

(1) 根据上述描述设计 E-R 图。

(2) 将 E-R 图转换为关系模型。

(3) 在 SQL Server 中实现数据库的创建。

(4) 使用 PowerDesigner 进行建模。

10. 设计一个大学里学生选课的数据库。一个学院有多个专业,一个专业中包括多个班级,一个班级里有多名学生,一个学生可以选修多门课程,一门课程可以有多个学生选修,一个教师可以教多门课程,一门课程只能由一个教师来教。

要求:

(1) 根据上述信息设计 E-R 图,并转换为关系模型。

(2) 如果一门课程可由多个教师来教,其他条件不变,请重新设计数据库。

第6章　数据保护

数据库系统中的数据是由 DBMS 统一管理和控制的，为了适应数据共享的环境，DBMS 必须提供数据的安全性、完整性、并发控制和数据库恢复等数据保护能力，以保证数据库中的数据安全可靠、正确有效。

本章主要讲述数据保护的有关问题。

6.1　安全性

数据库的安全性是指保护数据库，防止不合法的使用造成的数据泄密、更改或破坏。数据库的一大特点是数据可以共享，但数据共享必然带来数据库的安全性问题。数据库中放置了组织、企业、个人的大量数据，其中许多数据可能是非常关键的、机密的或者涉及个人隐私，例如，军事国家机密、产品的市场需求分析、企业的市场营销策略、销售计划、客户档案等，数据拥有者往往只允许一部分人访问这些数据。如果 DBMS 不能严格地保证数据库中数据的安全性，就会严重制约数据库的应用。

因此，数据库系统中的数据共享不能是无条件的共享，必须在 DBMS 统一的严格控制下，只允许有合法使用权限的用户访问允许他存取的数据。数据库系统的安全保护措施是否有效是衡量数据库系统的性能指标之一。

6.1.1　安全性控制的一般方法

用户非法使用数据库有很多种情况，例如，用户编写一段合法的程序绕过 DBMS 及其授权机制，通过操作系统直接存取、修改或备份数据库中的数据；编写应用程序执行非授权操作；通过多次合法查询数据库从中推导出一些保密数据。又如，某数据库应用系统禁止查询某个人的工资，但允许查任意一组人的平均工资，用户甲想了解王一的工资，他首先查询包括王一在内的一组人的平均工资，然后查用自己替换王一后这组人的平均工资，从而推导出王一的工资。这些破坏安全性的行为可能是无意的，也可能是故意的，甚至可能是恶意的。安全性控制就是要尽可能地杜绝所有可能的数据库非法访问，不管它是有意的，还是无意的。

实际上，安全性问题并不是数据库系统独有的，所有计算机化的系统中都存在这个问题，只是由于数据库系统中存放了大量数据，并为多用户直接共享，所以才使安全性问题更为突出而已。

数据库系统一般采用用户标识和鉴别、存取控制、视图机制以及数据加密等技术进行安全控制。

1. 用户标识和鉴别

用户标识和鉴别是 DBMS 提供的最外层安全保护措施。用户每次登录数据库时,都要输入用户的标识,DBMS 进行核对后,合法的用户将获得进入系统的权限。用户标识和鉴别的方法有很多,常用的方法有:

(1) 口令认证。口令是使用最广泛的用户鉴别方法。所谓口令,就是 DBMS 给每个用户分配的一个字符串。系统在内部存储一个用户标识符和口令的对应表,用户必须记住自己的口令。当用户声明自己是某用户标识符用户时,DBMS 将进一步要求用户输入自己的口令。只有当用户标识符和口令都符合对应关系时,系统才确认此用户,才允许该用户真正进入系统。因此,可以认为口令是用户私有的钥匙。

用户必须保管好自己的口令,不能遗忘,也不能泄露给他人。系统也必须保管好用户标识符和口令的对应表,不能允许除 DBA 以外的任何人访问此表。口令不能是容易被别人猜出来的特殊字符串,如生日、电话号码等。用户在终端输入口令时,口令不能在终端显示,并且应允许用户错误地输入若干次。为了口令的安全,用户隔一段时间后必须更换自己的口令。一个口令长时间多次使用后,比较容易被别人窃取,因此可以采取比较复杂的方法,例如,用户和系统共同确定一个算法,验证时,系统向用户提供一个随机数,用户根据预先约定的计算过程或计算函数进行计算,并将计算结果输送到计算机,系统根据用户的计算结果判断用户是否合法。例如,算法为"口令=随机数平方的后三位",出现的随机数是 36,则口令是 296。

(2) 身份认证。用户的身份是系统管理员为用户定义的用户名,并记录在计算机系统或 DBMS 中。用户名是用户在 DBMS 中的唯一标识。因此,一般不允许用户自行修改用户名。

(3) 利用用户的个人特征。用户的个人特征包括指纹、签名、声波纹等。这些鉴别方法效果不错,但需要特殊的鉴别装置。

(4) 磁卡。磁卡是使用较广的鉴别手段,磁卡上记录有某用户的用户标识符。使用时,用户须显示自己的磁卡,输入设备自动读入该用户的用户标识符,然后请求用户输入口令,从而鉴别用户。如果采用智能磁卡,还可把约定的复杂计算过程存放在磁卡上,结合口令和系统提供的随机数自动计算结果,并把结果输入到系统中,安全性更高。

2. 存取控制

在数据库系统中,为了保证用户只能访问他有权存取的数据,必须预先对每个用户定义存取权限。对于通过鉴定获得上机权的用户(即合法用户),系统根据他的存取权限定义对他的各种操作请求进行控制,确保他只执行合法操作。

存取权限由两个要素组成:数据对象和操作类型。定义一个用户的存取权限就是要定义这个用户可以在哪些数据对象上进行哪些类型的操作。在数据库系统中,定义存取权限称为授权。这些授权定义经过编译后存放在数据字典中。对于获得上机权后又进一步发出存取数据库操作的用户,DBMS 查找数据字典,根据其存取权限对操作的合法性进行检查,若用户的操作请求超出了定义的权限,系统将拒绝执行此操作,这就是存取控制。

在非关系系统中,用户只能对数据进行操作,存取控制的数据对象也仅限于数据本身。而关系数据库系统中,DBA 可以把建立、修改基本表的权限授予用户,用户获得此权限后可以建立和修改基本表、索引、视图。因此,关系系统中存取控制的数据对象不仅有数据本身,如表、属性列等，还有模式、外模式、内模式等数据字典中的内容。

衡量授权机制是否灵活的一个重要指标是授权粒度，即可以定义的数据对象的范围。授权定义中数据对象的粒度越细，即可以定义的数据对象的范围越小，授权子系统就越灵活。

在关系系统中，实体以及实体间的联系都用单一的数据结构（即表）表示，表由行和列组成。所以，在关系数据库中，授权的数据对象粒度包括表、属性列、行（记录）。

DBMS 一般都提供了存取控制语句进行存取权限的定义。如 SQL 就提供了 GRANT 和 REVOKE 语句，实现授权和收回所授权利。

3. 视图机制

进行存取权限的控制，不仅可以通过授权来实现，而且还可以通过定义用户的外模式来提供一定的安全保护功能。在关系数据库中，可以为不同的用户定义不同的视图，通过视图机制把要保密的数据对无权操作的用户隐藏起来，从而自动地对数据提供一定程度的安全保护。但视图机制更主要的功能在于提供数据独立性，其安全保护功能不是很精细，往往远不能达到应用系统的要求，因此，在实际应用中通常是视图机制与授权机制配合使用，首先用视图机制屏蔽掉一部分保密数据，然后在视图上面再进一步定义存取权限。

4. 数据加密

对于高度敏感性数据，如财务数据、军事数据、国家机密，除以上安全性措施外，还可以采用数据加密技术，以密码形式存储和传输数据。这样企图通过不正常渠道获取数据，例如，利用系统安全措施的漏洞非法访问数据，或者在通信线路上窃取数据，将只能看到一些无法辨认的二进制代码。用户正常检索数据时，首先要提供密码钥匙，由系统进行译码后，才能得到可识别的数据。

目前不少数据库产品均提供了数据加密例行程序，可根据用户的要求自动对存储和传输的数据进行加密处理。另一些数据库产品虽然本身未提供加密程序，但提供了接口，允许用户用其他厂商的加密程序对数据加密。

所有提供加密机制的系统必然也提供相应的解密程序。这些解密程序本身也必须具有一定的安全性保护措施，否则数据加密的优点也就遗失殆尽了。由于数据加密和解密也是比较费时的操作，而且数据加密与解密程序会占用大量系统资源，因此数据加密功能通常也作为可选特征，允许用户自由选择，只对高度机密的数据加密。

6.1.2 安全系统的基本要求

如何才能更加有效地保护数据库安全，防范信息泄露和篡改呢？

首先，需要加强对数据库的访问控制，明确数据库管理和使用职责分工，最小化数据库账号使用权限，防止权利滥用。同时，要加强口令管理，使用高强度口令，删除系统默认账号口令等。

其次，要对数据库及其核心业务系统进行安全加固，在系统边界部署防火墙、IDS/IPS、防病毒系统等，并及时进行系统补丁检测、安全加固。

最后，对数据库系统及其所在主机进行实时安全监控、事后操作审计，部署一套数据库审计系统。这点尤为重要，相当于数据库安全的最后一道防线。

事实表明，现在的数据泄露和篡改事件以"内部人员"作案为主，他们有合法的账号口令，完全可以把自己伪装成一个"合法"的内部人员，堂而皇之地窃取数据库信息，根本不用任何攻击手段,防火墙、IDS/IPS之类的传统安全系统根本发现不了。因此,对数据库系统的使用进行监控和审计,最关键的就是对内部人员的违规和误操作进行监控和审计。而这正在数据库审计系统的特长。

针对重要的数据库及其业务系统,部署一套数据库审计系统,实现以下目标。

(1) 数据操作实时监控:对所有外部或者内部用户操作数据库和主机的行为、内容进行实时监控。

(2) 高危操作即时阻断:对于高危操作能够实时阻断,对攻击或者违规行为干扰其执行。

(3) 安全预警:对入侵和违规行为进行及时预警和告警,并指导管理员进行应急处理。

(4) 事后调查取证:对所有行为进行事后查询、取证、调查分析,出具各种审计报表报告。

(5) 责任认定、事态评估:系统能够记录和定位谁、在什么时候、通过什么方式对数据库进行了什么操作,以及操作的结果和可能的危害程度。

6.1.3 SQL Server 中的安全性控制

就目前而言,绝大多数数据库管理系统都还是运行在某一特定操作系统平台下的应用程序,SQL Server 也不例外。SQL Server 的安全体系结构可以划分为以下4个等级。

- 客户机操作系统的安全性。
- SQL Server 的登录安全性。
- 数据库的安全性。
- 数据库对象的使用安全性。

每个安全等级都好像一道门,如果门没有上锁,或者用户拥有开门的钥匙,则用户可以通过这道门达到下一个安全等级。如果通过了所有的门,用户就可以实现对数据的访问了。

客户机操作系统的安全性。客户端计算机通过网络实现对 SQL Server 服务器的访问时,用户首先要获得客户计算机操作系统的使用权。

SQL Server 的登录安全性。SQL Server 的服务器级安全性建立在控制服务器登录账号和密码的基础上。概括来讲,SQL Server 有两种登录方式,分别是混合验证模式和 Windows 验证模式,如果采用 Windows 验证模式,能登录 Windows 系统的用户就可以访问数据库;如果采用混合验证模式,则登录 Windows 系统的同时还要给出 SQL Server 服务器的账号和密码,方可访问数据库。

数据库的安全性就是能使用某一数据库的用户都有哪些。在建立登录账号时,可以为其指定默认的数据库,这样在用户每次连接到服务器后,都会自动转到默认的数据库上,否则,用户的权限将局限在 master 数据库内。

数据库对象的使用安全性。数据库对象的使用安全性是核查用户权限的最后一个安全等级。创建数据库对象时,SQL Server 自动把该数据库对象的拥有权赋予该对象的创建者,这样,数据库对象的创建者可以实现对该对象的完全控制。当非数据库拥有者想访问数据库里的对象时,必须事先由数据库拥有者赋予用户对指定对象执行特定操作的权限。

通过上述分析不难看出,SQL Server 的安全性控制大体包括以下几个方面:数据库系统登录、数据库用户、数据库系统角色以及数据库访问权限,概括来讲就是包括进入数据库系统的权限和数据库的使用权限,对于数据库的使用权限,包括登录账号的角色及数据库的访问权限等。

1. 数据库系统登录

（1）登录账号。登录账号也称为登录用户或登录名,是服务器级用户访问数据库系统的标识。为了访问 SQL Server 系统,用户必须提供正确的登录账号,这些登录账号既可以是 Windows 登录账号,也可以是 SQL Server 登录账号,但它必须是符合标识符规则的唯一名字。登录账号的信息是系统信息,存储在 master 数据库中的 sysxlogins 系统表中,用户如果需要有关登录账号的信息,可以到该表中查询。

SQL Server 2008 有一个默认的登录账号 SA（System Administrator）,在 SQL Server 系统中它拥有全部权限,可以执行所有操作。

（2）查看登录账号。使用 Microsoft SQL Server Management Studio 可以创建、查看和管理登录账号。"登录账号"存放在 SQL 服务器的"安全性"文件夹中。当进入 Microsoft SQL Server Management Studio,打开指定的 SQL 服务器,并选择"安全性"文件夹下的"登录名"系列操作后,会打开如图 6-1 所示的窗口。

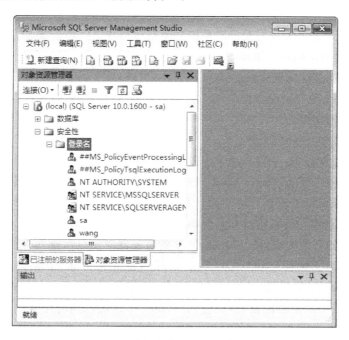

图 6-1　登录名文件夹的屏幕界面

（3）创建一个登录账号。创建一个登录账号的操作步骤为:右击"登录名"文件夹,在弹出的菜单中选择"新建登录"命令,打开如图 6-2 所示的"登录名-新建"对话框,输入相应信息即可,也可以通过此对话框设定该登录用户的服务器角色和要访问的数据库,这样该登录账号同时也作为数据库用户。

（4）编辑或删除登录账号。单击登录文件夹,在出现的显示登录账号的窗口中右击需要操作的登录号:选择"属性"可以对该用户已设定内容进行重新编辑;选择"删除"可以删除该登录用户。

图 6-2 "登录名-新建"对话框

进行上述操作需要对当前服务器拥有管理登录(Security Administrators)及其以上的权限。

2. 数据库用户

(1) 用户账号。用户账号也称用户名,是数据库级用户,即某个数据库的访问标识。在 SQL Server 的数据库中,对象的全部权限均由用户账号控制。用户账号可以与登录账号相同,也可以不同。

数据库用户必须是登录用户。登录用户只有成为数据库用户后,才能访问数据库。用户账号与具体的数据库有关。例如,student 数据库中的用户账号 user1 不同于 test 数据库中的用户账号 user1。

每个数据库的用户信息都存放在系统表 sys. sql_logins 中,通过查看该表可以看到当前数据库所有用户的情况。在该表中每行数据表示一个 SQL Server 用户或角色信息。创建数据库的用户称为数据库所有者(dbo),他具有这个数据库的所有权限。在每个 SQL Server 2008 数据库中,至少有一个名称为 dbo 的用户。系统管理员(SA)是他所管理系统的任何数据库的 dbo 用户。

(2) 查看用户账号。在 Microsoft SQL Server Management Studio 中可以创建、查看和管理数据库用户。每个数据库中都有"用户"文件夹。

当进入 Microsoft SQL Server Management Studio 环境后,打开指定的 SQL 服务器,并打开"数据库"文件夹,选定并打开要操作的数据库后,单击"安全性"→"用户"文件夹,打开如图 6-3 所示的用户信息窗口。在要修改的用户上右击,选择"属性"命令,打开如图 6-4

所示的窗口即可查看当前用户的一些信息及修改其相应的角色。

图 6-3　用户信息窗口

图 6-4　数据库用户信息

（3）创建新的数据库用户。创建新的数据库用户有两种方法。一种方法是在创建登录用户时，指定将此登录用户映射到某一数据库后就获得了该数据库的用户身份。例如，在图 6-2 所示的对话框中输入登录名称，选择"用户映射"选项卡，在"映射到此登录名的用户"区域指定数据库（如 student），如图 6-5 所示，登录用户 ss 同时也成为数据库 student 的用户。

图 6-5　创建登录时指定登录用户映射到某一数据库

另一种方法是单独创建数据库用户，这种方法适用于在创建登录账号时没有创建数据库用户的情况。操作步骤为：在某一要创建用户的数据库上展开"安全性"文件夹，右击"用户"文件夹，在弹出的菜单中选择"新建用户"命令后，会打开如图 6-6 所示的对话框。输入用户名，选择或输入一个已经存在的登录名，然后选择数据库角色成员身份后单击"确定"按钮即可为此数据库建立一个具有特定角色权限的用户。

（4）编辑或删除数据库用户账号。单击"用户"文件夹，在打开的显示用户账号的窗口中右击需要操作的用户账号，选择"属性"命令，出现该用户的角色和权限窗口，可对该用户已设定的内容重新编辑；选择"删除"命令可以删除该数据库用户。

进行上述操作需要对当前数据库拥有用户管理（db_accessadmin）及其以上的权限。

3. 数据库系统角色管理

在 SQL Server 2008 中可以把某些用户设置成某一角色，这些用户称为该角色的成员。当对该角色进行权限设置时，其成员自动继承该角色的权限。这样，只要对角色进行权限管

图 6-6 "数据库用户-新建"对话框

理，就可以实现对属于该角色的所有成员的权限管理，大大减少了工作量。

SQL Server 中有两种角色，即服务器角色和数据库角色。

（1）服务器角色。一台计算机可以承担多个 SQL Server 服务器的管理任务。固定服务器角色是对服务器级用户（即登录账号）而言的。它是指在登录时授予该登录账号对当前服务器范围内的权限。这类角色可以在服务器上进行相应的管理操作，完全独立于某个具体的数据库。

SQL Server 2008 提供了 9 种服务器角色，如图 6-7 所示。

可以将登录账号添加到某一指定的固定服务器角色作为其成员。步骤为：登录服务器后，展开"安全性"文件夹，单击"服务器角色"文件夹，会打开如图 6-8 所示的对话框，单击"添加"按钮，选择某一要获得该角色的登录名即可得到该角色，具有该角色具有的权限。

注意：固定服务器角色不能删除、修改和增加。

固定服务器角色的任何成员都可以将其他登录账号增加到该服务器角色中。

（2）数据库角色。在一个服务器上可以创建多个数据库。数据库角色对应单个数据库。数据库角色分为固定数据库角色和用户定义的数据库角色。

固定数据库角色是指 SQL Server 2008 为每个数据库提供的固定角色。SQL Server 2008 允许用户自己定义数据库角色，称为用户定义的数据库角色。

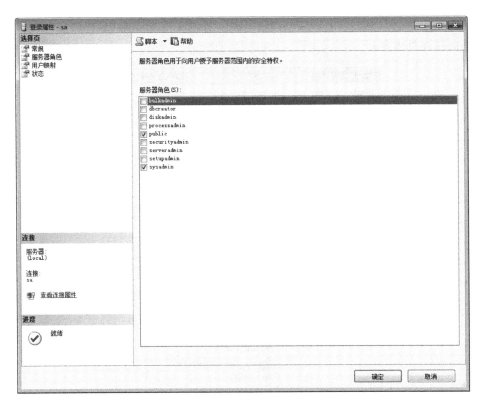

图 6-7 服务器角色

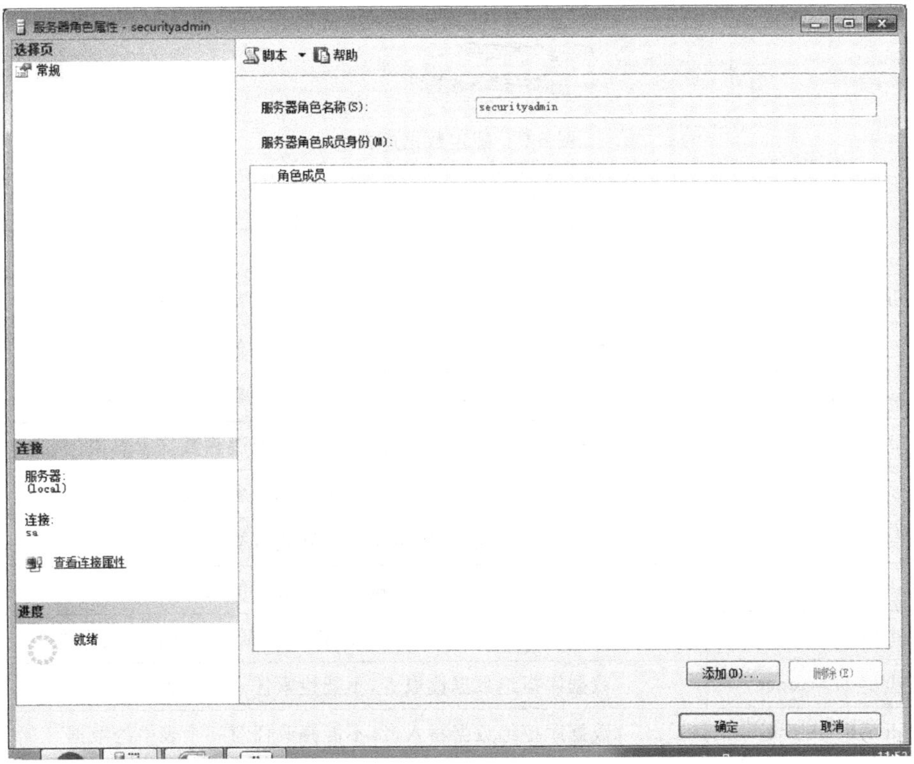

图 6-8 服务器角色属性

- 固定数据库角色。SQL Server 2008 提供了 10 种固定数据库角色，如图 6-9 所示。各角色功能描述见表 6-1。

图 6-9　固定数据库角色

表 6-1　固定数据库角色功能描述

角　　色	描　　述
public	特殊的数据库角色，每个数据库用户都属于它
db_owner	数据库所有者，可执行数据库中的任何操作
db_accessadmin	数据库访问管理员，可以增加或删除数据库用户、组和角色
db_ddladmin	数据库 DDL 管理员，可增加、修改或删除数据库对象
db_securityadmin	数据库安全管理员，可执行语句和对象权限管理
db_backupoperator	数据库备份操作员，可备份和恢复数据库
db_datareader	数据库数据读取者，可检索任意表中的数据
db_datawriter	数据库数据写入者，可增加、修改和删除所有表中的数据
db_denydatareader	数据库拒绝数据读取者，不能检索任意一个表中数据
db_denydatawriter	数据库拒绝数据写入者，不能修改任意一个表中的数据

注意：SQL Server 2008 提供的 10 种固定数据库角色不能被删除和修改。

固定数据库角色的成员可以增加其他用户到该角色中。

- 用户定义的数据库角色。在许多情况下，固定数据库角色不能满足要求，需要用户自定义数据库新角色。

使用可视化方式创建数据库角色的步骤为：在对象资源管理器中打开要操作的数据库文件夹，选择"角色"→"数据库角色"，右击并在弹出的菜单中选择"新建数据库角色"命令，打开"数据库角色-新建"对话框，如图 6-10 所示，输入角色名称、设置扩展属性等信息后，单击"确定"按钮即可。

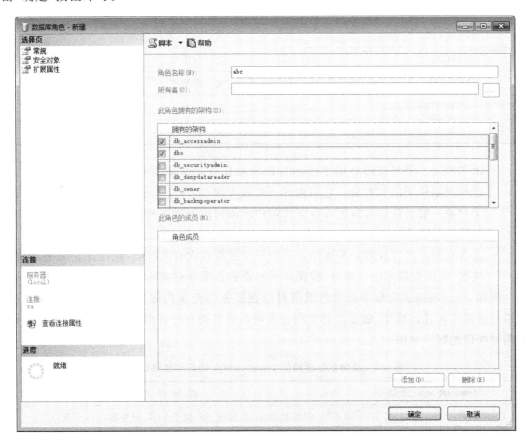

图 6-10　"数据库角色-新建"对话框

每个数据库角色都包括数据库角色和应用程序角色两种。数据库角色用于正常的用户管理，它可以包括成员。而应用程序角色是一种特殊角色，需要指定口令，是一种安全机制。

对用户定义的数据库角色，可以为角色设置拥有的架构（即角色权限）。操作步骤为：打开操作数据库，右击"数据库角色"，在弹出的菜单中选择"新建数据库角色"命令，打开"数据库角色-新建"对话框，输入角色名称后设置该角色拥有的架构，然后通过单击"添加"按钮向其中添加角色成员。

4. 数据库访问权限

（1）权限的种类。SQL Server 2008 通常使用权限来加强系统的安全性。权限分为

3 种类型：对象权限、语句权限和隐含权限。

对象权限是用于控制用户对数据库对象执行某些操作的权限。数据库对象通常包括表、视图和存储过程。

对象权限是针对数据库对象设置的，它由数据库对象所有者授予、禁止或撤销。对象权限适用的数据库对象和 Transact-SQL（简称 T-SQL）语句见表 6-2。

表 6-2　对象权限适用的数据库对象和 Transact-SQL 语句

Transact-SQL	数据库对象
SELECT	表、视图、表和视图中的列
UPDATE	表、视图、表中的列
INSERT	表、视图
DELETE	表、视图
EXECUTE	存储过程
DRI（声明参照完整性）	表、表中的列

- 语句权限。语句权限是用于控制数据库操作或创建数据库中的对象操作的权限。语句权限用于语句本身。它只能由 SA 或 DBO 授予、禁止或撤销。语句权限的授予对象一般为数据库角色或数据库用户。语句权限适用的 Transact-SQL 语句和权限说明见表 6-3。
- 隐含权限。隐含权限指系统预定义而不需要授权就有的权限，包括固定服务器角色成员、固定数据库角色成员、数据库所有者和数据库对象所有者所拥有的权限。

例如，sysadmin 固定服务器角色成员可以在服务器范围内做任何操作，数据库所有者可以对数据库做任何操作，数据库对象所有者可以对其拥有的数据库对象做任何操作，对他不需要明确地赋予权限。

表 6-3　语句权限适用的 Transact-SQL 语句和权限说明

Transact-SQL 语句	权 限 说 明
CREATE　DATABASE	创建数据库，只能由 SA 授予 SQL 服务器用户或角色
CREATE　DEFAULT	创建默认值
CREATE　PROCEDURE	创建存储过程
CREATE　RULE	创建规则
CREATE　TABLE	创建表
CREATE　VIEW	创建视图
BACKUP　DATABASE	备份数据库
BACKUP　LOG	备份日志文件

（2）权限的管理。SQL Server 2008 对数据库用户的权限通过可视化操作进行设置，如图 6-11 所示，在某一数据库上右击，选择"属性"→"权限"即可进行设置。

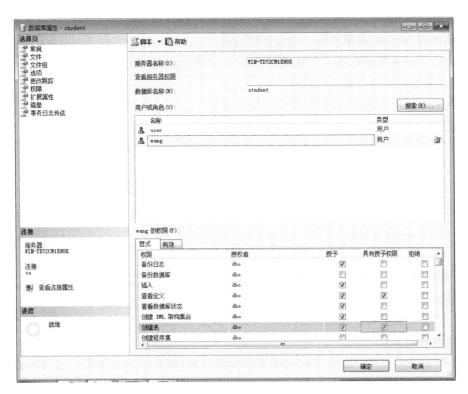

图 6-11 "数据库属性"对话框

6.2 完整性

数据库的完整性是指数据的正确性、有效性和相容性,防止错误数据进入数据库,保证数据库中数据的质量。正确性是指数据的合法性(如学生的学号必须是唯一的);有效性是指数据是否输入所定义的有效范围(如性别只能为男或女);相容性是指描述同一现实的数据应该相同(如学生所在的系必须是学校已开设的系)。数据库是否具备完整性涉及数据库系统中的数据是否正确、可信和一致,保持数据库的完整性是非常重要的。

为了保证数据库的完整性,DBMS 必须提供一种功能来保证数据库中的数据是正确的,避免由于不符合语义的错误数据的输入和输出,即"垃圾进垃圾出"造成的无效操作或错误操作。检查数据库中的数据是否满足规定的条件称为"完整性检查"。数据库中的数据应满足的条件称为"完整性约束条件",有时也称为完整性规则。

6.2.1 完整性约束条件

完整性检查是围绕完整性约束条件进行的,因此完整性约束条件是完整性控制机制的核心。

完整性约束条件作用的对象可以是关系、元组、列 3 种。其中,列约束主要是列的类型、取值范围、精度、排序等约束条件。元组的约束是元组中各个字段间联系的约束。关系的约束是若干元组间、关系集合上以及关系之间联系的约束。

完整性约束条件涉及的这三类对象,其状态可以是静态的,也可以是动态的。

所谓静态约束，是指数据库确定状态时的数据对象应满足的约束条件，它是反映数据库状态合理性的约束，是最重要的一类完整性约束。

动态约束是指数据库从一种状态转变为另一种状态时，新、旧值之间应满足的约束条件，它是反映数据库状态变迁的约束。

综合上述两个方面，可以将完整性约束条件分为下列 6 类。

1. 静态列级约束

静态列级约束是对一个列的取值域的说明，这是最常用，也最容易实现的一类完整性约束，包括以下几个方面。

（1）对数据类型的约束（包括数据的类型、长度、单位、精度等）。例如，中国人姓名的数据类型规定为长度为 8 的字符型，而西方人姓名的数据类型规定为长度为 40 或以上的字符型，因为西方人的姓名较长。

（2）对数据格式的约束。例如，规定居民身份证号码的前 6 位数字表示居民户口所在地，中间 8 位数字表示居民出生日期，后 3 位数字为顺序编号，其中出生日期的格式为 YYYYMMDD。

（3）对取值范围或取值集合的约束。例如，规定学生成绩的取值范围为 0～100，性别的取值集合为［男，女］。

（4）对空值的约束。空值表示未定义或未知的值，或有意为空的值。它与零值和空格不同。有的列允许空值，有的列则不允许。例如，图书信息表中的图书标识不能取空值，价格可以为空值。

（5）其他约束。例如，列的排序说明、组合列等。

2. 静态元组约束

一个元组是由若干个列值组成的，静态元组约束就是规定元组的各个列之间的约束关系。如订货关系中包含发货量、订货量等列，规定发货量不得超过订货量。

3. 静态关系约束

在一个关系的各个元组之间或者若干关系之间常常存在各种联系或约束。常见的静态关系约束有：

（1）实体完整性约束。在关系模式中定义主键，一个基本表中只能有一个主键。

（2）参照完整性约束。在关系模式中定义外键。实体完整性约束和参照完整性约束是关系模型的两个极其重要的约束，称为关系的两个不变性。

（3）函数依赖约束。大部分函数依赖约束都在关系模式中定义。

（4）统计约束，即字段值与关系中多个元组的统计值之间的约束关系。

例如，规定职工平均年龄不能大于 50 岁。这里，职工的平均年龄是一个统计值。

4. 动态列级约束

动态列级约束是修改列定义或列值时应满足的约束条件，包括以下两个方面。

（1）修改列定义时的约束。例如，将允许空值的列改为不允许空值时，如果该列目前已存在空值，则拒绝这种修改。

（2）修改列值时的约束。修改列值有时需要参照其旧值，并且新旧值之间需要满足某种约束条件。例如，职工工资调整不得低于其原来工资、学生年龄只能增长等。

5. 动态元组约束

动态元组约束是指修改元组中各个字段间需要满足的某种约束条件,例如,职工工资调整时,新工资不得低于原工资＋工龄×2 等。

6. 动态关系约束

动态关系约束是加在关系变化前后状态上的限制条件,如事务一致性、原子性等约束条件。

以上 6 类完整性约束条件的含义可用表 6-4 概括。

表 6-4 完整性约束条件

粒度 状态	列 级	元 组 级	关 系 级
静态	列定义 • 类型 • 格式 • 值域 • 空值	元组值应满足的条件	实体完整性约束 参照完整性约束 函数依赖约束 统计约束
动态	改变列定义或列值	元组新旧值应满足的约束条件	关系新旧状态间应满足的约束条件

当然,完整性的约束条件可以从不同角度进行分类,因此会有多种分类方法。

6.2.2 完整性控制

DBMS 的完整性控制机制应具有以下 3 个方面的功能。

* 定义功能,提供定义完整性约束条件的机制。
* 检查功能,检查用户发出的操作请求是否违背了完整性约束条件。
* 如果发现用户的操作请求使数据违背了完整性约束条件,则采取恰当的操作,如采取拒绝操作、报告违反情况、改正错误等方法来保证数据的完整性。

完整性约束条件包括 6 大类,约束条件可能非常简单,也可能极为复杂。一个完善的完整性控制机制应该允许用户定义所有这 6 类完整性约束条件。

下面介绍完整性控制的一般方法。

1. 约束可延迟性

SQL 标准中的所有约束都定义有延迟模式和约束检查时间。

(1)延迟模式。约束的延迟模式分为立即执行约束和延迟执行约束。立即执行约束是在执行用户事务时,执行完事务的每一个更新语句后,立即对数据应满足的约束条件进行完整性检查。延迟执行约束是指在整个事务执行结束后,才对数据应满足的约束条件进行完整性检查,检查正确后才可提交。例如,银行数据库中"借贷总金额应平衡"的约束就应该是延迟执行的约束,从账号 A 转一笔资金到账号 B 为一个事务,从账号 A 转出资金后,账就不平衡了,必须等转入账号 B 后账才能重新平衡,这时才能进行完整性检查。如果发现用户的操作请求违背了完整性约束条件,系统将拒绝该操作,但对于延迟执行的约束,系统将拒绝整个事务,把数据库恢复到该事务执行前的状态。

(2)约束检查时间。每个约束定义还包括初始检查时间规范,分为立即检查和延迟检查。立即检查时约束的延迟模式可以是立即执行约束或延迟执行约束,其约束检查时在每一事务开始就是立即方式。延迟检查时约束的延迟模式只能是延迟执行约束,且其约束检查时在每一事务开始就是延迟方式。延迟执行约束可以改变约束检查时间。

延迟模式和约束检查时间之间的联系见表 6-5。

表 6-5 延迟模式和约束检查时间之间的联系

延 迟 模 式	立即执行约束	延迟执行约束	
约束初始检查时间	立即检查	立即检查	延迟检查
约束检查时间的可改变性	不可改变	可改变为延迟方式	可改变为立即方式

2. 实现参照完整性要考虑的几个问题

在关系系统中,最重要的完整性约束是实体完整性和参照完整性,其他完整性约束条件则可以归入用户自定义的完整性。前面讨论了关系系统中的实体完整性、参照完整性和用户自定义的完整性的含义,下面详细讨论实现参照完整性要考虑的几个问题。

1) 外键能否接受空值问题

在实现参照完整性时,除了应该定义外键外,还应该根据应用环境确定外键列是否允许取空值。

2) 在被参照关系中删除元组的问题

如果要删除被参照关系的某个元组,而参照关系存在若干元组,其外键值与被参照关系删除元组的主键值相同,那么对参照关系有什么影响,由定义外键时参照动作决定。有 5 种不同的策略。

(1) 无动作(NO ACTION)。对参照关系没有影响。

(2) 级联删除(CASCADES)。将参照关系中的所有外键值与被参照关系中的要删除元组主键值相同的元组一起删除。如果参照关系同时又是另一个关系的被参照关系,则这种删除操作会继续级联下去。

(3) 受限删除(RESTRICT)。只有当参照关系中没有任何元组的外键值与要删除的被参照关系中元组的主键值相同时,系统才能执行删除操作,否则系统拒绝此删除操作。

(4) 置空值删除(SET NULL)。删除被参照关系的元组,并将参照关系中所有与被参照关系中被删元组主键值相对应的外键值均置为空值。

(5) 置默认值删除(SET DEFAULT)。与上述置空值删除方式类似,只是把外键值均置为预先定义好的默认值。

对于这 5 种方法,哪一种是正确的呢？这要依应用环境的语义来定。

3) 在参照关系中插入元组时的问题

一般地,当参照关系插入某个元组,而被参照关系不存在相应的元组时,其主键值与参照关系插入元组的外键值相同,这时可有以下策略。

(1) 受限插入。仅当被参照关系中存在相应的元组,其主键值与参照关系插入元组的外键值相同时,系统才执行插入操作,否则系统拒绝此操作。

(2) 递归插入。首先向被参照关系中插入相应的元组,其主键值等于参照关系插入元组的外键值,然后向参照关系插入元组。

4) 修改关系中主键的问题

(1) 不允许修改主键。在有些关系数据库系统中,修改关系主键的操作是不允许的,例如不能用 UPDATE 语句修改学生标识"学号"。如果需要修改主键值,只能先删除该元组,然后再把具有新主键值的元组插入到关系中。

(2) 允许修改主键。在有些关系数据库系统中,允许修改关系主键,但必须保证主键的唯一性和非空,否则系统拒绝修改。当修改的关系是被参照关系时,还必须检查参照关系是否存在这样的元组,如果存在,则将其外键值修改为被参照关系要修改后的主键值。

当修改的关系是参照关系时,还必须检查被参照关系是否存在这样的元组,其主键值等于被参照关系要修改的外键值。

从上面的讨论可看到 DBMS 在实现参照完整性时,除了要提供定义主键、外键的机制外,还需要提供不同的策略供用户选择。选择哪种策略,都要根据应用环境的要求确定。

3. 断言与触发器机制

(1) 断言。如果完整性约束牵涉面广,与多个关系有关,或者与聚合操作有关,那么可以使用 SQL-92 提供的"断言"(Assertion)机制让用户编写完整性约束。

(2) 触发器。前面提到的一些约束机制,属于被动的约束机制。在检查出对数据库的操作违反约束后,只能做一些比较简单的动作,如拒绝服务。如果希望在某个操作后,系统能自动根据条件转去执行各种操作,甚至执行与原操作无关的操作,那么还可以通过触发器(Trigger)机制来实现。所谓触发器,就是一类靠事件驱动的特殊过程,任何用户对该数据的增、删、改操作均由服务器自动激活相应的触发器,在核心层进行集中的完整性控制。一个触发器由事件、动作和条件 3 部分组成。

6.2.3　SQL Server 中的完整性控制

SQL Server 具有较健全的数据完整性控制机制,它使用约束、默认、规则和触发器 4 种方法定义和实施数据库完整性功能。

1. SQL Server 中的几种约束

(1) SQL Server 的数据完整性种类。SQL Server 2008 中的数据完整性包括域完整性、实体完整性和参照完整性 3 种。

- 域完整性。域完整性为列级和元组级完整性,它为列或列组指定一个有效的数据集,并确定该列是否允许为空值(NULL)。
- 实体完整性。实体完整性为表级完整性,它要求表中所有的元组都应该有一个唯一标识,即主关键字。
- 参照完整性。参照完整性是表级完整性,它维护从表中的外码与主表中的主码的相容关系。如果在主表中某一元组被外码参照,那么这个元组既不能被删除,也不能更改其主码。

(2) SQL Server 数据完整性方式。SQL Server 使用声明数据完整性和过程数据完整性两种方式实现数据完整性。

- 声明数据完整性。数据完整性通过在对象定义中定义、系统本身自动强制来实现,包括各种约束、默认和规则。
- 过程数据完整性。过程数据完整性通过使用脚本语言(Transact-SQL)定义,系统在执行这些语言时强制实现数据完整性。过程数据完整性包括触发器和存储过程等。

(3) SQL Server 实现数据完整性的具体方法。SQL Server 实现数据完整性的主要方法有 4 种：约束、触发器、默认和规则。

- 约束。约束通过限制列中的数据、行中的数据和表之间的数据来保证数据完整性。
  表 6-6 列出了 SQL Server 2008 约束的 5 种类型和其完整性功能。

表 6-6　SQL Server 2008 约束的 5 种类型和其完整性功能

完整性类型	约 束 类 型	完整性功能描述
域完整性	DEFAULT（默认）	插入数据时，如果没有明确提供列值，则使用默认值作为该列的值
	CHECK（检查）	指定某个列或列组可以接受值的范围，或指定数据应满足的条件
实体完整性	PRIMARY KEY（主码）	指定主码，确保主码不重复，不允许主码为空值
	UNIQUE（唯一）	指出数据应具有唯一值，防止出现冗余
参照完整性	FOREIGN KEY（外码）	定义外码、被参照表和其主码

使用 CREATE 语句创建约束的语法形式如下：

```
CREATE TABLE <表名> (,<列名><类型>[<列级约束>][,…n][,<表级约束>[,…n]])
```

其中，<列级约束>的格式和内容为：

```
[CONSTRAINT <约束名>]
{PRIMARY KEY [CLUSTERED|NONCLUSTERED]]
| UNIQUE[CLUSTERED|NONCLUSTERED]]
|[FOREIGN KEY] REFERENCES <被参照表>[(<主码>)]
|DEFAULT <常量表达式> | CHECK <逻辑表达式> |
```

<表级约束>的格式和内容为：

```
CONSTRAINT <约束名>
{PRIMARY KEY [CLUSTERED|NONCLUSTERED](<列名组>)
    |UNIQUE [CLUSTERED|NONCLUSTERED] (<列名组>)
    | FOREIGN KEY (<外码>)REFERENCES <被参照表>[(<主码>)]
    | CHECK (<约束条件>)}
```

- 触发器。触发器是一种功能强、开销高的数据完整性方法。触发器具有 INSERT、
  UPDATE 和 DELETE 3 种类型。一个表可以具有多个触发器。

触发器的用途是维护行级数据的完整性。与 CHECK 约束相比，触发器能强制实现更加复杂的数据完整性，能执行操作或级联操作，能实现多行数据间的完整性约束，能按定义动态地、实时地维护相关的数据。

- 默认和规则。默认（DEFAULT）和规则（RULE）都是数据库对象。当它们被创建后，可以绑定到一列或几列上，并可以反复使用。当使用 INSERT 语句向表中插入数据时，如果有绑定 DEFAULT 的列，系统就会将 DEFAULT 指定的数据插入；插入有绑定 RULE 的列，则所插入的数据必须符合 RULE 的要求。

下面介绍用默认对象和规则对象实现数据完整性。

2. 默认

默认是一种数据库对象，可以绑定到一列或多列上，也可以绑定到用户自定义的数据类型上，其作用类似于 DEFAULT 约束，能为 INSERT 语句中没有指定数据的列提供事先定义的默认值。默认值可以是常量、内置函数或数学表达式。

默认对象在功能上与默认约束是一样的,但在使用上有所区别。默认约束在 CREATE TABLE 或 ALTER TABLE 语句中定义后,被嵌入到定义的表的结构中。也就是说,删除表的时候,默认约束也将随之删除。而默认对象需要用 CREATE DEFAULT 语句进行定义,作为一种单独存储的数据库对象,它是独立于表的,删除表并不能删除默认对象。需要使用 DROP DEFAULT 语句删除默认对象。

(1) 创建默认。使用 CREATE DEFAULT 语句可以创建默认对象,语法如下:

```
CREATE DEFAULT default AS constant_expression
```

其中,default 为默认对象的名称;constant_expression 为常量表达式。常量表达式中可以包括常量、内置函数或数学表达式,但不能包括任何列名或其他数据库对象。

【例 6-1】 在数据库 STUDENT 中创建默认对象 birthday_time,其值为'1980-1-1'。

```
USE STUDENT
GO
CREATE DEFAULT birthday_time AS '1980 − 1 − 1'
```

上述语句在查询分析器中执行后,便在数据库 STUDENT 中创建了一个名为 birthday_time 的默认对象。

(2) 绑定默认。默认对象创建后,并不能直接使用,必须绑定到指定表的某一列或者用户定义的数据类型上。执行系统存储过程 sp_bindefault 可以将默认绑定到列或者用户定义的数据类型上。

系统存储过程 sp_bindefault 的语法为:

```
sp_bindefault 'default','object_name', ['futurnonly_flag']
```

其中,default 是默认对象的名称;object_name 为默认对象要绑定的列名或者用户自定义的数据类型名。futurnonly_flag 是一个可选参数,该参数仅在要绑定到用户自定义数据类型时使用。如果 futurnonly_flag 为 futurnonly,则所绑定的默认对象不影响表的绑定列中已经存在的用户自定义数据类型的默认值,只会对以后插入的数据产生影响。

【例 6-2】 将上面例子中创建的默认对象绑定到数据库中学生表的出生日期列上。代码如下:

```
USE STUDENT
EXEC sp_bindefault 'birthday_time','student .出生日期'
```

注意:如果创建表时已有默认约束,则应先删除、再绑定。

3. 规则

规则也是一种数据库对象。与默认的使用方法类似,规则可以绑定到表的一列或多列上,也可以绑定到用户自定义的数据类型上。它的作用与 CHECK 约束的部分功能相同,为 INSERT 和 UPDATE 语句限制输入数据的取值范围。

规则与 CHECK 约束的不同之处在于以下几点。

- CHECK 约束是在使用 CREATE TABLE 语句建立表时指定的,而规则是作为独立于表的数据库对象,通过与指定表或数据类型绑定来实现完整性约束。
- 在一列上只能使用一个规则,但可以使用多个 CHECK 约束。

- 规则可以应用于多个列，还可以应用于用户自定义的数据类型，而 CHECK 约束只能应用于它定义的列。

（1）创建规则。创建规则的语法如下：

```
CREATE RULE rulename AS condition_expression
```

其中，rulename 为规则名；condition_expression 为一个条件表达式，用来指定满足规则的条件。该表达式可以是任何在查询的 WHERE 子句中出现的表达式，但不能包括列名或其他数据库对象名。在条件表达式中有一个以@开头的变量，该变量代表在修改该列的记录时用户输入的数值。

【例 6-3】 在数据库上定义规则，使用了该规则的列被限制为必须大于 0。

```
USE STUDENT
CREATE RULE range_rule
AS
@value > 0
```

（2）绑定和解除规则。规则创建后，需要将其绑定到表的列上或用户自定义的数据类型上。当向绑定了规则的列或数据类型插入或更新数据时，新的数据必须符合规则。

如果在列或数据类型上已经绑定了规则，当再次向它们绑定规则时，那么旧规则将自动被新规则覆盖。

使用系统存储过程 sp_bindrule 可以将规则绑定到列或用户自定义的数据类型上。语法如下：

```
sp_bindrule 'rule','object_name'[,'futureonly_flag']
```

rule：规则名称。

object_name：规则要绑定到的列名或用户自定义的数据类型名。

futureonly_flag：是可选项，仅在要绑定到用户自定义数据类型时使用。如果 futureonly_flag 为 futureonly，则以前创建的使用该数据类型的列不受绑定规则限制，如果不指定 futureonly，那么规则将绑定到所有使用该数据类型的列，不管它在绑定规则时是否已经存在。

【例 6-4】 将上例中的 range_rule 规则绑定到入学成绩列上。

```
USE STUDENT
EXEC sp_bindrule 'range_rule','student .入学成绩'
```

使用系统存储过程 sp_unbindrule 可以将绑定到列或用户自定义数据类型上的规则解除。语法如下：

```
sp_unbindrule 'object_name '[,'futureonly_flag']
```

（3）查看规则。使用系统存储过程 sp_help 可以查看规则的拥有者、创建时间等信息。

使用系统存储过程 sp_helptext 可以查看规则的定义。

（4）删除规则。使用 DROP RULE 语句可以删除当前数据库中的一个或多个规则。删除规则时，应先将规则从它所绑定的列或用户自定义的数据类型上解除，否则执行 DROP RULE 操作会出现错误信息，同时 DROP RULE 操作将被撤销。

6.3 并发控制

在多用户和网络环境下,数据库是一个共享资源,多个用户或应用程序同时对数据库的同一数据对象进行读写操作,这种现象称为对数据库的并发操作。显然,并发操作可以充分利用系统资源,提高系统效率,如果对并发不进行控制,会造成一些错误。对并发操作进行的控制称为并发控制。并发控制机制是衡量一个 DBMS 的重要性能指标之一。

6.3.1 并发控制概述

1. 事务的概念

事务是用户定义的一个数据库操作序列,这些操作要么全做、要么全不做,是一个不可分割的工作单位。例如,在关系数据库中,一个事务可以是一条 SQL 语句、一组 SQL 语句或整个程序。事务和程序是两个概念。一般地,一个程序中包含多个事务。

事务的开始与结束可以由用户显式定义。如果用户没有显式定义事务,则由 DBMS 默认自动划分事务。在 SQL 中,定义事务的语句有 3 条。

```
BEGIN TRANSACTION;
COMMIT;
ROLLBACK
```

事务通常以 BEGIN TRANSACTION 开始,以 COMMIT 或 ROLLBACK 结束。COMMIT 的作用是提交,即提交事务的所有操作。事务提交是将事务中所有对数据的更新写回到磁盘上的物理数据库中去,事务正常结束。ROLLBACK 的作用是回滚,即在事务运行的过程中发生了某种故障,事务不能继续执行,系统将事务中对数据库的所有已完成的操作全部撤销,回滚到事务开始时的状态。

事务具有 4 个特性,即原子性、一致性、隔离性和持续性。

- 原子性(Atomicity):事务中包括的所有操作要么全做、要么全不做。也就是说,事务是作为一个整体单位被处理的,不可以被分割。
- 一致性(Consistency):事务执行的结果必须使数据库处于一个一致性状态。当数据库中包含成功事务提交的结果时,就说数据库处于一致性状态。
- 隔离性(Isolation):一个事务的执行不能被其他事务干扰,即一个事务内部的操作及使用的数据对其他并发事务是隔离的,并发执行的各个事务之间不能互相干扰。
- 持续性(Durability):持续性指一个事务一旦提交,它对数据库中的数据的改变就是永久性的,接下来的其他操作或故障不应该对其执行结果有任何影响。

事务的这些特性由数据库管理系统中的并发控制机制和恢复机制保障。

2. 并发操作可能产生的问题

这里以库存管理为例,说明如果对并发操作不加以限制,就会产生数据不一致性问题,这种问题共 3 类。

(1)丢失修改。假设某产品的库存量为 50,现在购入产品 100 个,执行入库操作,库存量加 100;用掉 40 个,执行出库操作,库存量减 40。分别用事务 1 和事务 2 表示入库和出库操作任务。

如果同时发生入库和出库操作，这就形成并发操作。事务1读取库存后，事务2也读取了同一个库存；事务1修改库存，回写更新后的值；事务2修改库存，也回写更新后的值。此时库存为事务2回写的值，事务1对库存的更新丢失。表6-7所示的并发操作执行顺序，发生了"丢失修改"错误。

表6-7　并发操作-丢失修改

顺　序	任　务	操　作	库　存　量
1	事务1	读库存量	50
2	事务2	读库存量	50
3	事务1	库存量＝50＋100	
4	事务2	库存量＝50－40	
5	事务1	写库存量	150
6	事务2	写库存量	10

（2）读"脏"数据。当事务1和事务2并发执行时，在事务1对数据库更新的结果没有提交之前，事务2使用了事务1的结果，而事务1操作之后事务又回滚，这时引起的错误是事务2读取了事务1的"脏数据"。表6-8所示的执行过程就产生了这种错误。

表6-8　事务2使用事务1的"脏数据"的过程

顺　序	任　务	操　作	库　存　量
1	事务1	读库存量	50
2	事务1	库存量＝50＋100	
3	事务1	写库存量	150
4	事务2	读库存量	150
5	事务2	库存量＝150－40	150
6	事务1	ROLLBACK	50
7	事务2	写库存量	110

（3）不可重复读。当事务1读取数据A后，事务2执行了对A的更新，当事务1再次读取数据A时，得到的数据与前一次不同，这时引起的错误称为"不可重复读"。表6-9所示的并发操作执行过程，发生了"不可重复读"错误。

表6-9　事务1对数据A"不可重复读"的过程

顺　序	任　务	操　作	库存量A	入库量B
1	事务1	读A＝50	50	100
2	事务1	读B＝100		
3	事务1	求和＝50＋100		
4	事务2	读B＝100	50	
5	事务2	B＝B×4		
6	事务2	写回B＝400	50	400
7	事务1	读A＝50	50	
8	事务1	读B＝400		
9	事务1	和＝450（验算不对）		

并发操作之所以产生错误,是因为任务执行期间相互干扰造成的。当将任务定义成事务,事务具有的特性(特别是隔离性)得以保证,就会避免上述错误的发生。但是,如果只允许事务串行操作,就会降低系统的效率。所以,多数 DBMS 采用事务机制和封锁机制进行并发控制,这样既保证了数据的一致性,又保障了系统效率。

分析以上 3 种错误的原因,不难看出,上述 3 个操作序列违背了事务的 4 个特性。在产生并发操作时如何确保事务的特性不被破坏,避免上述错误的发生,这就是并发控制要解决的问题。

6.3.2 并发操作的调度

计算机系统对并行事务中并行操作的调度是随机的,而不同的调度可能会产生不同的结果,那么哪个结果是正确的,哪个结果是不正确的呢?

如果一个事务运行过程中没有其他事务在同时运行,也就是说,它没有受到其他事务的干扰,那么就可以认为该事务的运行结果是正常的或者预想的。因此将所有事务串行起来的调度策略一定是正确的调度策略。虽然以不同的顺序串行执行事务也有可能产生不同的结果,但由于不会将数据库置于不一致状态,所以都可以认为是正确的。由此可以得到结论:几个事务的并行执行是正确的,当且仅当其结果与按某一次序串行地执行它们时的结果相同。我们称这种并行调度策略为可串行化的调度。可串行性是并行事务正确性的唯一准则。

【**例 6-5**】 现在有两个事务,分别包含下列操作:

事务 1:读 B;A=B+1;写回 A;

事务 2:读 A;B=A+1;写回 B;

假设 A 的初值为 10,B 的初值为 2。图 6-12 给出了对这两个事务的 3 种不同的调度策

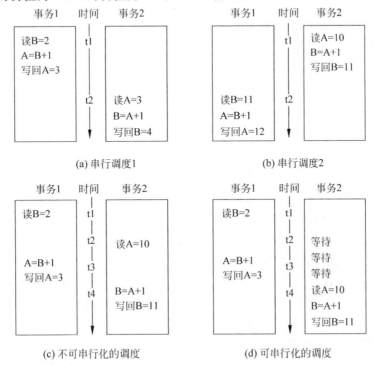

图 6-12 并行事务的不同调度策略

略。图 6-12(a)、(b)为两种不同的串行调度策略，虽然执行结果不同，但它们都是正确的调度。图 6-12(c)中的两个事务是交错执行的，由于其执行结果与图 6-12(a)、(b)的结果都不同，所以是错误的调度。图 6-12(d)中的两个事务也是交错执行的，由于其执行结果与串行调度图 6-12(a)的执行结果相同，所以是正确的调度。

为了保证并行操作的正确性，DBMS 的并行控制机制必须提供一定的手段，来保证调度是可串行化的。

理论上讲，在某一事务执行时禁止其他事务执行的调度策略一定是可串行化的调度，这也是最简单的调度策略，但这种方法实际上是不可行的，因为它使用户不能充分共享数据库资源。

目前 DBMS 普遍采用封锁方法来保证调度的正确性，即保证并行操作调度的可串行性。除此之外，还有其他一些方法，如时标方法、乐观方法等。

6.3.3 封锁

1. 封锁及封锁的类型

封锁机制是并发控制的主要手段。封锁是使事务对它要操作的数据有一定的控制能力。封锁具有 3 个环节：第一个环节是申请加锁；第二个环节是获得锁；第三个环节是释放锁。为了达到封锁的目的，在使用时事务应选择合适的锁，并遵从一定的封锁协议。

基本的封锁类型有两种：排他锁（X 锁）和共享锁（S 锁）。

（1）排他锁，也称为独占锁或写锁。一旦事务 T 对数据对象 A 加排他锁，则只允许 T 读取和修改 A，其他任何事务既不能读取和修改 A，也不能再对 A 加任何类型的锁，直到 T 释放 A 上的锁为止。

（2）共享锁，又称读锁。如果事务 T 对数据对象 A 加上共享锁（S 锁），其他事务对 A 只能再加 S 锁，不能加 X 锁，直到事务 T 释放 A 上的 S 锁为止。

2. 封锁协议

简单地对数据加 X 锁和 S 锁并不能保证数据库的一致性。对数据对象加锁时，还需要约定一些规则。例如，何时申请 X 锁和 S 锁、持锁时间、何时释放等。这些规则称为封锁协议。对封锁方式规定不同的规则，就形成了各种不同的封锁协议。封锁协议分三级，各级封锁协议对并发操作带来的丢失修改、不可重复读和读"脏"数据等不一致问题，可以在不同程度上予以解决。

（1）一级封锁协议：事务 T 在修改数据之前必须先对其加 X 锁，直到事务结束才释放。一级封锁协议能有效地防止"丢失修改"。

（2）二级封锁协议：事务 T 对要修改的数据必须先加 X 锁，直到事务结束后才释放 X 锁；对要读取的数据必须先加 S 锁，读完后即可释放 S 锁。二级封锁协议不但能防止丢失修改，还可以进一步防止读"脏"数据。

（3）三级封锁协议：事务 T 在读取数据之前必须先对其加 S 锁，在要修改数据之前必须先对其加 X 锁，直到事务结束后才释放所有锁。三级封锁协议不但防止了丢失修改和不读"脏"数据，而且防止了不可重复读。

3. 封锁出现的问题及解决办法

事务使用封锁机制后，会产生活锁、死锁等问题，DBMS 必须妥善地解决这些问题，才能保障系统正常运行。

（1）活锁。如果事务 T_1 封锁了数据 R，T_2 事务又请求封锁 R，于是 T_2 等待。T_3 也请求封锁 R，当 T_1 释放了 R 上的封锁之后，系统首先批准了 T_3 的要求，T_2 仍然等待。然后 T_4 又请求封锁 R，当 T_3 释放了 R 上的封锁之后，系统又批准了 T_4 的请求……T_2 有可能永远等待。这种在多个事务请求对同一数据封锁时，使某一用户总是处于等待的状态称为活锁。

解决活锁问题的方法是先来先服务。

（2）死锁。如果事务 T_1 和 T_2 都需要数据 R_1 和 R_2，操作时 T_1 封锁了数据 R_1，T_2 封锁了数据 R_2；然后 T_1 又请求封锁 R_2，T_2 又请求封锁 R_1；因 T_2 已封锁了 R_2，故 T_1 等待 T_2 释放 R_2 上的锁。同理，因 T_1 已封锁了 R_1，故 T_2 等待 T_1 释放 R_1 上的锁。由于 T_1 和 T_2 都没有获得全部需要的数据，所以它们不会结束，只能继续等待。这种多事务交错等待的僵持局面称为死锁。

数据库中解决死锁问题主要有两类方法：一类方法是采用一定措施来预防死锁发生；另一类方法是允许死锁发生，然后采用一定手段定期诊断系统中有无死锁，若有，则解除，即检索死锁并解除。

4. 封锁粒度

封锁粒度是指封锁对象的大小。封锁对象可以是逻辑单元，也可以是物理单元。以关系数据库为例，封锁对象可以是属性值、属性值集合、元组、关系，直至整个数据库；也可以是物理单元，如索引项等。封锁粒度与系统的并发度和并发控制的开销密切相关。封锁的粒度越小，并发度越高，系统开销越大；封锁的粒度越大，并发度越低，系统开销越小。

6.3.4　SQL Server 中的并发控制

事务和锁是并发控制的主要机制。SQL Server 通过支持事务机制来管理多个事务，保证数据的一致性，并使用事务日志保证修改的完整性和可恢复性。SQL Server 遵从三级封锁协议，从而有效地控制并发操作可能产生的丢失修改、读"脏"数据、不可重复读等错误。

1. SQL Server 的事务类型

SQL Server 的事务分为两种类型：系统提供的事务和用户定义的事务。系统提供的事务是指在执行某些语句时，一条语句就是一个事务，它的数据对象可能是一个或多个表（视图），可能是表（视图）中的一行数据或多行数据；用户定义的事务以 BEGIN TRANSACTION 语句开始，以 COMMIT 或 ROLLBACK 结束。对于用户定义的分布式事务，其操作会涉及多个服务器，只有每个服务器的操作都成功时，其事务才能被提交。否则，即使只有一个服务器的操作失败，整个事务也会回滚结束。

2. SQL Server 锁的粒度和类型

1）SQL Server 锁的粒度

锁是为防止其他事务访问指定的资源，实现并发控制的主要手段。要加快事务的处理速度并缩短事务的等待时间，就要使事务锁定的资源最小。SQL Server 为使事务锁定资源最小化提供了多粒度锁。

- 行级锁。表中的行是锁定的最小空间资源。行级锁是指事务操作过程中，锁定一行或若干行数据。
- 表级锁。表级锁是一种主要的锁。表级锁是指事务在操作某一个表的数据时锁定了这些数据所在的整个表，其他事务不能访问该表中的数据。当事务处理的数量比较大时，一般使用表级锁。

- 数据库级锁。数据库级锁是指锁定整个数据库，防止其他任何用户或者事务对锁定的数据库进行访问。

- 页级锁。页是在 SQL Server 中除行之外最小的数据单位。一页 8KB。页级锁是指在事务的操作过程中，无论事务处理多少数据，每次都锁定一页（所有的数据、日志和索引都放在页上，为了便于管理，表中的行不能跨页存放，一行数据必须在同一个页上）。

- 簇级锁。一个簇有 8 个连续的页。簇级锁指事务占用一个簇，这个簇不能被其他事务占用。簇级锁只用在一些特殊的情况下。例如，在创建数据库和表时，系统用簇级锁分配物理空间。由于系统是按照簇分配空间的，系统分配空间时使用簇级锁，可防止其他事务同时使用一个簇。

2）SQL Server 锁的类型及其控制

SQL Server 的基本锁是 S 锁和 X 锁。除基本锁之外，还有 3 种锁：意向锁、修改锁和模式锁，这几种锁由 SQL Server 系统自动控制。

一般情况下，SQL Server 能自动提供加锁功能，不需要用户专门设置，这些功能表现在：

（1）当用 SELECT 语句访问数据库时，系统能自动用共享锁访问数据；在使用 INSERT、UPDATE 和 DELETE 语句增加、修改和删除数据时，系统会自动给使用数据加排他锁。

（2）系统用意向锁使锁之间的冲突最小化。意向锁建立一个锁机制的分层结构，其结构按行级锁层、页级锁层和表级锁层设置。

（3）当系统修改一个页时，会自动加修改锁。修改锁与共享锁兼容，而当修改了某页后，修改锁会上升为排他锁。

（4）当操作涉及参照表或索引时，SQL Server 会自动提供模式锁和修改锁。

不同的 DBMS 提供的封锁类型、封锁协议、封锁粒度和达到的系统一致性级别不尽相同，但其依据的基本原理和技术是共同的。

6.4　数据恢复

尽管数据库系统中采取了各种保护措施来保障数据库的安全性和完整性不被破坏、保证并发事务能够正确执行，但是计算机系统中的硬件故障、软件故障、操作失误以及恶意破坏仍然是不可避免的。这些故障轻则造成运行事务非正常中断，影响数据库中数据的正确性，重则破坏数据库，使数据库中的全部或部分数据丢失。因此，数据库管理系统必须具有把数据库从错误状态恢复到某一已知的正确状态的功能，这就是数据库的恢复功能。数据库系统采用的恢复技术是否行之有效，不仅对系统的可靠程度起着决定性作用，而且对系统的运行效率也有很大影响，它是衡量系统性能优劣的重要指标之一。

6.4.1　故障的种类及恢复

数据库系统中发生的故障是多种多样的，大致可以归结为以下几类。

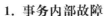

1. 事务内部故障

事务内部故障有的可以通过事务程序本身发现，但是更多的则是非预期的，它们不能由事务处理程序处理。例如，运算溢出、并发事务发生死锁而被选中撤销该事务、违反了某些完整性约束等。

事务故障意味着事务没有达到预期的终点，因此数据库可能处于不正确状态。恢复程序的任务就是在不影响其他事务运行的情况下，强行回滚该事务，即撤销该事务已经做出的任何对数据库的修改，使得该事务好像根本没有启动一样。这类恢复操作称为事务撤销。

2. 系统故障

系统故障是指造成系统停止运转，必须重新启动系统的任何事件。例如，特定类型的硬件故障、操作系统故障、DBMS 代码错误、数据库服务器出错以及其他自然原因等。这类故障影响正在运行的所有事务，但是并不破坏数据库。这时数据库缓冲区中的内容都被丢失，所有事务都非正常终止。系统故障主要有两种情况。

（1）发生故障时，一些尚未完成的事务的部分结果已经送入物理数据库，从而造成数据库可能处于不正确的状态。为保证数据一致性，需要清除这些事务对数据库的所有修改。在这种情况下，恢复子系统必须在系统重新启动时让所有非正常终止的事务回滚，强行撤销所有未完成的事务。

（2）发生故障时，有些已完成的事务有一部分甚至全部留在缓冲区，尚未写回到磁盘上的物理数据库中。系统故障使得这些事务对数据库的修改部分或全部丢失，这也会使数据库处于不一致状态，因此应将这些事务已提交的结果重新写入数据库。这种情况下，系统重新启动后，恢复子系统除了需要撤销所有未完成的事务外，还需要重做所有已提交的事务，以使数据库真正恢复到一致状态。

3. 介质故障

介质故障称为硬故障，是指外存故障，如磁盘损坏、磁头碰撞、瞬时磁场干扰等。这类故障会破坏数据库或部分数据，并影响正在存取这部分数据的所有事务。介质故障虽然发生的可能性小，但是它的破坏性却是最大的，有时会造成数据无法恢复。

4. 计算机病毒

计算机病毒是一种人为的故障或破坏，它是由一些人恶意编制的计算机程序。这种程序与其他程序不同，它可以像微生物学所称的病毒一样进行繁殖和传播，并造成对计算机系统（包括数据库系统）的破坏。

5. 用户操作错误

在某些情况下，由于用户有意或无意的操作也可能删除数据库中的有用的数据或加入错误的数据，这同样会造成一些潜在的故障。

6.4.2 恢复的实现技术

数据恢复涉及两个关键问题，分别是建立备份数据和利用这些备份数据实施数据库恢复。数据恢复最常用的技术是建立数据转储和利用日志文件。

1. 数据转储

数据转储是数据库恢复中采用的基本技术。数据转储就是数据库管理员定期地将整个数据库复制到其他存储介质上保存形成备用文件的过程。这些备用的数据文件称为后备副本。

当数据库遭到破坏后，可以将后备副本重新载入，并重新执行自转储以后的所有更新事务。

数据转储十分耗费时间和资源，不能频繁进行。数据库管理员应该根据数据库使用情况确定一个适当的转储周期和转储策略。数据转储有以下几类：

1）静态转储和动态转储

（1）静态转储是指在转储过程中，系统不运行其他事务，专门进行数据转储工作。在静态转储操作开始时，数据库处于一致性状态，而在转储期间不允许其他事务对数据库进行任何存取、修改操作，数据库仍处于一致状态。

（2）动态转储是指在转储过程中，允许其他事务对数据库进行存取或修改操作的转储方式。也就是说，转储和用户事务并发执行。动态转储有效地克服了静态转储的缺点，它不用等待正在运行的事务结束，也不会影响新事务的开始。动态转储的主要缺点是后备副本中的数据并不能保证正确、有效。

由于动态转储是动态进行的，这样后备副本中存储的就可能是过时的数据。因此，有必要把转储期间各事务对数据库的修改活动登记下来，建立日志文件，使得后备副本加上日志文件能够把数据库恢复到某一时刻的正确状态。

2）海量转储和增量转储

（1）海量转储是指每次都转储全部数据库。海量转储能够得到后备副本，利用后备副本能够比较方便地进行数据恢复工作。但对于数据量大和更新频率高的数据库，不适合频繁地进行海量转储。

（2）增量转储是指每次只转储上一次转储后更新过的数据。增量转储适用于数据库较大，但是事务处理又十分频繁的数据库系统。

由于数据转储可在动态和静态两种状态下进行，所以数据转储方法可以分为 4 类：动态海量转储、动态增量转储、静态海量转储和静态增量转储。

2. 日志文件

（1）日志文件的格式和内容。日志文件是用来记录对数据库的更新操作的文件。不同的数据库系统采用的日志文件格式不完全相同。日志文件主要有以记录为单位的日志文件和以数据块为单位的日志文件。

以记录为单位的日志文件中需要登记的内容包括：每个事务的开始标记、结束标记和所有更新操作，这些内容均作为日志文件中的一个日志记录。对于更新操作的日志记录，其内容主要包括：事务标识、操作的类型、操作对象、更新前数据的旧值及更新后数据的新值。

以数据块为单位的日志文件内容包括事务标识和更新的数据块。由于更新前后的各数据块都放入了日志文件，所以操作的类型和操作对象等信息就不必放入日志记录了。

（2）日志文件的作用。日志文件能够用来进行事务故障恢复、系统故障恢复，并能协助后备副本进行介质故障恢复。当数据库文件毁坏后，可重新装入后备副本把数据库恢复到转储结束时刻的正确状态，再利用建立的日志文件，对已完成的事务进行重做处理，而对于故障发生时尚未完成的事务，则进行撤销处理，这样不用运行应用程序，就可把数据库恢复到故障前某一时刻的正确状态。

（3）登记日志文件。为保证数据库的可恢复性，登记日志文件时必须遵循两条原则：一是登记的次序严格按事务执行的时间次序；二是必须先写日志文件，后写数据库。

把对数据的修改写到数据库中和把表示这个修改的日志记录写到日志文件中是两个不

同的操作。这两个写操作只完成一个时,可能会发生故障。如果先写了数据库修改,而在运行记录中没有登记这个修改,则以后无法恢复这个修改。如果先写日志,但没有修改数据库,按日志文件恢复时只是多执行一次不必要的 UNDO 操作,并不影响数据库的正确性。所以,为了安全,一定要先写日志文件,后进行数据库的更新操作。

6.4.3 SQL Server 中的数据库备份与恢复

SQL Server 是一种高效的网络数据库管理系统,具有比较强大的数据备份和恢复功能。用户可以使用 Transact-SQL 语句,也可以通过可视化操作进行数据备份和数据恢复。

SQL Server 有完全备份和差异备份两种数据备份类型,系统管理员可根据实际需要选择合适的类型。

完全备份就是通过海量转储形成的备份,如图 6-13 所示。其最大优点是恢复数据库的操作简便,只需要恢复最近一次的备份。完全备份占的存储空间很大且备份的时间较长,只能在一个较长的时间间隔上进行完全备份。其缺点是当根据最近的完全备份进行数据恢复时,完全备份之后对数据所做的任何修改都将无法恢复。当数据库较小、数据不是很重要或数据操作频率较低时,可采用完全备份的策略进行数据备份和恢复。

图 6-13 完全备份

1. 数据库的备份

数据库的备份和恢复工作不仅对用户数据库是重要的,对于 master、msdb、model、tempdb 这 4 个系统数据库来说,备份和恢复工作也是重要的。因为系统数据库中存放着系统运行时的有关信息,一旦遭到破坏,系统将不能正常工作。

（1）单击"开始"→"程序"→Microsoft SQL Server 2008→Microsoft SQL Server Management Studio，左侧数据库文件夹下的 student 就是我们需要备份的学生数据库，如图 6-14 所示。

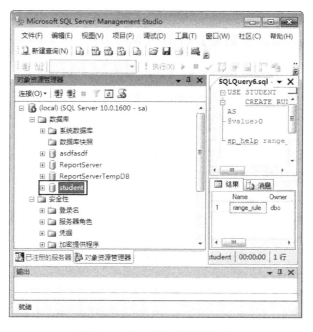

图 6-14　选中要备份的数据库

（2）选择要备份的数据库 student，右击，从弹出的快捷菜单中选择"任务"→"备份"命令，如图 6-15 所示。

图 6-15　备份任务

（3）在打开的"备份数据库-student"对话框中先单击"删除"按钮，然后再单击"添加"按钮，如图 6-16 所示。

图 6-16　备份数据库

（4）弹出"选择备份目标"对话框，如图 6-17 所示。

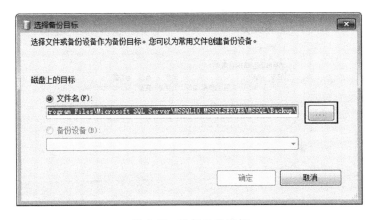

图 6-17　选择备份目标

（5）使用默认路径，或单击后面的省略号重新选择路径后确定即可完成备份操作。
使用 Transact-SQL 语句备份数据库。

用于执行完全数据库备份和差异数据库备份的语法格式为：

BACKUP DATABASE { 数据库名 | @database_name_var }
TO < 备份设备 >[, …n][with [differential][[,] format][[,] init]]

说明：

（1）differential 子句，通过它可以指定只对在创建最新的数据库备份后数据库中发生变化的部分进行备份。

（2）format 子句，通过它可以在第一次使用媒体时对备份媒体进行完全初始化，并覆盖任何现有的媒体头。

（3）init 子句，通过它可以重写备份媒体，并在备份媒体上将该备份作为第一个文件写入。如果没有现成的媒体头，备份过程将自动写入一个。

（4）除非首先备份数据库，否则不可能创建差异数据库备份。如果已经指定了FORMAT 子句，则不需要指定 INIT 子句。当使用 BACKUP 语句的 FORMAT 子句或INIT 子句时，一定要十分小心，因为它们会破坏以前存储在备份媒体中的所有备份。

2. 数据库的恢复

（1）使用可视化操作方式恢复数据库。在 SQL Server 2008 中选中要进行恢复的数据库，右击，选择"任务"→"还原"命令，弹出"还原数据库"对话框，如图 6-18 所示。选择用于还原的备份集后单击"确定"按钮即可完成该数据库的还原。

图 6-18　"还原数据库"对话框

（2）使用 Transact-SQL 语句恢复数据库。RESTORE 语句可以完成对整个数据库的恢复，也可以恢复数据库的日志，或者是指定恢复数据库的某个文件或文件组。

恢复数据库的语法如下：

```
RESTORE DATABASE { 数据库名 | @database_name_var }
[ FROM <备份设备> [ ,…n ] ] [ WITH[ [ , ] FILE = { file_number } ]
[ [ , ] { NORECOVERY | RECOVERY } ]
  [ [ , ] REPLACE ]
  [ [ , ] RESTART ] ]
```

FILE＝file_number：指出从设备上的第几个备份中恢复。NORECOVERY 指示还原操作不回滚任何未提交的事务。如果需要应用另一个事务日志，则必须指定 NORECOVERY 或 STANDBY 选项。如果 NORECOVERY、RECOVERY 和 STANDBY 均未指定，则默认为 RECOVERY。RECOVERY 指示还原操作回滚任何未提交的事务。在恢复进程后即可随时使用数据库。REPLACE 指定即使存在另一个具有相同名称的数据库，SQL Server 也应该创建指定的数据库及其相关文件。在这种情况下将删除现有的数据库。RESTART 指定 SQL Server 应重新启动被中断的还原操作。RESTART 从中断点重新启动还原操作。

6.5 数据库复制与数据库镜像

随着数据库技术的发展，许多新技术也可以用于并发控制和恢复，这就是本节要介绍的数据库复制和数据库镜像技术。目前许多商用数据库管理系统都在不同程度上提供了数据库复制和数据库镜像功能。

6.5.1 数据库复制

复制是使数据库更具容错性的方法，主要用于分布式结构的数据库中。它在多个场地保留多个数据库备份，这些备份可以是整个数据库的副本，也可以是部分数据库的副本。各个场地的用户可以并发地存取不同的数据库副本。例如，当一个用户为修改数据对数据库加了排他锁，其他用户可以访问数据库的副本，而不必等待该用户释放锁。这就进一步提高了系统的并发度。但 DBMS 必须采取一定手段，保证用户对数据库的修改能够及时地反映到其所有副本上。另外，当数据库出现故障时，系统可以用副本对其进行联机恢复，而在恢复过程中，用户可以继续访问该数据库的副本，而不必中断应用，如图 6-19 所示。

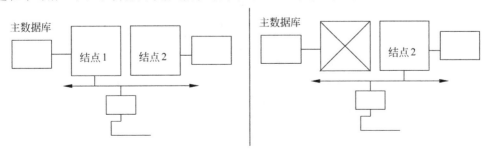

图 6-19　数据复制

数据库复制通常有 3 种方式：对等复制、主/从复制和级联复制，分别如图 6-20～图 6-22 所示。不同的复制方式提供了不同程度的数据一致性。

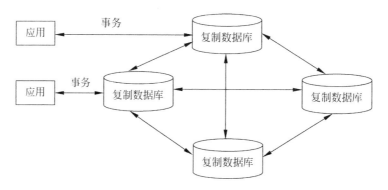

图 6-20　对等复制

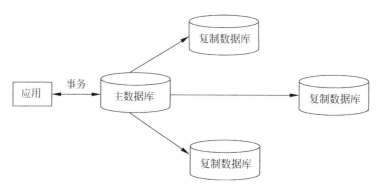

图 6-21　主/从复制

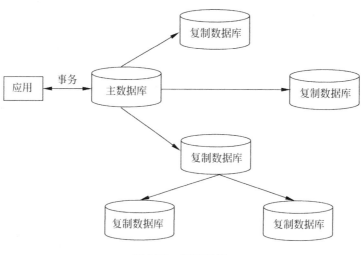

图 6-22　级联复制

（1）对等复制（peer-to-peer）是最理想的复制方式。在这种方式下，各个场地的数据库地位是平等的，可以互相复制数据。用户可以在任何场地读取和更新公共数据集，在某一场地更新公共数据集时，DBMS 会立即将数据传送到所有其他副本。

（2）主/从复制（master/slave），即数据只能从主数据库中复制到从数据库中。更新数据只能在主场地上进行，从场地供用户读数据。但当主场地出现故障时，更新数据的应用可以转到其中一个复制场地上去。这种复制方式实现起来比较简单，易于维护数据一致性。

（3）级联复制（cascade）是指从主场地复制过来的数据又从该场地再次复制到其他场地，即 A 场地把数据复制到 B 场地，B 场地又把这些数据或其中部分数据再复制到其他场地。级联复制可以平衡当前各种数据需求对网络交通的压力。例如，要将数据传送到整个欧洲，可以首先把数据从纽约复制到巴黎，然后再把其中部分数据从巴黎复制到各个欧洲国家的主要城市。级联复制通常与前两种配置联合使用。

DBMS 在使用复制技术时必须做到以下几点。

（1）数据库复制必须对用户透明。用户不必知道 DBMS 是否使用复制技术、使用的是什么复制方式。

（2）主数据库和各个复制数据库在任何时候都必须保持事务的完整性。

（3）对于对异步的可在任何地方更新的复制方式，当两个应用在两个场地同时更新同一记录，一个场地的更新事务尚未复制到另一个场地时，第二个场地已开始更新，这时就可能引起冲突。DBMS 必须提供控制冲突的方法，包括各种形式的自动解决方法及人工干预方法。

6.5.2 数据库镜像

介质故障是对系统影响最为严重的一种故障。系统出现介质故障后，即使用户应用全部中断，恢复起来也比较费时。而为了能够将数据库从介质故障中恢复过来，DBA 必须周期性地转储数据库，这也加重了 DBA 的负担。如果 DBA 忘记了转储数据库，一旦发生介质故障，就会造成较大的损失。

为避免介质磁盘出现故障影响数据库的可用性，DBMS 还可以提供日志文件和数据库镜像（mirror），即根据 DBA 的要求，自动把整个数据库或其中的关键数据复制到另一个磁盘上，每当主数据库更新时，DBMS 会自动把更新后的数据复制过去，即 DBMS 自动保证镜像数据与主数据一致。这样，一旦出现介质故障，可由镜像磁盘继续提供数据库的可用性，同时 DBMS 自动利用镜像磁盘进行数据库的恢复，不需要关闭系统和重装数据库副本。在没有出现故障时，数据库镜像还可用于并发操作。即当一个用户对数据库加排他锁修改数据时，其他用户可以读镜像数据库，而不必等待该用户释放锁。数据库镜像如图 6-23 所示。

由于数据库镜像是通过复制数据实现的，频繁地复制数据自然会降低系统的运行效率，所以在实际应用中，用户往往只选择对关键数据镜像，如对日志文件镜像，而不是对整个数据库进行镜像。

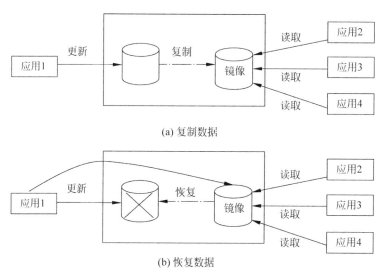

(a) 复制数据

(b) 恢复数据

图 6-23　数据库镜像

习题

1. 什么是数据库的安全性？什么是数据库的完整性？它们两者之间有什么联系和区别？

2. 数据库安全性控制常用的方法有哪些？

3. 完整性约束条件可分为哪几类？

4. DBMS 的完整性控制机制具有哪些功能？

5. 什么是事务？它有哪些属性？

6. 并发操作可能产生哪几类数据不一致？

7. 如何保证并行操作的可串行性？

8. 有下面两个关系模式：

职工(职工号,姓名,年龄,职务,工资,部门号),其中职工号为主码。

部门(部门号,名称,经理名,电话),其中部门号是主码。

试完成如下操作：

(1) 用 SQL 定义这两个关系模式,要求在模式中完成以下完整性约束条件的定义。

- 定义每个模式的主码。
- 定义参照完整性。
- 定义职工年龄不得超过 65 岁。

(2) 用 GRANT 和 REVOKE 语句完成以下功能。

- 用户 A 对两个表有 SELECT 权利。
- 用户 B 对两个表有 DELETE 和 INSERT 权利。
- 用户 C 对两个表具有所有权利,并具有给其他用户授权的权利。
- 收回用户 C 对两个表的权限。

9. 设 T_1, T_2, T_3 是如下 3 个事务。

T_1：$A := A + 2$；

T_2：$A := A \times 2$；

T_3：$A := A \times A$；

假设 A 的初值为 0，试问若这 3 个事务允许并行执行，则可能有多少个正确结果并一一列出。

实　验　篇

第 7 章　实验一　SQL Server 2008 的安装与操作环境

7.1　实验目的

1. 了解 SQL Server 2008 安装的硬件和软件要求以及安装过程。
2. 掌握 SQL Server 2008 Management Studio 对象资源管理器的基本操作方法。
3. 掌握 SQL Server 2008 Management Studio 环境中的可视化管理与查询分析的基本操作。

7.2　知识要点

7.2.1　SQL Server 2008 安装概述

SQL Server 2008 是 Microsoft 公司推出的大型数据库管理系统,它建立在成熟而强大的关系模型基础上,可以很好地支持客户机/服务器网络模式,能够满足各种类型的企事业单位对构建网络数据库的需求,并且在易用性、可扩展性、可靠性以及数据仓库等方面确立了世界领先的地位。

在安装 SQL Server 2008 以前,必须了解 SQL Server 2008 对计算机硬件和软件的要求,保证其正常安装及运转。早期的 SQL Server 版本对计算机软件和硬件的要求并不高,当前的计算机配置大都可以满足其安装需求,到了 SQL Server 2008 则对计算机硬件和软件提出了更高的要求,为了保证安装过程能够顺利进行,需要注意以下要点。

1. 对硬件和软件的要求

为了正确安装 SQL Server 2008,计算机必须满足以下配置要求。

1）硬件

处理器:对于运行 SQL Server 2008 的处理器,建议的最低要求是 32 位版本对应 1GHz 的处理器, 64 位版本对应 1.6GHz 的处理器,推荐使用 2GHz 的处理器。然而,这里列出的大多指运行最低要求,微软事实上推荐的是更快的处理器,从而更好地发挥其性能,处理器越快,SQL Server 运行得就越好,由此产生的瓶颈也越少。当前,很多机器使用的都是 2GHz 及以上的处理器,这将缩减开发所花费的时间。

然而,与提升 SQL Server 的运行速度相关的硬件并非只有处理器,SQL Server 的速度在很大程度上也受当前计算机中内存空间的影响。

内存:确认系统的处理器速度足以满足需求后,接着要检查系统中是否有足够的内存。SQL Server 需要的 RAM 至少为 512MB。不应该打开和运行太多的应用程序,因为那样很容易让 SQL Server 得不到足够的内存，从而使其运行变慢。微软推荐 1GB 或者更大的内存，当真正开始使用 SQL Server 时，实际上内存大小至少应该是推荐大小的两倍。

如果安装的是企业版，尤其是使用高级特性时，内存空间不能小于 1GB。对于开发人员使用的计算机来说，2GB 的内存空间是比较理想的，这样可以获得良好的性能。如果内存足够大，那么进程就可以保持在内存中，而不是在需要运行另一个进程时，将进程交换到硬盘上或别的区域中，因而当要从进程停止的地方继续运行时，则不必等待 SQL Server 被重新放回内存，这种情形称为交换，内存越大，可能发生的交换就越少。处理器速度和内存是计算机运行速度至关重要的两个方面，当运行速度足够快时，开发的速度也会尽可能地快。需要注意的是，在 SQL Server 的安装过程中，内存不足不会导致安装停止，但会发出警告，提示需要更多的内存空间。

硬盘空间：

与当前大多数主要的应用程序一样，SQL Server 需要的硬盘空间比较大。SQL Server 安装就需要 1GB 以上的硬盘空间，加之以后不断增长的数据文件，则需要更多的硬盘空间。当然，SQL Server 安装的空间也与所选择安装的组件有关，安装的组件越多，需要的硬盘空间也越大，因此可以通过减少安装不必要的部件来减少对硬盘空间的需求。例如，选择不安装联机丛书。当前，硬盘的价格比较低廉，考虑未来数据库系统的扩展，应选用大一点的硬盘。

2）软件

• 操作系统

SQL Server 2008 只能运行在 Windows 操作系统（最低 32 位）之上，这些操作系统包括 Windows XP、Windows Vista、Windows Sever 2003、Windows 7 及更高版本。SQL Server 2008 设计了不同的版本，每个版本对操作系统的要求不尽相同。在 SQL Server 2008 服务器软件的 32 位版本中，企业版只能运行在 Windows Sever 2003、Windows Sever 2008 这样的服务器级操作系统之上，标准版能够安装在除 Windows XP 家庭版以外的更高版本的 Windows 操作系统之上，开发人员版则能够安装在 Windows XP、Windows Vista、Windows Sever 2003、Windows Sever 2008、Windows 7 等操作系统之上。

• 安装组件要求

SQL Server 2008 安装时需要的组件包括：

（1）.NET Framework 3.5。

（2）SQL Server Native Client。

（3）SQL Server 安装程序支持文件。

（4）Microsoft Windows Installer 4.5 或更高版本。

（5）Microsoft 数据范文组件 2.8 SP1 或更高版本。

以上这些组件将会在安装 SQL Server 2008 的过程中自动安装，用户不需要单独安装。

2. SQL Server 2008 安装

SQL Server 2008 共有 7 个版本：企业版、标准版、工作组版、网络版、开发版、免费精简版，以及免费的集成数据库 SQL Server Compact 3.5，用户可以根据不同的需要选择适当的版本安装。

这里以 Windows 7 旗舰版操作系统为工作平台，SQL Server 2008 企业评估版的安装步骤如下：

（1）插入 SQL Server 2008 安装光盘或双击已经下载的安装程序，进入到如图 7-1 所示的界面。其中,计划选项包括安装的硬件和软件要求,由于 SQL Server 2008 需要有. NET 框架 3.5 的支持,所以在安装程序启动后,会检测系统是否已经安装了这个框架,如果没有安装,则弹出要求安装的对话框,Windows 7 操作系统自带了. NET 框架 3.5,因此直接单击"安装"按钮即可进入如图 7-2 所示的界面,这里选择"全新 SQL Server 独立安装或向现有安装添加功能",之后进入如图 7-3 所示的安装程序支持规则界面,通过后可进入图 7-4 所示的产品密钥界面,如未通过,则须查明原因。

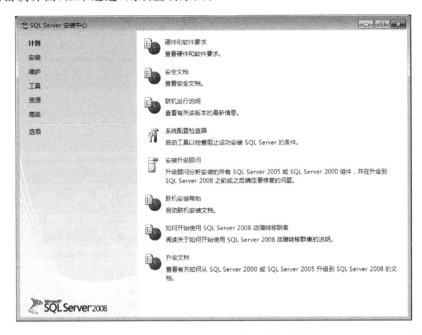

图 7-1　SQL Server 2008 安装中心-计划

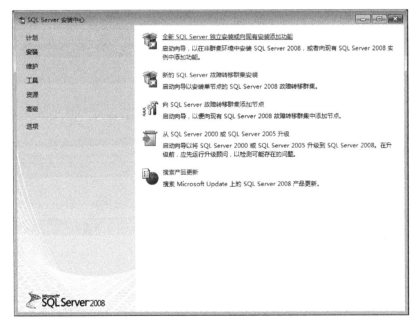

图 7-2　SQL Server 2008 安装中心-安装

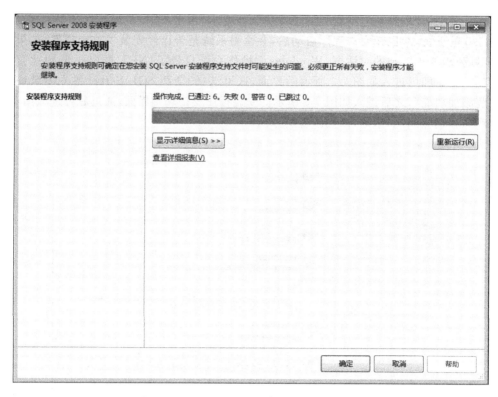

图 7-3　SQL Server 2008 安装程序支持规则

图 7-4　SQL Server 2008 产品密钥

（2）指定可用版本后进入如图 7-5 所示的许可条款界面，选择"我接受许可条款"后单击"下一步"按钮，进入安装程序支持文件的安装界面，如图 7-6 所示，单击"安装"按钮后进入安装程序支持规则界面，如图 7-7 所示，这里要求更正所有的失败，安装才能继续进行。

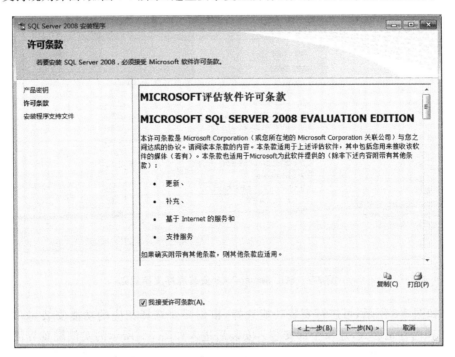

图 7-5　许可条款

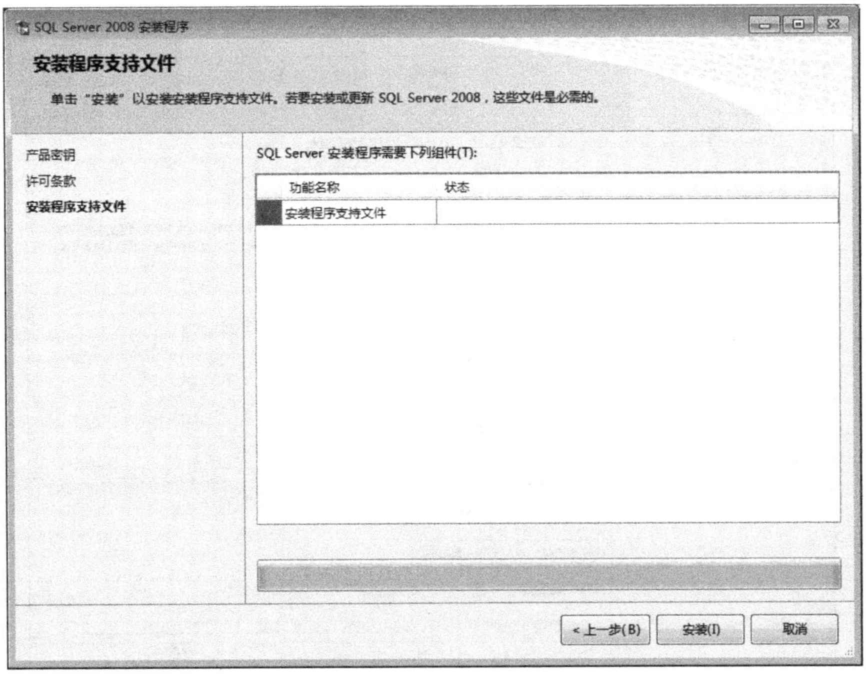

图 7-6　SQL Server 2008 安装程序支持文件

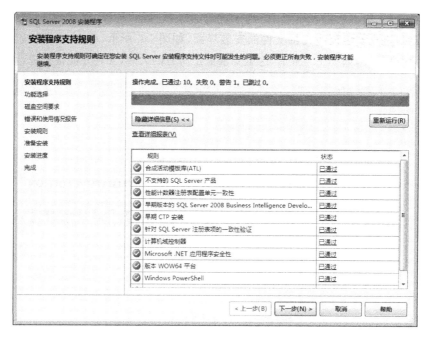

图 7-7　SQL Server 2008 安装程序支持规则

（3）如图 7-8 所示，可进行安装功能选择，根据需要选择相应的功能安装，如果计算机硬盘空间和内存足够大，建议全部安装。安装后进入如图 7-9 所示的实例配置界面，这里我们选中"默认实例"单选按钮，然后进入图 7-10 所示的磁盘空间要求界面，提示选择安装的功能需要多少磁盘空间，之后进入图 7-11，为不同的服务设置不同的账户名及密码。之后依次进入图 7-12～图 7-16 所示的界面，完成 SQL Server 2008 的安装。

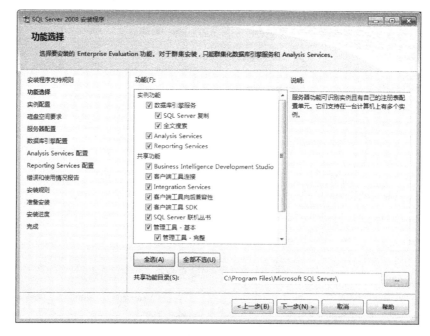

图 7-8　SQL Server 2008 安装功能选择

图 7-9 SQL Server 2008 安装实例配置

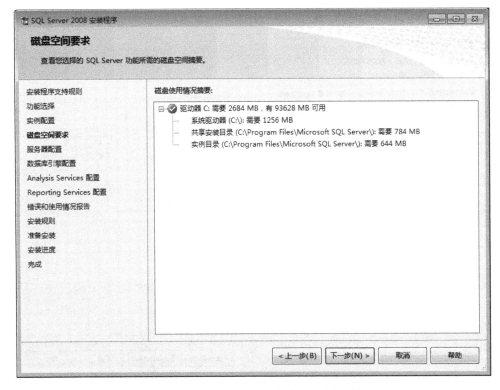

图 7-10 SQL Server 2008 安装磁盘空间要求

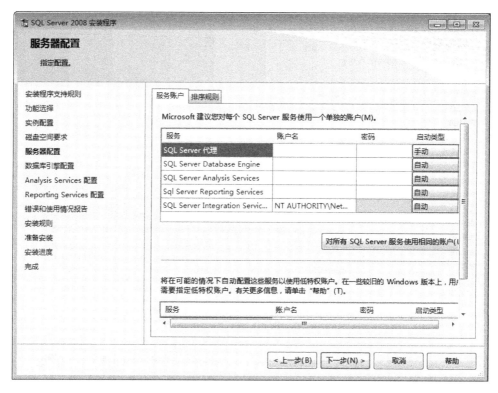

图 7-11　SQL Server 2008 安装服务器配置

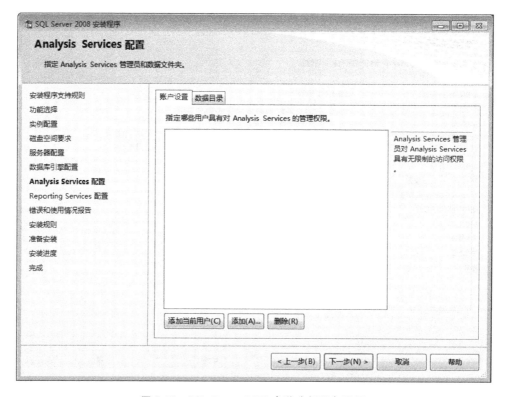

图 7-12　SQL Server 2008 安装分析服务配置

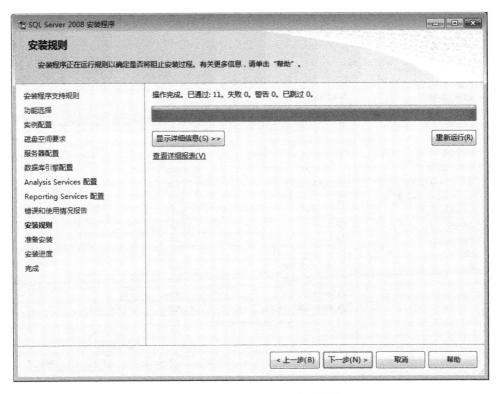

图 7-13　SQL Server 2008 安装规则

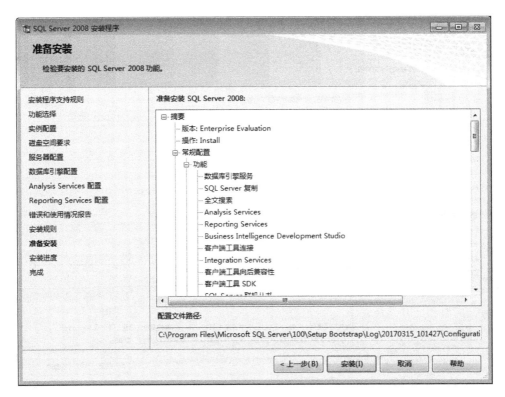

图 7-14　SQL Server 2008 准备安装

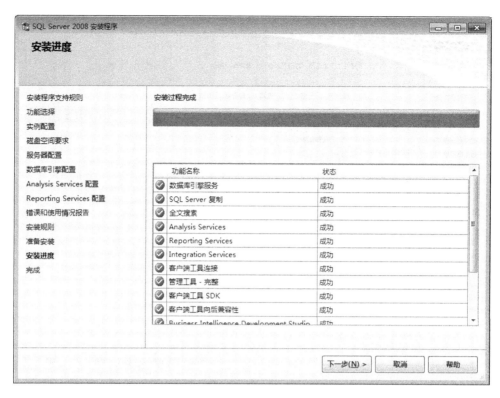

图 7-15　SQL Server 2008 安装进度

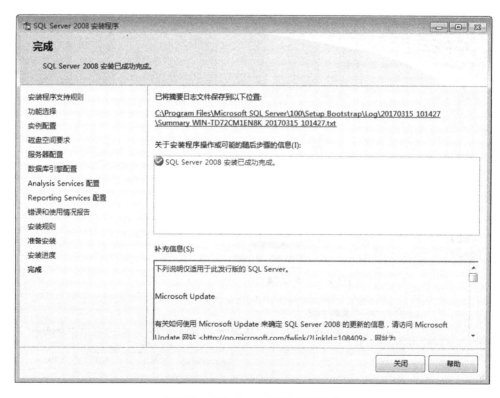

图 7-16　SQL Server 2008 安装完成

7.2.2 SQL Server 2008 Management Studio 工作环境

SQL Server 2008 安装完成后,就可以通过开始菜单进入 SQL Server 2008 的工作环境,开始菜单中的选择顺序是"开始"→"所有程序"→"Microsoft SQL Server 2008"→"SQL Server Management Studio",如图 7-17 所示。

图 7-17 启动 SQL Server Management Studio

进入 SQL Server Management Studio 之后,数据库系统首先会提示连接服务器,如图 7-18 所示。

服务器类型 服务器类型选项包括数据库引擎、Analysis Services、Reporting Services、SQL ServerCompact Edition 以及 Integration Services 等。这里我们选择的服务器类型为"数据库引擎",其他选项是应用于其他目的而需要进行的连接。

服务器名称 服务器名称下拉列表框中包含"连接到服务器"对话框所能找到的(或知道的)SQL Server 安装的列表,如果要连接到其他本地或网络服务器,可以单击"浏览更多"。图 7-18 所示的对话框显示的是在本地安装的计算机名。

身份验证 身份验证列表框指明了要使用的连接的类型,包括 Windows 身份验证和 SQL Server 身份验证两种验证模式。

(1) Windows 身份验证模式:指通过 Microsoft Windows 7 用户账户进行连接,具有操作系统管理权限的账户直接登录即可。

(2) SQL Server 身份验证模式:采用 SQL Server 身份验证就会出现登录名和密码两个文本框,输入正确的登录名和密码后,单击"连接"按钮进入 SQL Server Management Studio 工作环境,如图 7-19 所示。

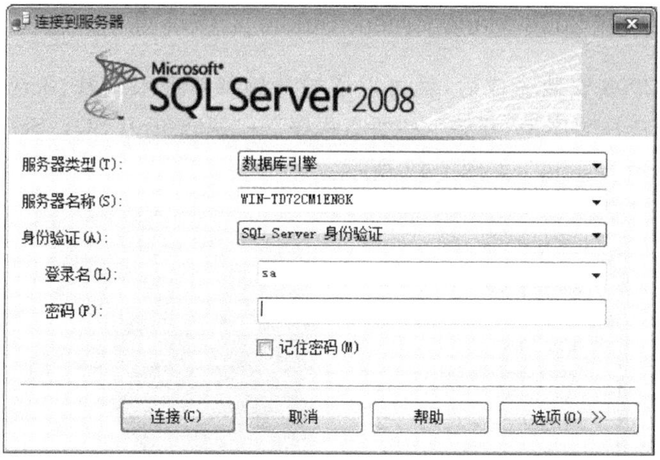

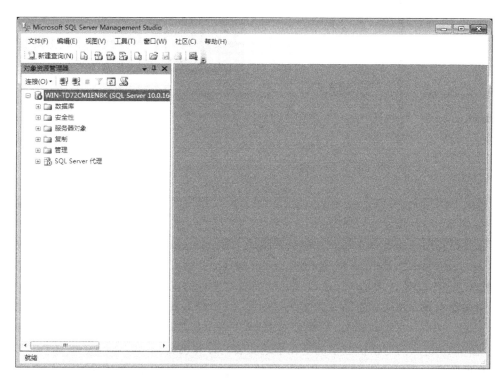

图 7-18　连接服务器

图 7-19　SQL Server Management Studio 工作环境

7.2.3　SQL Server 2008 对象资源管理器

进入 SQL Server Management Studio 工作环境后，第一个区域是"已注册的服务器"资源管理器。可以通过选择菜单"视图"中的"已注册的服务器"来访问该资源管理器，如图 7-20 所示。该资源管理器详细显示了所有已注册到当前 Management Studio 的 SQL Server 服务器。图 7-20 显示的只是刚刚注册的本机服务器，未来可根据需要注册相应的服务器,如果需要注册另一个服务器,右击 Local Server Groups,选择"新建服务器注册",此时将打开一个对话框,如图 7-21 所示,该对话框与前面的"连接到服务器"对话框非常相似,只是服务器名称需要改成要连接的数据库实例名,如果采用 SQL Server 身份验证,还需要提供用户名和密码。

图 7-20　已注册的服务器

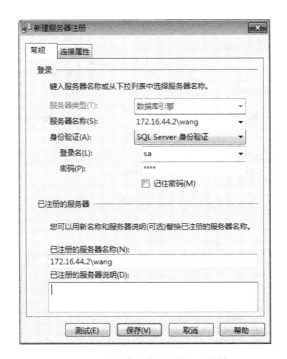

图 7-21　"新建服务器注册"对话框

7.2.4　SQL Server 2008 查询分析

SQL Server 软件从 SQL Server 2005 开始就将企业管理器和查询分析器两个工具整合到 Management Studio 环境中。我们可以通过右击当前使用的数据库中表文件夹出现的"新建表"来实现数据表的可视化创建,如图 7-22 所示,也可以通过右击已经建立的表并选择"设计"命令来重新设计数据表,如图 7-23 所示,这些功能在 SQL Server 2000 及以前的版本中都是企业管理器的主要功能;而查询分析功能则可以通过 3 种方式进入:第一种是在已经建立的数据表上右击,选择"选择前 1000 行"命令进入查询编辑窗口,如图 7-24 所示;

第二种是单击 SQL Server 2008 Management Studio 工作环境中快捷工具栏上的"新建查询"按钮进入查询分析窗口，如图 7-25 所示；第三种是通过文件菜单中的新建选项的子项"使用当前连接查询"进入查询分析窗口，如图 7-26 所示。

图 7-22　新建表

图 7-23　设计表

图 7-24　选择表前 1000 行

图 7-25　新建查询

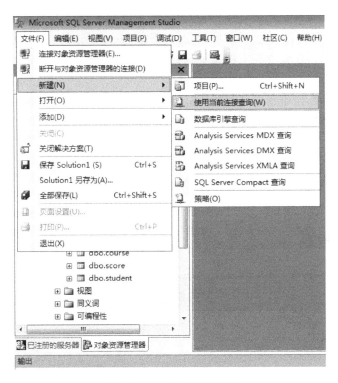

图 7-26　使用当前连接查询

7.3　实验内容

7.3.1　配置管理器操作

（1）打开 SQL Server 配置管理器，观察本机的 SQL Server 服务是否启动，如未启动，将其启动。

（2）将本机器的 SQL Server 服务设置为"手动"。

（3）使用命令方式关闭 SQL Server 服务，之后刷新查看 SQL Server 服务，然后再使用命令启动这一服务。

（4）观察除 SQL Server 服务外，本机器还安装了哪些服务？这些服务的作用是什么？是否已经启动？

7.3.2　注册与连接操作

（1）打开 SQL Server 2008 Management Studio 工作环境。

（2）断开"对象资源管理器"下的所有连接。选择"连接"→"数据库引擎"命令，在服务器名称上输入"(local)"或者"."，然后输入 sa 用户的口令注册连接到本机。

（3）查看系统数据库，说明 SQL Server 2008 中有哪些系统数据库，数据库中有哪些对象。

（4）右击已注册连接的"(local)"，选择"属性"命令，了解服务器属性的常规、内存、连接、安全性、权限等页的内容与设置。

（5）断开 SQL Server 连接,使用实验教师为你分配的用户名和密码,注册一个到服务器(带有 IP 地址和实例名,由实验教师给定)的 SQL Server 连接,并将其打开。

（6）注册成功后,在安全性文件夹下选择登录名文件夹,找到自己的登录名,并修改自己的登录密码。

（7）断开连接后,使用登录名和新的密码连接到服务器。

（8）尝试注册到实验室中其他的 SQL Server 服务器上。

7.3.3　查询分析操作

（1）将 model 数据库选择为当前可用数据库。

（2）查看 sysusers 表中的所有记录。

7.4　实验思考题

1. 对比 SQL Server 2000 和 SQL Server 2008 在系统数据库上有何差异。
2. 了解 SQL Server 2008 中 9 个服务器角色各自的权限(查阅资料)。

第8章 实验二 创建数据库

8.1 实验目的

1. 了解 SQL Server 2008 数据库的逻辑结构和物理结构。
2. 掌握可视化操作和 SQL 方式创建数据库的方法。
3. 掌握可视化操作和 SQL 方式创建数据表的方法。
4. 掌握完整性的定义方法。
5. 掌握创建及删除索引的方法。
6. 掌握修改表结构的方法。

8.2 知识要点

8.2.1 数据库

在 SQL Server 2008 中,每个数据库逻辑上都可以看作是一个容器,其中包含表、视图、同义词、可编程性、Service Broker、存储以及安全性等,如图 8-1 所示。在一个服务器中可以存放多个数据库,为了区分不同的数据库,需要给每个数据库取一个名字,这个名字就是数据库名。数据库不仅可以存储数据,而且能够使数据存储和检索以安全、可靠的方式进行。SQL Server 2008 数据库包含如下对象(个别对象在数据库刚创建时可能没有建立)。

- 数据表的定义。
- 数据表中的列、数据行。
- 程序(使用 Transact-SQL 编写的存储过程或事务),用于访问或操作数据。
- 索引,用于加速数据检索。
- 视图,查看真实数据的一种特殊方式。
- 函数,可以应用到数据行的重复性任务。

图 8-1 数据库容器

数据表是用于存储数据库中的数据。数据表包括系统表、临时表和用户表 3 种,个别数据库中可能只包括系统表,而没有用户表。系统表是一种特殊的表,SQL Server 用系统表来帮助其进行与数据库有关的工作。临时表是另一种类型的数据库表,可以有几种不同的形式。

行由单元格组成,每个单元格来自为表定义的每个列。表可以有任意数目的行,行的数目只受限于磁盘空间，或者说受限于在数据库创建定义中指定的最大磁盘空间或服务器上的磁盘空间。每行描述了一条单独的信息，如某一学生的自然信息。行也称为记录。

列提供每个单独的信息项的定义，由列定义构成表定义。SQL Server 表中的列可以存放的数据取决于准备让它存放的数据类型以及数量，如刻画一个学生通常要包括其学号、姓名、出生日期、班级编号、入学成绩等。每个表至少要有一个列。

存储过程。当需要一个程序来操作数据或进行与数据有关的工作，或者需要重复执行相同的数据密集型任务时，把代码存储到存储过程中常常是较理想的选择。存储过程包含一条或多条 T-SQL 语句，这些语句已经编译并随时可以在需要时执行。存储过程永久存储在数据库中，随时可供使用。

Transact-SQL 语句。Transact-SQL 语句是 SQL Server 在进行数据方面的工作时，可以使用的程序语句。

程序集。程序集是从 SQL Server 2005 中才开始增加的内容。它与存储过程类似，可用于操作数据或进行与数据有关的工作。不同的是，使用程序集更多的是为了程序逻辑。程序集不仅可以是存储过程的替代物，还能有许多不同的外观，如能够使用程序集创建数据类型。

索引。索引可以看成是预定义的信息列，它告知数据库数据是如何被物理排序和存储的。SQL Server 使用索引来快速查找数据行。索引由一个或多个列组成，但索引不能跨多个数据表来定义。SQL Server 中的索引类似于书的索引，使用索引能够比逐页翻阅更快地找到某个信息。

视图。可以把视图看作虚拟表。视图可以基于一个表或几个表来建立，也可以通过已有的视图建立，它能提供更加方便用户使用的界面。视图还能极大地提高应用的安全性。当然，视图也确实削减了使用存储过程和直接访问表的功能。也可以为视图创建索引，从而加快视图中数据处理的速度。

函数。函数与存储过程相似，只是在处理多行数据时，函数一次只取一行数据或者一次只生成一行数据。

在所有数据库中都有一组系统表，SQL Server 使用这些系统表来维护数据库。系统表中存储了所有列的信息、所有用户的信息以及许多其他信息。在 SQL Server 2008 中不能直接访问系统表，只能通过视图访问。系统表中的数据不能修改，并且系统表产生的信息只在使用高级功能时才有用。

安装完 SQL Server 2008 后，已经有几个系统数据库，分别是 master 数据库、model 数据库、msdb 数据库、tempdb 数据库以及 AdventureWorks/AdventureWorksDW 数据库，各数据库的详细解释请参考本书第 1.3.3 节的"SQL Server 2008 的数据库"相关内容。

物理上每个数据库对应一组存储在磁盘上的文件，这组文件主要分为两类：一类用来存储数据库中的数据，称为数据文件，又叫作数据库文件；另一类用来存储数据库中数据的修改记录，凡是对数据库中的数据有改变的操作（如对数据进行增加、删除、修改等），都会记录在这类文件中，这类文件称为事务日志文件。

每个数据库中的数据文件必须包含一个扩展名为 mdf 的数据文件，该数据文件也称主数据文件。主数据文件是数据库的起点，其中包含了数据库的初始信息，并记录数据库还拥有哪些文件。每个数据库有且只能有一个主数据文件，同时可以根据数据量的多少再适当地增加一个或多个数据文件(当然也可以没有)。主数据文件是数据库必须的文件。

每个数据库中的事务日志文件可以包含一个或多个(至少包含一个),其扩展名为 ldf。

提示：创建数据库就是确定数据库名、指定与其对应的数据和事务日志这两类文件各个文件的文件名及存储位置等相应属性的过程。

1. 创建数据库

创建数据库可以通过 SQL Server Management Studio 和 SQL 命令两种方式来实现。

1) 利用 SQL Server Management Studio(SSMS)创建数据库

(1) 启动 SSMS。在开始菜单中,选择"所有程序"→SQL Server 2008→SQL Server Management Studio 命令,出现如图 8-2 所示的连接到服务器界面,选择好服务器名称、身份验证方式,填写登录名和密码,此处选择(local),身份验证选择"SQL Server 身份验证"。

图 8-2　连接到服务器

(2) 单击"连接"按钮,进入 Microsoft SQL Server Management Studio 对话框,如图 8-3 所示。如果身份验证选择的是"Windows 身份验证",则不需要输入密码。

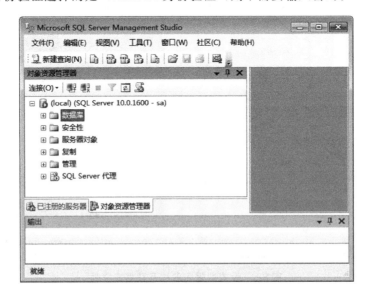

图 8-3　Microsoft SQL Server Management Studio

（3）建立数据库。在"对象资源管理器"窗口右击"数据库"，选择"新建数据库"，如图 8-4 所示，建立一个学生数据库，如图 8-5 所示。

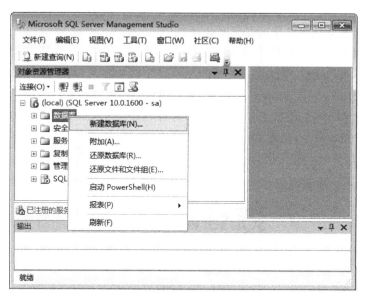

图 8-4　新建数据库

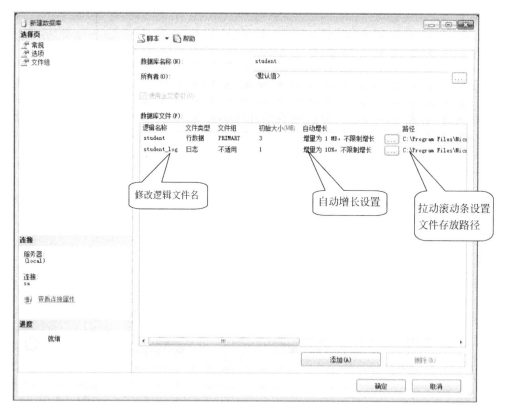

图 8-5　设置数据库名称及数据库文件

（4）以上设置完成后，单击"确定"按钮完成数据库的创建。之后即可在"对象资源管理器"中查看到 student 数据库，如图 8-6 所示。

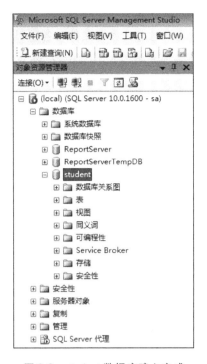

图 8-6　student 数据库建立完成

相关选项的说明：

文件增长选项可以通过单击图 8-5 中的 …… 按钮进行设置，如图 8-7 所示。

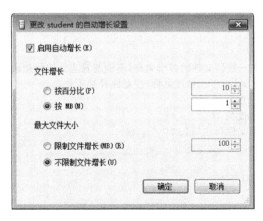

图 8-7　自动增长设置

启用自动增长：选中"启用自动增长"复选框，表示当数据量超过数据文件的容量时，数据文件会自动增长。此项目下包括两个子项目："按百分比"表示在原文件大小的基础上每次增长的百分比，可以通过后面的微调按钮进行设置；"按 MB"表示每次增长的 MB 字节数，可以通过后面的微调按钮进行设置。

　　最大文件大小："限制文件增长（MB）"表示设置文件增长的最大值，单位为 MB，可通过后面的微调按钮进行设置；"不限制文件增长"表示数据文件会随着数据量的增大一直增长下去，只受存储介质的限制。

　　事务日志文件相关的增长设置与定义数据文件时各项目的含义相同，此处不再赘述。

　　提示：创建数据库时，默认主数据文件的文件名为"数据库名"，事务日志文件的文件名为"数据库名_log"，通常不需要更改。

　　2）通过 SQL 命令创建数据库

　　通过 SQL 命令创建数据库，首先需要选中快捷工具栏上的 新建查询(N) 按钮，然后输入建立数据库的 SQL 命令并执行。

　　基本命令格式为：

```
create database <数据库名>
[on [primary]
( [name = <数据文件的逻辑文件名>,]
filename = '数据文件的物理文件名'
[,size = <文件初始大小>]
[,maxsize = <文件最大大小>]
[,filegrowth = <文件增长率>]  )]
[, … n]
[log on
( [name = <事务日志文件的逻辑文件名>,]
filename = '事务日志文件的物理文件名'
[,size = <文件初始大小>]
[,maxsize = <文件最大大小>]
[,filegrowth = <文件增长率>]  )]
[, … n]
```

　　例：

```
create database userdb1
on
(name = userdb1_data, -- 数据文件的逻辑名称,不能与日志文件的逻辑名称相同
filename = 'c:\userdb1.mdf', -- 物理名称,注意路径必须存在
size = 5, -- 数据初始长度为 5
maxsize = 10, -- 最大长度为 10
filegrowth = 1) -- 数据文件每次增长 1
log on
(name = userdb1_log,
filename = 'c:\userdb1.ldf ',
size = 2,
maxsize = 5,
filegrowth = 1)
```

　　上面命令的功能是创建一个名为 userdb1 的数据库，其中包含数据文件和事务日志各一个。数据文件的名为 userdb1.mdf，保存在 C 盘根目录下，文件的初始大小为 5MB，文件的最大大小为 10MB，文件自动增长，每次增长 1MB。事务日志文件的名为 userdb1.ldf，也保存在 C 盘根目录下，文件的初始大小为 2MB，文件的最大大小为 5MB，文件自动增长，每次增长 1MB。

2. 修改数据库

数据库创建完成后,在对象资源管理器中可以随时查看并修改数据库的有关属性。首先在对象资源管理器的树状结构窗口中选中要修改的数据库,右击,在弹出的快捷菜单中选择"属性"选项,在打开的"属性"对话框中就可以查看并修改数据库的相关属性,如图 8-8所示。

图 8-8 数据库属性

3. 删除数据库

当今后不再使用某个数据库时,可以通过可视化操作或 SQL 命令将其删除,以节省存储空间。使用可视化操作方式删除数据库,只需在对象资源管理器的树状结构窗口中先选中要删除的数据库,右击,然后从弹出的快捷菜单中选择"删除"选项即可(出现的对话框让用户确认删除前是否备份数据库)。

通过 SQL 命令方式删除数据库,只需在查询窗口中输入以下 T-SQL 命令,在对象资源管理器中刷新即可看到某一数据库已经删除。

```
DROP DATABASE <数据库名>[ ,…n ]
```

8.2.2 数据表

每个数据库可以包含若干个数据表。数据表是数据库中最重要的数据库对象,它最主要的功能是存储数据。数据表由行和列组成,因此也称为二维表。创建数据库后,即可创建数据表。数据表并不是独立存在的文件，它存储在数据文件中。表的行数及总大小仅受可用存储空间的限制。每个数据表至少包含下面5方面内容。

（1）数据表名称。

（2）数据表中所包含列的名称，也称列名或字段名，同一表中的列名称不能相同。

（3）每列的数据类型。

（4）字符数据类型列的长度（能存储的字符个数）、数值数据类型的精度（存储数值的范围）。

（5）每个列的取值是否可以为空（NULL）。

下面简单介绍几个与表有关的概念。

（1）表结构：组成表的各列的名称及数据类型。

（2）记录：每个表包含了若干行数据，它们是表的"值"，表中的一行称为一个记录。

（3）字段：每个记录由若干个数据项构成，将构成记录的每个数据项称为字段。

（4）空值：空值（NULL）通常表示未知、不可用或将在以后添加的数据。若一个列允许为空值，则像表中输入记录值时可不对该列给出具体值；而一个列若不允许为空值，则在输入时必须给出具体的值。

（5）关键字：若表中记录的某一字段或字段组合能唯一标识记录，则称该字段或字段组合为候选关键字。若一个表有多个候选关键字，则选定其中一个作为主关键字，也称主键。

创建数据表通常可以通过界面操作和SQL命令两种方式来实现。

1. 通过界面操作创建数据表

（1）启动SQL Server Management Studio，在对象资源管理器的树状结构窗口中选择要在哪个数据库中创建表，将其展开，右击其下面的"表"选项，从弹出的快捷菜单中选择"新建表"选项，如图8-9所示，就会打开如图8-10所示的表设计器窗口。

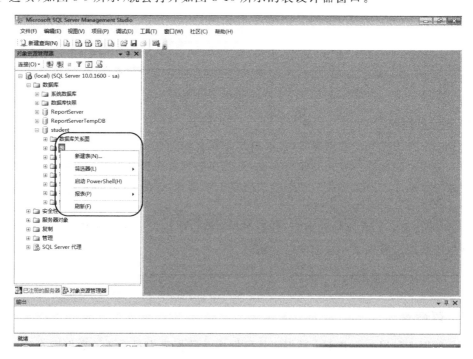

图8-9　新建表

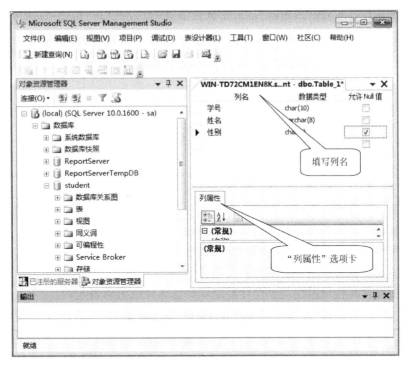

图 8-10　表设计器窗口

（2）在表设计器窗口中根据已经设计好的学生表结构，分别输入或选择列名、数据类型、是否允许为空等属性。根据需要，可以在"列属性"选项卡中填入相应内容。

（3）在"学号"列上右击，选择"设置主键"菜单项，即可将"学号"字段设置为当前数据表的主键，在"列属性"选项卡中的"默认值和绑定"和"说明"项中可以填写各列的默认值和说明，如图 8-11 所示。

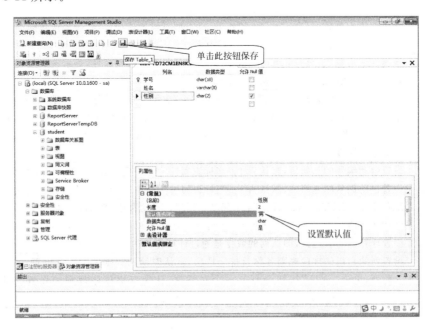

图 8-11　表属性编辑完成结果

（4）表的各列属性编辑完成后，单击工具栏上的"保存"按钮，出现"选择名称"对话框，如图 8-12 所示，输入表名称 student，单击"确定"按钮即可创建该表。

图 8-12 "选择名称"对话框

表设计器窗口分成上下两个部分：上半部分定义列的一般属性，下半部分定义列的特别属性。一般属性是所有列都具备的属性，如列名、数据类型、长度及是否允许为空等，至于列有哪些特别属性，则要视该列的数据类型而定。例如，decimal 或 numeric 类型的列，才可设置精度和小数位数属性。设置某列的特别属性时，需要先在上半部分中选中该列，然后再在下半部分中设置其特别属性。表设计器窗口中各属性说明见表 8-1。

表 8-1 表设计器窗口中各属性说明

属　　性	说　　明
列名	设置列的名称
数据类型	设置列的数据类型。将插入点移到此列时会出现下拉按钮，按下该按钮即会显示数据类型列表框，让用户从中选择所要的数据类型
长度	设置列的储存空间，单位是字节。有些数据类型的长度是固定的，如 int、smalldatetime 的长度固定是 4B，若列设为这些类型，就不用再去设置长度了。通常，只有字符型才需要设置长度
允许空	若列允许输入 NULL 值，则选择此项；若列不允许输入 NULL，则取消此项
说明	关于列的说明
默 认 值 或绑定	设置某列的默认值。录入数据时，如果该列没有输入任何值，便填入默认值。除 timestamp 类型外，其他类型的列皆可设置此项属性
精确度	该属性值为整数，只有 numeric 和 decimal 类型可设置这项属性，表示该数据类型的全部有效位数，包括整数位数和小数位数，其中小数点不算位数
小数位数	该属性值为整数，只有 numeric 和 decimal 类型可设置这项属性，表示该数据类型的小数位数，小数位数的值不应大于精确度的值
标识	设置是否让列值自动编号。有 3 个选择："否"表示不自动编号、是和是(不用于复制)都表示列会根据标识值种子和标识值增量的设置自动编号产生列值，但当由复制方式来输入数据时，后者不会自动编号。只有 bigint、int、smallint、tinyint、decimal 和 numeric 类型可设置这项属性
标识种子	设置自动编号的起始值，默认为 1。当标识属性为是或是(不用于复制)时，才能设置此项
标识递增量	设置自动编号的递增值，默认为 1。当标识属性为是或是(不用于复制)时，才能设置此项
是 RowGuid	设置是否由 SQL Server 自动产生全局唯一列值。若设为是，则默认值属性会自动设为 newid ()，由此函数产生全局唯一识别码。只有 uniqueidentifier 类型的字段，才可以设置这项属性
公式	设置计算列的表达式，即该列的数据是通过计算得到的，不需要输入
排序规则	设置列的套用的排序规则名称及排序选项，默认时使用数据库的默认设置。将插入点移入此列，单击"浏览"按钮会打开一个对话框，让您变更排序规则的设置。只有 char、varchar、text、nchar 和 ntext 类型可以设置这项属性

2. 利用 SQL 命令创建数据表

利用 SQL 命令创建数据表,只在查询窗口输入相应的 Transact-SQL 命令并执行即可。创建数据表的 Transact-SQL 命令的基本语法如下:

```
CREATE  TABLE <表名>
( <列名 1> <数据类型> [<列级约束条件>]
[  ,<列名 2> <数据类型> [<列级约束条件>] [,…n] ]
[,<表级约束条件>][,…n] )
```

说明:

(1) <表名>用来定义要创建的数据表的名称。

(2) 所有列和约束的定义必须包括在小括号中。

(3) 当列的数据类型是字符型时,须指明列的长度,格式为"数据类型(n)",否则默认长度为 1;当列的数据类型是精确数值型时,须指明精确度和小数位数,格式为"数据类型(p, s)",否则默认为(18,0);若数据类型是 int 等存储长度固定的列,则不需要指明长度。

(4) 列级约束条件(均为可选项)。

• [NULL | NOT NULL]

指定某列是否允许为空值。NULL 表示允许为空,NOT NULL 表示不允许为空。默认为 NULL。

如命令 create table student(学号 char(10) not null,姓名 char(8) null,性别 char(2))表示创建的 student 表中包含学号、姓名、性别这 3 列,其中学号列不允许为空,姓名和性别列允许为空。

• [PRIMARY KEY | UNIQUE [CLUSTERED | NONCLUSTERED]]

将某列设置为 PRIMARY KEY 约束或 UNIQUE 约束,直接跟在列后即可。一个表只能有一个 PRIMARY KEY 约束,但可以有多个 UNIQUE 约束。[CLUSTERED | NONCLUSTERED]是表示为 PRIMARY KEY 或 UNIQUE 约束创建聚集或非聚集索引的关键字。PRIMARY KEY 约束默认为 CLUSTERED,UNIQUE 约束默认为 NONCLUSTERED。

如命令 create table student(学号 char(10) primary key,姓名 char(8) unique)表示表 student 中的学号列设置为 Primary Key 约束,姓名列设置为 UNIQUE 约束。

• [[CONSTRAINT <对象名>] DEFAUTL <默认值>]

为指定列设置默认值,接在要设置默认值的列后面,<默认值>的类型要与列的类型一致。

如命令 create table student(姓名 char(8),性别 char(2) constraint de_xb default '男')表示 student 表中包含姓名和性别两列,其中性别列的默认值是男。

• [[CONSTRAINT <约束名>] CHECK (<约束表达式>)]

为某列设置 check 约束,该选项作为列级约束时,约束表达式中只能包含该列的列名,若表达式中包含多列的列名,则应作为表级约束。

如命令 create table student(姓名 char(8),性别 char(2) constraint ck_xb check(性别='男' or 性别='女'))表示 student 表中包含姓名和性别两列,其中性别列只能输入男或女。

• [[CONSTRAINT <关系名>] FOREIGN KEY REFERENCES <主键表>(主键)]

将某列设置 FOREIGN KEY 约束，也称外键。

如命令 create table student（姓名 char（8），班级编号 char（6）constraint fk_student_class foreign key references class（班级编号））表示 student 表中包含姓名和班级编号两列，其中班级编号列是表的外键，主键表是 class。

提示：若某列同时存在多个约束，则只将各个约束选项顺次接在列后即可，中间不需要用逗号分隔。

（5）表级约束条件（均为可选项）

· [[CONSTRAINT <约束名>] PRIMARY KEY（<字段 1>[，<字段 2>[，…n]]）]

为表设置主键，与列级 PRIMARY KEY 约束的含义相同，通常用于设置复合主键。复合主键表示主键是两列或两列以上的。

如命令 create table score（学号 char（10），课程编号 char（8），成绩 int，constraint pk_score primary key（学号，课程编号））表示表 score 中包含学号、课程编号和成绩 3 列，其中学号和课程编号的组合是表的主键。

· [[CONSTRAINT <约束名>]FOREIGN KEY（<外键>）REFERENCES <主键表>（主键）]

为表设置外键，与列级 FOREIGN KEY 约束的含义相同。不同的是，当作为列级约束时，直接接在列的后面，因此在 FOREIGN KEY 后不需再指明外键是什么，但作为表级约束的话，则必须指明。

如 create table score（学号 char（10），课程编号 char（8），成绩 int，constraint fk_student_class foreign key（课程编号）references class（课程编号））。

· [[CONSTRAINT <约束名>] CHECK <约束表达式>]

为表设置一个 check 约束，通常用于约束表达式中包含多列的情况。

如 create table course（课程名称 char（20），学时 int，学分 numeric（3，1），constraint ck_course_xsxf check（学时/16＞＝学分））。

下面是应用所有选项创建表的一个例子。

create tablestudent（学号 char（10）primary key，姓名 varchar（8）not null，性别 char（2）not null constraint ck_student_xb check（性别＝'男' or 性别＝'女'）constraint de_student_xb default '男'，出生日期 datetime not null，入学成绩 numeric（4，1）not null constraint ck_student_rxcj check（入学成绩＞＝350 and 入学成绩＜＝750），党员否 bit not null，简历 text，照片 image，班级编号 char（6）not null constraint fk_student_class foreign key references class（班级编号））

8.2.3　数据类型

定义数据表的列、声明程序中的变量时，都需要为它们设置一个数据类型，目的是指定该字段或变量存放的数据是整数、字符串、货币、日期或其他类型的数据，以及会用多少空间来储存数据。SQL Server 2008 中常用的数据类型有以下 10 种。

1．整型

整型可用来定义存放整数数据（如 123，50000）的列或变量，有 bigint、int、smallint、tinyint 4 种类型，见表 8-2。

表 8-2 整型数据

数据类型	存储的数据范围	使用的字节数（长度）
bigint	$-2^{63} \sim 2^{63}-1(-9\ 223\ 372\ 036\ 854\ 775\ 808 \sim 9\ 223\ 372\ 036\ 854\ 775\ 807)$	固定为 8B
int	$-2^{31} \sim 2^{31}-1(-2\ 147\ 483\ 648 \sim 2\ 147\ 483\ 647)$	固定为 4B
smallint	$-2^{15} \sim 2^{15}-1(-32\ 768 \sim 32\ 767)$	固定为 2B
tinyint	$0 \sim 2^8-1(0 \sim 255)$	固定为 1B

2. 精确数值型

精确数值型可用来定义带小数部分的数值,如 25.23,450.0,有 numeric 和 decimal 两种,这两种类型完全相同,一般建议使用 numeric。

使用 numeric 或 decimal 类型时,须指明精确度(即全部有效位数,包括整数部分和小数部分)与小数位数。如 numeric(5,2),表示精确度为 5,小数位数为 2,即总共为 5 位数,其中有 3 位整数,2 位小数(**注**:小数点不算位数),即存储的数据范围是 $-999.99 \sim 999.99$。此类型精确度可指定的范围为 $1 \sim 38$ 位,小数位数可指定的范围最少为 0(此时为整数),最多不可超过精确度,见表 8-3。

表 8-3 精确数值型

数 据 类 型	存储的数据范围	使用的字节数（长度）
numeric	$-10^{38}+1 \sim 10^{38}-1$	视精确度(即全部有效位数)定 $1 \sim 9$ 位数使用 5B $10 \sim 19$ 位数使用 9B $20 \sim 28$ 位数使用 13B $29 \sim 38$ 位数使用 17B
decimal	$-10^{38}+1 \sim 10^{38}-1$	与 numeric 相同

3. 浮点型

当数值非常大或非常小时,可用近似数值型取其"近似值",用科学计数法来表示。此类型共有 float 和 real 两种。其中 float 最多可表示 15 位数,real 最多可表示 7 位数,当数值的位数超过其有效位数的限制时,会自动四舍五入,此时可能产生误差。如对于数值 1 234 567 890 123 456 789,若定义为 float 类型,则变为 1.234 567 890 123 45E+18;若定义为 real 类型,则变为 1.234 567E+18,如表 8-4 所示。

表 8-4 浮点型

数 据 类 型	存储的数据范围	使用的字节数（长度）
float	$-1.79E+308 \sim 1.79E+308$ 最多可表示 15 位数	固定为 8B
real	$-3.40E+38 \sim 3.40E+38$ 最多可表示 7 位数	固定为 4B

4. 位数据类型

位数据类型只有 bit 一种,此类型只能存储 0、1 或 NULL 3 种值。这种数据类型常用来表示逻辑值,1 表示"真"或"是",0 表示"假"或"否"。位数据类型见表 8-5。

表 8-5　位数据类型

数 据 类 型	存储的数据范围	使用的字节数（长度）
bit	0、1、NULL	实际使用 1 个 bit，但会占用 1B。若数据表中有数个 bit 字段，则会共享 1B。例如，若有 1～8 个 bit 字段，便占 1B；若有 9～16 个 bit 字段，便占 2B，以此类推

5. 货币型

货币型用来定义货币数据，如 ＄123。此类型共有 money 和 smallmoney 两种，见表 8-6。

表 8-6　货币数据类型

数 据 类 型	存储的数据范围	使用的字节数（长度）
money	$-2^{63}\sim2^{63}-1$ （-922 337 203 685 477.5808～922 337 203 685 477.5807）	固定为 8B
smallmoney	$-2^{31}\sim2^{31}-1$ （-214 748.3648～214 748.3647）	固定为 4B

6. 日期时间型

日期时间型用来存储日期与时间数据，如 2006-2-14 12：24：30，其数据类型根据可存储的范围与精确程度分为 datetime 和 smalldatetime 两种，见表 8-7。

表 8-7　日期时间数据类型

数 据 类 型	存储的数据范围	使用的字节数（长度）
datetime	1753/01/01～9999/12/31 时间可精确到 3.33ms 即 3.33/1000s	固定为 8B
smalldatetime	1900/01/01～2079/06/06 时间可精确到分	固定为 4B
date	公元元年 1 月 1 日～9999 年 12 月 31 日	固定为 3B
time	00：00：00.0000000～23：59：59.9999999	固定为 5B
datetime2	与 datetime 类型日期一样，时间取值与 time 相同	精度小于 3 时为 6B 精度为 4 和 5 时为 7B 其他精度为 8B
datetimeoffset	取值范围与 datetime2 相同，但具有时区偏移量	

7. 字符型

字符型数据用于存储字符串。字符串中可包括字母、数字和其他特殊符号（如♯、@、& 等）。输入字符串时，串中的符号需用单引号或双引号，如 'family' "数据库" "李平"。此时有两种数据类型：char、varchar。其中 char 为固定长度，varchar 的实际存储长度会根据数据量来调整。如 char(10)表示固定占 10B，如果存储的数据长度不足 10B，余下的用空格补齐；varchar(10)表示最多可存储 10B，若存储的数据长度是 5B，那么只占用 5B。

使用 char 与 varchar 时须指定字符长度，如 char(5)、varchar(10)；若未指定，则默认为 1。text 类型不必指定，长度固定为 16。字符型数据类型见表 8-8。

表 8-8 字符型数据类型

数 据 类 型	存储的数据范围	使用的字节数(长度)
char	1~8000 个字符	1 个字符占 1B,为固定长度,未填满数据的部分会自动补上空格字符
varchar	1~8000 个字符	1 个字符占 1B,存储多少字节即占多少空间,但最大不能超过规定的长度

8. Unicode 字符型

Unicode 字符型用于支持国际上的非英语语种(如汉字),Unicode 数据类型能够存储各种 Unicode 标准字符集定义的所有字符。每个 Unicode 字符的存储长度为 2B,所以 Unicode 数据类型占的存储空间为非 Unicode 数据类型的两倍,见表 8-9。

表 8-9 Unicode 字符型

数 据 类 型	存储的数据范围	使用的字节数(长度)
nchar	1~4000 个字符	1 个字符占 2B,为固定长度,未填满数据的部分会自动补上空格字符
nvarchar	1~4000 个字符	1 个字符占 2B,存储多少字节即占多少空间,但最大不能超过规定的长度
ntext	1~2^{30}−1 个字符	1 个字符占 2B,存储多少字节即占多少空间,最大存储 2GB

9. 二进制

二进制数据类型用来定义二进制数据,共有 binary、varbinary 两种类型,见表 8-10。

表 8-10 二进制数据类型

数 据 类 型	存储的数据范围	使用的字节数(长度)
binary	1~8000B	存储时,需另外增加 4B,为固定长度。未填满数据的部分会自动补上 0x00
varbinary	1~8000B	存储时,需另外增加 4B,为变长。输入多少数据即占多少空间

10. 文本型和图像型

当需要存储大量的字符数据,如较长的备注、日志信息等时,字符型数据最长 8000 个字符的限制可能使它们不能满足这种应用需求,此时可使用文本型数据。文本型包括 text 和 ntext 两类,分别对应 ASCII 和 Unicode 字符,最大长度都是 231−1 个字符。

图像型标识符是 image,用于存储图片、照片等。实际存储的是可变长度二进制数据,介于 0~231−1(2147483647)B 之间。在 SQL Server 2008 中,该类型是为了向下兼容而保留的数据类型。微软推荐用户使用 varbinary(MAX)数据类型来替代 image 类型。

8.2.4 完整性

数据库的完整性主要是为了保证数据的正确性、有效性和相容性。完整性是一组规则(约束条件)的集合,通过这些规则对表进行约束,从而防止语义上不正确的数据进入数据库。当用户对数据库进行增加、删除或修改操作时,系统将自动检查相关的完整性规则,符合规则的数据允许操作,不符合规则的数据不允许操作并给出相应提示。SQL Server 2008

的完整性主要包括实体完整性、用户自定义完整性和参照完整性。

1. 实体完整性

实体完整性就是保证数据表中记录的唯一性，即保证数据表中不出现重复的行。实现实体完整性可以通过对表设置 PRIMARY KEY 约束、UNIQUE 约束来实现。PRIMARY KEY 约束和 UNIQUE 约束都是不允许设置为约束的列出现重复值，不同的是，一个表只可以创建一个 PRIMARY KEY 约束且设置为 PRIMARY KEY 的列不允许为空，但可以创建多个 UNIQUE 约束且设置为 UNIQUE 约束的列允许为空，不过只能有一个空值。实体完整性可以通过可视化设计表设置，也可以通过 Transact-SQL 命令来完成。

（1）通过可视化设计表设置 PRIMARY KEY 约束。PRIMARY KEY 约束又称主键约束，通过企业管理器定义某个表的 PRIMARY KEY 约束，只需进入表设计器窗口选中要设置为主键的列，右击，从弹出的快捷菜单中选择"设置主键"选项即可，如图 8-13 所示。

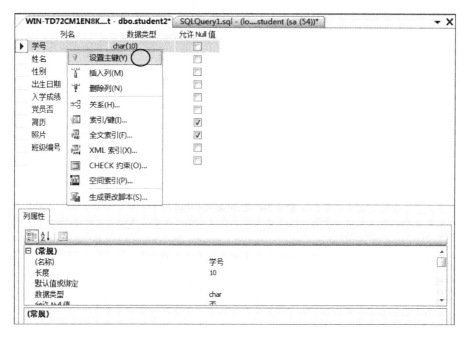

图 8-13　设置 PRIMARY KEY 约束

说明：

- 在表设计器窗口中选取列时，单击列左侧的按钮即可。
- 当设置为 PRIMARY KEY 约束的列多于一个时（复合主键），先选取一列，然后按住 Ctrl 键选取其他列。
- PRIMARY KEY 约束设置成功后，会在相应列左侧出现 ⌘ 图标。
- 删除 PRIMARY KEY 的方法与定义 PRIMARY KEY 约束的方法相似，在表设计器窗口选中左侧有图标 ⌘ 的列，右击，从弹出的快捷菜单中选择"设置主键"选项或直接单击工具栏上的 ⌘ 按钮。

（2）通过 Transact-SQL 命令设置 PRIMARY KEY 约束。通过 Transact-SQL 命令定义 PRIMARY KEY 约束，只需在查询窗口中输入相应的 Transact-SQL 命令并执行即可。

设置 PRIMARY KEY 约束的 Transact-SQL 命令的语法如下。

```
ALTER  TABLE <表名> ADD
[CONSTRAINT <约束名>]PRIMARY KEY(主键字段名)
```

说明：

- 该命令的功能是为一个已经存在的表追加设置 PRIMARY KEY 约束。
- ［CONSTRAINT <约束名>］表示 PRIMARY KEY 约束的约束名，若省略，则由系统自行定义。
- （主键字段名）选项可以是表的一列，也可以是两个或两个以上的列。若为表中的多个列，则列名之间用逗号分隔开。

如命令 alter table student add constraint pk_student primary key（学号）的功能是将 student 表中的学号列设置为主键约束，约束名是 pk_student。

```
ALTER  TABLE  <表名>  DROP  <PRIMARY KEY 约束名>
```

说明：

该命令的功能是从指定的表中删除指定的 PRIMARY KEY 约束。

2. 用户自定义完整性

用户自定义完整性是为了保证指定列输入的数据有效，根据具体的应用环境来自行定义的完整性规则。用户自定义完整性主要通过限制列的数据类型和取值范围（CHECK 约束、DEFAULT 定义）来实现。列的数据类型通常在定义表的时候确定，列的取值范围可以在定义表的时候定义，也可以在表创建后追加设置。

（1）通过表设计窗口设置 CHECK 约束。若为某个表定义 CHECK 约束，首先要进入设计表窗口，然后在窗口上方空白处右击，从弹出的快捷菜单中选择"CHECK 约束"选项，如图 8-14 所示。

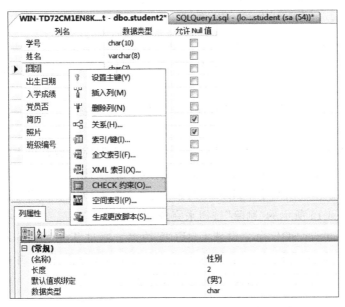

图 8-14　通过设计表设置 CHECK 约束

在弹出的对话框中添加相应的 CHECK 约束，如图 8-15 所示。

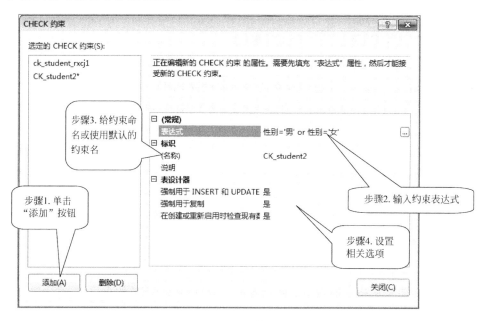

图 8-15 "CHECK 约束"对话框

下面是相关选项的功能介绍。

- "在创建或重新启用时检查现有数据"：如果选中此选项，则创建约束时自动检查数据表中已存在的数据是否符合 CHECK 约束的规则，若不符合，则给出相应的提示且 CHECK 约束创建失败；如果取消此选项，则不对数据表中现有的数据进行检查。
- "强制用于复制"：选择此选项，表示即使将数据表复制到不同的数据库，也会套用此 CHECK 约束。
- "强制用于 INSERT 和 UPDATE"：选择此选项，表示增加或修改数据表的记录时，会对此 CHECK 约束进行检查，符合约束的允许操作，否则操作失败。

说明：

- 设置 CHECK 时，步骤 2、3 的顺序不能颠倒，即要先输入约束表达式，后设置约束的名称。
- 如果需要建立多个 CHECK 约束，则一个约束设置完成后要单击"添加"按钮，按照前面的步骤设置下一个。全部定义完成后，单击"关闭"按钮。
- 如果删除数据表的某个 CHECK 约束，也是在"CHECK 约束"对话框中进行的，通过单击图 8-15 所示的"删除"按钮来完成。

（2）通过 Transact-SQL 命令设置 CHECK 约束。通过 Transact-SQL 命令设置表的 CHECK 约束，只需在查询窗口中输入相应的 Transact-SQL 命令并执行即可。设置 CHECK 约束的 Transact-SQL 命令的基本语法如下：

```
ALTER  TABLE <表名> ADD [CONSTRAINT <约束名>]
CHECK(<约束表达式>)
```

说明：

- 该命令的功能是为一个指定的数据表定义 CHECK 约束。
- \<表名\>为一个已经存在的数据表的表名，即要设置 CHECK 约束的数据表的名称。
- ［CONSTRAINT \<约束名\>］选项用来定义 CHECK 约束的名称，此选项若省略，则由系统给出默认的约束名。
- \<约束表达式\>是一个逻辑表达式，通常在表达式中包含列名，该表达式必须包含在小括号里。

如命令 alter table student add constraint ck_studnet_xb check(性别＝'男' or 性别＝'女')的功能是为 student 表设置一个约束，限制性别列只能输入值'男'或'女'。

```
ALTER  TABLE  <表名>  DROP  <CHECK 约束名>
```

说明： 该命令的功能是从某个表（由\<表名\>选项指定）中删除 CHECK 约束（由\<CHECK 约束名\>选项指定）。

（3）通过可视化设计表设置默认值。通过可视化设计表为某个表的某列设置默认值（又称 DEFAULT 约束）。首先要进入表设计窗口，在窗口上方选中要设置默认值的相应字段，然后在下方默认值或绑定后面的文本框中输入默认值，设置完成后单击"关闭"按钮。如图 8-16 所示，性别的默认值设置为'男'。

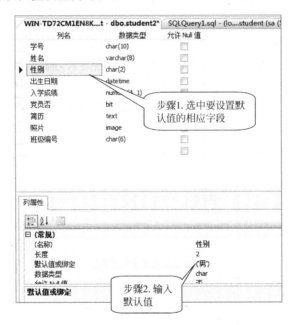

图 8-16　设置默认值

（4）通过 Transact-SQL 命令设置默认值。通过 Transact-SQL 命令设计表的 DEFAULT 约束，只需在查询窗口中输入相应的 Transact-SQL 命令并执行即可。定义 DEFAULT 约束的 Transact-SQL 命令的基本语法如下。

```
ALTER TABLE <表名>  ADD  [CONSTRAINT <约束名>]
DEFAULT <默认值> FOR <列名>
```

说明：

- 该命令的功能是为一个指定表中的指定列设置默认值。
- <表名>为一个已经存在的数据表，即要设置默认值的数据表的表名。
- ［CONSTRAINT <约束>］选项用来定义 CHECK 约束的名称，若此选项省略，则由系统给出默认的约束名。
- <默认值>要与相应列的数据类型一致。如要设置默认值的列是 CHAR 类型的，则默认值要加单引号。
- <列名>表示指明要为哪一列设置默认值。

如命令"alter table student add constraint de_student_xb default '男' for 性别"的功能是为 student 表的性别列设置默认值'男'。

```
ALTER  TABLE  <表名>  DROP  <DEFAULT 约束名>
```

说明：该命令的功能是从数据表（由<表名>选项指定）中删除默认值（由< DEFAULT约束名>选项指定）。

3. 参照完整性

有些情况下，仅通过表自身无法判断输入的数据是否有效，只有通过参照另外一个表中的相应数据才能做出正确的判断，这就是参照完整性。参照完整性主要通过设置外键（FOREIGN KEY 约束）来实现。

（1）通过可视化设计表来设置参照完整性。FOREIGN KEY 约束又称外键约束，外键所在的表叫作外键表，被参照的表叫作主键表。通过企业管理器来设置 FOREIGN KEY 约束，首先应进入主键表或外键表的设计表窗口，然后在其上方任意空白处右击，从弹出的快捷菜单中选择"关系"选项。在打开的"属性"对话框中，选择"关系"选项卡，然后进行FOREIGN KEY 约束设置，如图 8-17～图 8-19 所示。

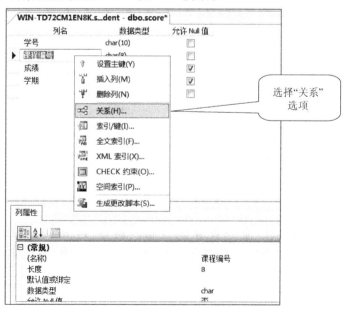

图 8-17　设置关系

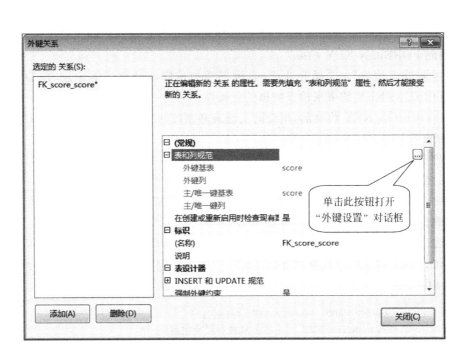

图 8-18 设置外键关系

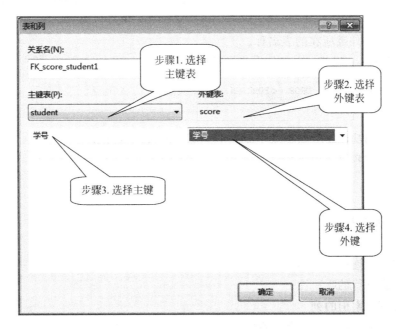

图 8-19 设置主键表、外键表及列

填充"表和列规范"属性后,可以继续设置如下相应的选项。

- "在创建或重新启用时检查现有数据":如果选中此选项,则创建约束时自动检查外键表中已存在的数据是否符合外键约束的规则,若不符合,则给出相应的提示且外键约束创建失败;如果取消此选项,则不对外键表中现有的数据进行检查,只对以后增加或修改的数据进行检查。

- "强制用于复制"：选择此选项，表示即使将外键表复制到不同的数据库时，也会套用此 FOREIGN KEY 约束。
- "强制外键约束"：选择此选项，表示当增加或修改外键表的记录时，会强制套用 FOREING KEY 约束来检查数据的正确性。

创建 FOREIGN KEY 约束前，相应的主键表必须按照相应列创建 PRIMARY KEY 约束或 UNIQUE 约束。

若要定义多个 FOREIGN KEY 约束，只需单击"添加"按钮重复前面的操作，操作完成后单击"关闭"按钮。

删除 FOREIGN KEY 约束的方法与删除 CHECK 约束的方法类似，只需在外键关系窗口选中要删除的关系名，然后单击"删除"按钮即可。

（2）通过 Transact-SQL 命令设置 FOREIGN KEY 约束。通过 Transact-SQL 命令设置 FOREIGN KEY 约束，只在查询分析器窗口中输入相应的 Transact-SQL 命令并执行即可。设置 FOREIGN KEY 约束的 Transact-SQL 命令语法如下：

```
ALTER  TABLE  <表名>  ADD  [CONSTRAINT  <约束名>]
FOREIGN  KEY(外键)  REFERENCES  <主键表>(被参照表主键)
```

说明：

- 该命令的功能是为指定的表设置 FOREIGN KEY 约束，即指定外键、主键表及主键。
- <表名>是外键所在的表名称。
- [CONSTRAINT <约束名>]功能同上。

```
ALTER  TABLE  <表名>  DROP  <FOREIGN  KEY 约束名>
```

说明：

- 该命令的功能是从数据表中删除 FOREIGN KEY 约束。
- <表名>选项必须是外键表的表名。

8.2.5　索引

1. 索引的作用
- 加快数据检索。
- 加快表的连接、排序和分组。
- 增强数据行的唯一性。

2. 考虑创建索引的列
- 定义有主关键字和外部关键字的列。
- 需要频繁查询的列。

3. 不考虑创建索引的列
- 在查询中几乎不涉及的列。
- 很少有唯一值的列。
- 由 text、ntext 或 image 数据类型定义的列。
- 只有较少行数的表没有必要创建索引。

4. 索引的分类

聚簇索引：聚簇索引又称聚集索引，设置聚簇索引时，数据本身也会按照该索引的顺序来存放。因此，一个数据表只能创建一个聚簇索引。

非聚簇索引：非聚簇索引又称非聚集索引。非聚簇索引不会影响数据的实际排列顺序，因此一个数据表可以创建多个非聚簇索引。

5. 通过可视化设计表创建和删除索引

利用可视化设计表创建索引，只需打开相应表的设计表窗口，在窗口上方任意空白处右击，从弹出的快捷菜单中选择"索引/键"选项，打开"属性"对话框。

若新建索引，单击"添加"按钮按顺序操作，如图 8-20 所示。

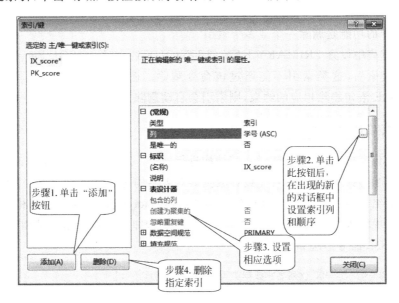

图 8-20 "索引/键"对话框

若删除指定的索引，首先选定要删除的索引，然后单击"删除"按钮即可删除相应的索引。

相应选项的功能如下。

- "是唯一的"：选择此项，表示创建的是唯一索引。唯一索引表示建立索引的列中不允许出现重复值。NULL 只能出现一次。
- "创建为聚集的"：选择此项，表示创建聚簇索引。

6. 通过 Transact-SQL 命令创建和删除索引

利用 Transact-SQL 命令创建或删除索引，只在查询窗口中输入相应的 Transact-SQL 命令并执行即可。创建索引的 Transact-SQL 命令语法如下：

```
CREATE  [UNIQUE][ CLUSTERED | NONCLUSTERED ]INDEX<索引名>
ON  <表名>(<索引表达式>[ASC | DESC][,…n])
```

说明：

- 该语句的功能是为某个表创建索引。
- 选择 UNIQUE 选项，表示创建唯一索引。

- CLUSTRTED 表示创建聚簇索引，NONCLUSTERED 表示创建非聚簇索引，此选项省略时，默认为 NONCLUSTERED。一个数据表只能有一个聚簇索引，最多可以有 249 个非聚簇索引。
- 索引表达式可以是列，也可以是包含列的表达式。
- 一个索引使用的列最多只能包括 16 个，而且 text、ntext 及 image 类型的列不能作为索引。
- ASC 选项表示按表达式升序排列，DESC 表示降序，省略时默认为 ASC。

```
DROP    INDEX  <表名>.<索引名>[,…n]
```

说明：
- 该命令的功能是删除一个或多个索引。
- 在数据表中设置 PRIMARY KEY 或 UNIQUE 约束时，由 SQL Server 自动按相应列创建索引，这类索引不能通过该命令删除。若要删除此类索引，通过 ALTER TABLE 语句删除相应的约束，则索引会自动删除。

8.2.6　修改数据表结构

数据库创建完成后，用户可随时对其结构进行修改。对数据表结构的修改，主要包括对列的增加、删除和修改。使用可视化设计数据表对表结构进行修改，只打开"表设计器窗口"即可像定义表结构时一样进行任意操作。使用 Transact-SQL 命令对表结构进行修改时，只在查询窗口中输入相应的 Transact-SQL 命令并执行即可。对数据表结构进行修改的相关 Transact-SQL 命令语法如下：

```
ALTER   TABLE <表名> ADD {<列名><数据类型>[列级约束]}[,…n]
```

说明：该命令的功能是向指定的表中增加一个或多个列。各选项的含义及功能与 CREATE TABLE 命令相同。

```
ALTER   TABLE <表名> ALTER COLUMN <列名> <数据类型>
```

说明：
- 该命令的功能是对指定表中的某列进行修改，包括修改列的数据类型和列的宽度。
- 数据类型为 text、image、ntext 或 timestamp 的列，计算列或用于计算列中用到的列，用在 PRIMARY KEY 或 FOREIGN KEY 约束中的列等不允许修改。

```
ALTER   TABLE <表名> DROP COLUMN <列名>[,…n]
```

说明：该命令的功能是从指定的数据表删除一列或多列。

8.3　实验内容

8.3.1　使用可视化方式创建数据库

启动 SQL Server Management Studio，创建一个数据库，命名为自己的登录名_exec。数据文件及事务日志文件的最大文件大小为 2MB，其他属性默认。创建成功后，观察对象资源管理器的树状结构窗口有何变化,并查看数据文件和事务日志文件的相应属性。

8.3.2 使用命令方式创建数据库

在查询窗口中,使用 create database 命令创建一个名为登录名的数据库,数据库的所有属性均取默认值。命令完成后,到对象资源管理器窗口刷新,然后观察数据库(由自己的登录名命名的数据库)是否存在,同时查看该数据库的数据文件和事务日志文件的文件名及保存位置等相应属性。

8.3.3 删除数据库

删除使用可视化方式创建的数据库登录名_exec。

删除成功后,观察对象资源管理器的树状结构窗口有何变化。

8.3.4 创建数据表

(1)通过可视化方式在以**自己的登录名命名的数据库**(为了规范,不可使用其他数据库)中创建两个表,具体要求见表 8-11 和表 8-12。

表 8-11 class 表的结构

列 名	数据类型	长 度	允 许 空	备 注
班级编号	char	6		
班级名称	varchar	20		
所属专业	varchar	20		
班级人数	int	4	√	

约束及索引:
- 班级编号列为主键。
- 班级人数列的取值范围是[20,40],约束名为 ck_class_rs。

表 8-12 student 表的结构

列 名	数据类型	长 度	允 许 空	备 注
学号	char	10		
姓名	varchar	8		
性别	char	2		
出生日期	datetime	8		
入学成绩	numeric	5		精度为4,小数位数为1
党员否	bit	1		
简历	text	16	√	
照片	image	16	√	
班级编号	char	6		

约束及索引:
- 学号列为主键。
- 性别列只能输入男或女,约束名为 ck_student_xb,默认值是男。

- 入学成绩列的取值范围是[350,750]，约束名为 ck_student_rxcj。
- 班级编号列是外键，主键表是 class 表，约束名为 fk_student_class。
- 按入学成绩列升序建立索引，索引名为 ix_student_rxcj。

（2）切换到查询窗口中，使用命令在登录名数据库中再创建两个表，具体要求见表 8-13 和表 8-14。

表 8-13　course 表的结构

列　　名	数据类型	长　　度	允　许　空	备　　注
课程编号	char	8		
课程名称	varchar	40		
考核方式	char	4		
学时	int	4		
学分	numeric	5		精度为 2，小数位数为 1
先修课	char	8	√	

约束及索引：
- 课程编号是主键，约束名为 pk_course_kcbh。
- 考核方式列只能输入考试或考查，约束名为 ck_course_khfs。
- 考核方式列的默认值是考试，约束名为 de_course_khfs。
- 学时列的取值范围是[30,80]，约束名为 ck_course_xs。
- 按课程名称列降序建立索引，索引名为 ix_course_kcmc。

表 8-14　score 表的结构

列　　名	数据类型	长　　度	允　许　空	备　　注
学号	char	10		
课程编号	char	8		
成绩	numeric	5		精度为 4，小数位数为 1
学期	char	9		

约束及索引：
- （学号，课程编号）是主键，约束名为 pk_score_xhkcbh。
- 成绩列的取值范围是[0,100]，约束名为 ck_score_cj。
- 学号列是外键，主键表是 student 表，关系名是 fk_score_student。
- 课程编号列是外键，主键表是 course，关系名是 fk_score_course。

命令完成后，切换到对象资源管理器窗口，查看两个表的属性，观察命令执行是否正确。

提示：如果此时在对象资源管理器窗口中找不到刚刚创建的数据表，则在任意空白处右击，选择"刷新"选项。

8.3.5　修改数据表

（1）利用可视化设计表方式修改数据表结构。通过表设计器完成以下操作。
- 向 student 表中增加新列"年龄"，数据类型为 numeric(3,0)，允许为空。
- 将 student 表中"年龄"列的数据类型变为 int。

- 将 student 表中的"年龄"列删除。

（2）利用命令修改数据表结构。在查询窗口中，利用 Transact-SQL 命令完成以下操作。

- 向 student 表中增加新列"年龄"，数据类型为 numeric(3,0)，允许为空。
- 将 student 表中"年龄"列的数据类型变为 int。
- 将 student 表中的"年龄"列删除。
- 每一步操作进行完后进入表设计器窗口，查看命令的执行是否正确。

（3）删除约束。

- 通过可视化设计表方式删除 class 表的约束 ck_class_rs。
- 通过 Transact-SQL 命令删除 course 表的约束 ck_course_xs。

（4）删除索引。

- 通过可视化设计表方式删除 student 表的索引 ix_student_rxcj。
- 通过 Transact-SQL 命令删除 course 表的索引 ix_course_kcmc。

8.4 实验思考题

1. 聚簇索引与非聚簇索引的区别是什么？
2. 建立关系（设置参照完整性）时应注意哪些问题？

第9章　实验三　数据更新

9.1　实验目的

1. 掌握利用可视化方式对数据表中的数据进行增、删、改的方法。
2. 掌握利用命令方式对数据表中的数据进行增、删、改的方法。

9.2　知识要点

9.2.1　以可视化方式增、删、改数据表中的数据

1. 通过可视化方式向数据表中添加数据

在 SQL Server Management Studio 对象资源管理器中展开数据库,选择要进行操作的表,右击,从弹出的快捷菜单中选择"编辑前 200 行"选项,打开表数据窗口,如图 9-1 所示。

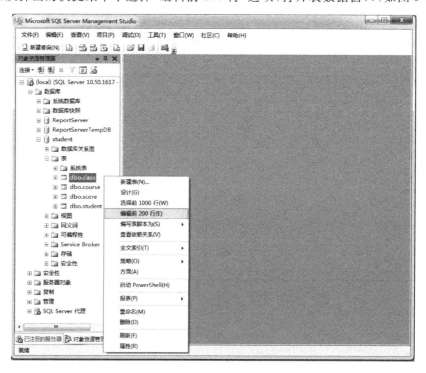

图 9-1　打开表数据窗口

在打开的表数据窗口中输入数据,如图 9-2 所示。

图 9-2 输入数据

数据输入完成后,只关闭此窗口保存即可。

说明:

- 在列间移动光标时可以通过光标移动键或 Tab 键。
- 换行时直接按 Enter 键即可。
- 输入字符型数据时,不必加单引号,直接输入数据内容即可。
- 日期型数据的默认格式是 YYYY-MM-DD。其中,YYYY 代表年份,MM 代表月份,DD 代表日。
- 录入 BIT 类型的数据时,不可以直接写入 1 或 0,而是用 True 或 False 来代替,True 表示 1,False 表示 0,否则会出错。
- 输入字符型数据时,有时会出现"输入的值与数据类型不一致,或者此值与列的长度不一致"的错误提示,若通过检查确定数据类型是一致的,并且表面上看长度也没有超出限制,这时有可能是该值后面有多余的空格,此时只需将光标定位在该数据尾部按住 DELETE 键几秒删除多余空格即可。
- 若某列设置了默认值,则当按 Tab 键跳过该列不输入任何值时,系统自动以默认值填充该列。
- 若表的某列不允许为空值,则必须为该列输入值。
- 若表的某列允许为空值,则当按 Tab 键跳过该列不输入任何值时,系统自动以空值(NULL)填充该列。

2. 通过可视化方式删除数据表中的数据行

通过可视化方式删除数据表中的数据行时,首先要打开如图 9-2 所示的输入数据窗口,然后选中(选择数据行时,只需单击左侧的按钮,使该行处于选中状态即可)要删除的数据行，在该行右击，从弹出的快捷菜单中选择"删除"选项，如图9-3所示。

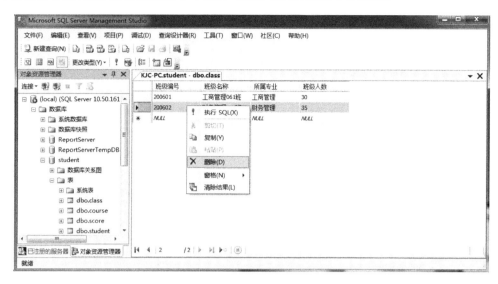

图9-3　删除记录

在打开的"提示"对话框中选择"是"按钮，如图9-4所示。

图9-4　"提示"对话框

若同时删除数据表中的多行数据，需要先选中这些数据行（先选中一行数据，然后按住Ctrl键后再选择其他数据行），然后在这些数据行中的任意一行上右击，从弹出的快捷菜单中选择"删除"选项。

3. 通过可视化方式修改数据表中的数据

通过可视化方式对数据表中的数据进行修改时，首先要打开输入数据窗口（图9-2），然后直接对相关数据进行修改。

9.2.2　通过命令方式对数据表中的数据进行增、删、改

对表数据的插入、修改和删除还可以通过 Transact-SQL 语句来完成，与可视化操作表数据相比，通过 Transact-SQL 语句操作表数据更为灵活，功能更为强大。

1. 插入记录

```
INSERT [INTO] <表名> [(列名列表)] VALUES (<表达式表>)
```

说明：

- 该命令的功能是在指定的表（由<表名>选项指定）中添加一行或多行新数据。
- INTO 参数是为了增加整个语句的可读性，可省略。
- ［(列名列表)］：用来指明要向哪些列输入数据，当多于一列时，列名之间用逗号隔开。此处若没有指定任何列，则表示数据表中的所有列。当选择此选项时，小括号不能省略。若该选项列出的列名是表中的部分列名，则未被列出的列自动以 NULL 值填充，但这些列必须允许为空，否则操作失败。
- (<表达式表>)：列出要填入到列中的值，值与值之间需用逗号隔开。此处的值必须和［(列名列表)］的列名一一对应，也就是若［(列名列表)］列出了 3 个列名，则这里也要列出 3 个值。值与列名间是一一对应的，类型必须一致。值可用 NULL 或 DEFAULT 来指定，表示要填入 NULL 值或默认值。

如命令"INSERT CLASS（班级编号，班级名称，所属专业，班级人数）values('200601','工商管理 061 班','工商管理',30)"的功能是向 class 表中添加一行数据，其中班级编号列的值是 200601，班级名称列的值是工商管理 061 班，所属专业列的值是工商管理，班级人数列的值是 30。

在 SQL Server 2008 中，INSERT 语句可以一次向表中插入多条记录，中间用逗号隔开。

如命令"INSERT CLASS（班级编号，班级名称，所属专业，班级人数）values('A200601','工商管理 061 班','工商管理',30),('200602','财务管理 062 班','财务管理',35)"的功能是向 class 表中添加两行数据。

2. 修改记录

```
UPDATE <表名> SET {<列名>=<表达式>|DEFAUTL|NULL}[, … n]
[WHERE  <条件表达式>]
```

说明：

- 该命令的功能是修改数据表中指定行的一列或多列的值。
- <表名>是要修改的数据表的名称。
- <列名>={<表达式>|DEFAUTL|NULL}选项表示用指定的数据去替换<列名>指定列的值，即将某列修改成指定的数据。<表达式>可以是常量、变量，也可以是一个表达式。DEFAULT 表示用该列的默认值去填充该列，NULL 表示用空值去填充该列。
- WHERE 子句用来表示条件，即只有符合该条件的数据行才被修改。

如命令"UPDATE STUDENT SET 入学成绩＝入学成绩＋10 WHERE 性别＝'男'"的功能是将 student 表中所有男同学的入学成绩加 10 分。

若 UPDATE 语句中未使用 WHERE 子句限定范围，则 UPDATE 语句将更新表中的所有行。使用 UPDATE 可以一次更新多列的值，这样可以提高效率。

3. 删除记录

```
DELETE  <表名>[WHERE <条件表达式>]
```

说明：

- 该命令的功能是从数据表中删除符合条件的行。

- WHERE 子句用来表示条件,即只有符合条件的记录才被删除。

如命令"DELETE COURSE WHERE 课程名称＝'工业企业经营管理'"的功能是从 course 表中将课程名称是工业企业经营管理的数据行删除。

若省略 WHERE 子句,则 DELETE 语句将删除所有数据。

9.3 实验内容

1. 使用 Transact-SQL 命令向 class 表中录入数据。class 表中的数据见表 9-1。

表 9-1 class 表中的数据

班 级 编 号	班 级 名 称	所 属 专 业	班 级 人 数
200601	工商管理 061 班	工商管理	30
200602	财务管理 062 班	财务管理	35

在对象资源管理器中打开 class 表,查看命令运行的结果。

2. 通过可视化方式分别向 student、course、score 3 个表中录入数据。具体内容见表 9-2~表 9-4。

表 9-2 student 表中的数据

学 号	姓 名	性别	出生日期	入学成绩	党员否	简 历	照 片	班级编号
2006091001	张楚	男	1986-1-15	540	1	NULL	NULL	200601
2006091002	欧阳佳慧	女	1987-10-12	516	0	NULL	NULL	200601
2006091003	孔灵柱	男	1986-5-21	526	1	NULL	NULL	200601
2006091004	门静涛	男	1987-4-28	530	0	NULL	NULL	200601
2006091005	王广慧	女	1986-6-26	545	1	NULL	NULL	200601
2006091006	孙晓楠	女	1987-8-16	512	1	NULL	NULL	200602
2006091007	张志平	男	1987-3-15	500	0	NULL	NULL	200602
2006091008	刘晓晓	女	1985-9-28	550	1	NULL	NULL	200602
2006091009	王大伟	男	1987-12-12	510	0	NULL	NULL	200602
2006091010	谢辉	男	1986-10-10	545	0	NULL	NULL	200602
2006091011	陈石	女	1987-7-7	503	0	NULL	NULL	200602

表 9-3 course 表中的数据

课 程 编 号	课 程 名 称	考 核 方 式	学 时	学 分	先 修 课
04010101	管理学	考试	64	4	NULL
04010102	数据库系统及应用	考试	48	3	04010103
04010103	计算机文化基础	考查	45	2.5	NULL
04010104	管理信息系统	考试	32	2	04010102
04010105	工业企业经营管理	考查	48	3	NULL

表 9-4 score 表中的数据

学　　号	课程编号	成　　绩	学　　期
2006091001	04010101	75	200620071
2006091001	04010102	84	200620072
2006091001	04010103	68	200620072
2006091001	04010104	68	200620072
2006091002	04010101	86	200620071
2006091002	04010102	90	200620072
2006091002	04010103	67	200620072
2006091003	04010101	74	200620071
2006091003	04010102	45	200620072
2006091004	04010101	72	200620071
2006091005	04010101	56	200620071

3. 通过可视化方式将王大伟的入学成绩改为 515,保存后重新观察运行结果。

4. 利用 Transact-SQL 命令给所有学生党员的入学成绩加 5 分,在对象资源管理器中观察命令的运行结果。

5. 通过可视化方式将 student 表中陈石的信息删除。

6. 利用 Transact-SQL 命令将 course 表中的工业企业经营管理行删除。在对象资源管理器中观察结果。

9.4 实验思考题

1. 在 score 表中增加一行数据"2006091106,04010105,95,200620071",观察运行结果,说明原因。

2. 删除 student 表中张楚的记录,观察结果,说明原因。

第10章 实验四 简单查询

10.1 实验目的

1. 掌握按条件查询。
2. 掌握对查询结果排序。
3. 掌握使用汇总函数的查询。
4. 掌握对查询结果进行分组。

10.2 知识要点

10.2.1 Transact-SQL 查询语句的一般格式

```
SELECT <查询列表>
[ INTO <新表名>]
[ FROM <数据源>]
[ WHERE <查询条件>]
[ GROUP BY <分组表达式>]
[ HAVING <组选择条件>]
[ ORDER BY <排序表达式>]
```

所有被使用的子句必须按语法说明中显示的顺序严格排序。例如，一个 HAVING 子句必须位于 GROUP BY 子句之后，并位于 ORDER BY 子句之前。

1. SELECT 子句

SELECT 子句的作用是从数据源中挑选出要查询的数据，即指明"要查什么"。语法如下：

```
SELECT [ ALL | DISTINCT ]
    [ TOP < n > [PERCENT] [WITH TIES] ]
        < * | 字段名 | 表达式 [AS]<列别名>>
```

- 可选项[ALL | DISTINCT]表示是否显示重复的行。SELECT 子句后若加上 DISTINCT 参数，那么查询结果中若有重复的多行数据，将只会显示其中一行。ALL 的功能则相反，不论数据行是否重复，均会显示。此选项默认是 ALL。
- TOP < n >表示只显示符合条件的数据行的前 n 行（n 必须是非负整数），若再加上 PERCENT，即 TOP < n > PERCENT，则表示显示前面 n%的记录，此时 n 的值可以从 0 到 100。WITH TIES 选项必须与 ORDER BY 子句同时使用，且命令格式必须为 TOP < n > ［PERCENT］［WITH TIES］，即 TOP < n > WITH TIES 或 TOP < n > PERCENT WITH TIES。此选项主要针对要显示的数据在排序时有相同的状况时，即当前 n 或前 n% 条记录的最后一条与它下一条记录在排序列数据相同时，若此时有 WITH TIES 选项，则与最后一条记录在排序列上数据相同的所有记录均显示出来，否则只显示前 n 条或前 n% 条记录。

- < * |字段名|表达式［AS］<列别名> >选项用于指明要查询的数据是什么。* 表示包含在数据源（通常是数据表）中的所有列；若只想查询数据源中的部分列，则直接将那些列的列名列出，列名之间用逗号隔开；查询的数据也可以是包含列名、常数和函数等的表达式，此时称为计算字段。若给查询的某列在查询结果中显示一个新列名，可选择"［AS］<列别名>"，通常用于表达式列。

2. INTO 子句

INTO 子句的功能是创建一个新表，并将查询结果插入到该表中。语法如下：

INTO <新表名>

- INTO 子句的位置是在 SELECT 子句的后面，即放在所有选择项的后面。
- 用户若执行带 INTO 子句的 SELECT 语句，必须在目的数据库内具有 CREATE TABLE 权限。
- 新表中的列与 SELECT 子句中的选择列表项完全相同，包括列名、数据类型、长度及列的顺序。
- 若查询结果中包含由列、函数计算出来的值，即计算字段，则需要为计算字段定义一个列名。
- 如果查询结果为空，即没有任何符合条件的数据行，则只创建一个与查询结果结构相同的空表。通常用 SELECT…INTO 来复制一个表的表结构。

3. FROM 子句

FROM 子句的作用是设置要查询的数据来源于哪里，即指明"从哪儿查"。语法如下：

FROM <数据表名>

- 要查询的数据可以来源于数据表，也可以来源于视图，即 FROM <视图名>。

4. WHRER 子句

WHERE 子句用来设置查询条件，即设置行的选择条件。语法如下：

WHERE <查询条件>

- 查询条件通常是逻辑表达式，即该表达式的计算结果是"真"或"假"，该条件既可以是简单的单个表达式，如"WHERE 入学成绩> 500"，也可以是由逻辑运算符连接的复杂条件，如"WHERE 入学成绩> 500 AND 性别＝'男'"。
- 查询过程中，对数据源中的记录从第一条开始逐行计算查询条件表达式，将所有使表达式为"真"的行都筛选出来。
- 当 WHERE 子句省略时，将数据源中的所有行都显示出来。

5. GROUP BY 子句

GROUP BY 子句的功能是将数据行根据设置的条件分成多个群组，并且让 SELECT

子句中使用的汇总函数（如 SUM、COUNT、MAX、MIN、AVG…）起作用。语法如下：

GROUP BY [ALL]<分组表达式> [,…n][WITH <CUBE | ROLLUP>]

- <分组表达式>可以是一个字段，也可以是包含字段的表达式，但不可以包含汇总函数。
- 在 SELECT 子句的字段列表中，除了汇总函数外，其他出现的字段一定要在 GROUP BY 子句中有才行。例如，GROUP BY A，B，那么 SELECT C，COUNT (A)就不可以，因为 C 不在 GROUP BY 中。
- text、ntext 和 image 数据类型的字段不能作为 GROUP BY 子句中的分组依据。
- GROUP BY 子句中不能使用字段别名。
- WITH CUBE 是指定在查询结果中不仅包含由 GROUP BY 提供的正常行，还包含汇总行。在结果集内返回每个可能的组和子组组合的 GROUP BY 汇总行。GROUP BY 汇总行在结果中显示为 NULL，但可用来表示所有值。使用 GROUPING 函数确定结果集内的空值是否是 GROUP BY 汇总值。结果集内的汇总行数取决于 GROUP BY 子句内包含的列数，GROUP BY 子句中的每个操作数（列）绑定在分组 NULL 下，并且分组适用于所有的其他操作数（列）。由于 CUBE 返回每个可能的组和子组组合，所以不论指定分组列时使用的是什么顺序，行数都相同。
- WITH ROLLUP 指定在查询结果中不仅包含由 GROUP BY 提供的正常行，还包含汇总行。按层次结构顺序，从组内的最低级别到最高级别汇总组。组的层次结构取决于指定分组列时使用的顺序。更改分组列的顺序会影响在结果集内生成的行数。

6. HAVING 子句

HAVIGN 子句的功能也是设置查询的条件，一般和 GROUP BY 子句搭配使用。语法如下：

HAVING <查询条件>

- 如果查询中没有使用 GROUP BY 子句，则 HAVING 子句的用途和 WHERE 子句的用途相似，两者的差别是汇总函数不能在 WHERE 子句中使用，只能在 HAVING 子句中使用。

7. ORDER BY 子句

ORDER BY 子句的作用是对查询结果进行排序。语法如下：

ORDER BY {<排序表达式> [ASC | DESC]} [,…n]

- <排序表达式>：设置排序的依据，即按什么排序。可以是字段名、字段别名和包含字段值的表达式。作为排序依据的字段可以不是 SELECT 子句查询的字段，即可以不出现在 SELECT 后的查询列表中，但若使用 SELECT DISTINCT，则必须是 SELECT 子句查询的字段。排序表达式也可以是大于 0 的整数，表示要按照 SELECT 列表中的第几个项目进行排序。如 ORDER BY 2 表示按 SELECT 列表中的第 2 项进行排序。

- ASC：以升序方式(即由小到大的方式)排序。省略时,默认是 ASC。
- DESC：以降序方式(即由大到小的方式)排序。

排序时,NULL 将被视为最小的值。

10.2.2 常用的汇总函数

1. AVG 函数

语法：

```
AVG ( [ ALL | DISTINCT ]<表达式> )
```

说明：

- AVG 函数的功能是返回列的平均值,空值将被忽略。
- ALL 对列中的所有值(不包括空值)求平均值。
- DISTINCT 表示当某列中的值出现多次时,求平均值时计算一次。
- <表达式>是常量、列、函数或表达式,其数据类型只能是 int、smallint、tinyint、bigint、decimal、numeric、float、real、money 和 smallmoney。

AVG 函数的返回值为数值型。

2. COUNT 函数

语法：

```
COUNT ( { [ ALL | DISTINCT ]<表达式>] | * } )
```

说明：

- COUNT 函数的功能是返回列中值的个数或行的个数。
- ALL 表示对列中的所有值进行计数统计,默认是 ALL。
- DISTINCT 表示列中重复的值在计数时只统计一次。
- <表达式>可以是列名,也可以是一个表达式,其类型是除 text、image 或 ntext 之外的任何类型。
- COUNT(*)的功能是计算所有行(即返回表中行的总数),不需要任何参数,而且不能与 DISTINCT 一起使用。

COUNT 函数的返回值类型是 int。

3. MAX 函数

语法：

```
MAX ( [ ALL | DISTINCT ]<表达式> )
```

说明：

- MAX 函数的功能是返回表达式的最大值。
- [ALL | DISTINCT]选项的功能同上,DISTINCT 对 MAX 无意义。
- <表达式>可以是常量、列名、函数或表达式,其数据类型可以是数字、字符和时间日期类型。

MAX 函数的返回值类型与<表达式>相同。

4. MIN 函数

语法：

```
MIN ( [ ALL | DISTINCT ] <表达式> )
```

说明：

- MIN 函数的功能是返回表达式的最小值。
- ［ALL | DISTINCT］选项的功能同上，DISTINCT 对 MIN 无意义。
- <表达式>可以是常量、列名、函数或表达式，其数据类型可以是数字、字符和时间日期类型。

MIN 函数的返回值类型与<表达式>相同。

5. SUM 函数

语法：

```
SUM ( [ ALL | DISTINCT ] <表达式> )
```

说明：

- SUM 函数的功能是返回表达式中所有值的和，或只返回 DISTINCT 值。SUM 只能用于数字列，空值将被忽略。
- ALL 表示对列中的所有值进行求和运算，默认是 ALL。
- DISTINCT 表示对列中相同的值在求和时只计算一次。
- <表达式>是常量、列、函数或表达式，其数据类型只能是 int、smallint、tinyint、bigint、decimal、numeric、float、real、money 和 smallmoney。

SUM 函数的返回值是数值型。

10.2.3 运算符

运算符用来执行列、常量或变量间的数据运算和比较操作。在 Transact－SQL 中的运算符分为算术运算符、比较运算符、逻辑运算符、字符串连接符和位运算符等几种。

1. 算术运算符

算术运算符用于执行数值型表达式的算术运算。SQL Server 2000 支持的算术运算符包括以下 5 种。

- ＋：加或正号。
- －：减或负号。
- ＊：乘。
- ／：除。
- ％：取模，即返回两个整数相除的余数。

各种算术运算符操作的数据类型见表 10-1。

表 10-1　各种算术运算符操作的数据类型

运　算　符	数　据　类　型
＋、－、＊、／	bigint、int、smallint、tinyint、numeric、decimal、float、real、money、smallmoney
％	bigint、int、smallint、tinyint

2. 比较运算符

比较运算符用来比较两个表达式的大小。在 Transact-SQL 中,比较运算能进行除 text、ntext 和 image 数据类型之外的其他数据类型表达式的比较操作。Transact-SQL 支持的比较运算符包括以下 9 种。

- ＞:大于。
- ＝:等于。
- ＜:小于。
- ＞＝:大于等于。
- ＜＝:小于等于。
- ＜＞:不等于。
- ！＝:不等于。
- ！＞:不大于。
- ！＜:不小于。

比较表达式的返回值为逻辑数据类型,即 True、False。当两个表达式均不为空 (NULL)时,如果比较表达式的条件成立,则返回 True,否则返回 False。当两个表达式中有一个为空值或都为空值时,比较运算将返回 UNKNOWN。

3. 逻辑运算符

逻辑运算符用于测试条件是否为真。它根据测试结果返回布尔值 True、False 或 unkonwn。逻辑运算符有以下几种。

(1) AND。对两个逻辑表达式的值进行逻辑与运算。当两个逻辑表达式的值都为 True 时,返回 True。如果其中有一个为 False,则返回 False;如果其中有一个为 True,另一个为 nuknown,或两个都为 unknown 时,返回 nuknown。

(2) OR。对两个逻辑表达式进行逻辑或运算。当两个逻辑表达式的值都为 False 时,返回 False。如果其中有一个为 True,则返回 True;如果其中有一个为 False,另一个为 nuknown,或两个都为 nuknown 时,返回 nuknown。

(3) NOT。对逻辑表达式的值进行取反运算,即当逻辑表达式的值为 True 时返回 False,其值为 False 时返回 True,当逻辑表达式的值为 nuknown 时,仍返回 nuknown。

(4) BETWEEN。范围运算符,用于测试某一表达式的值是否在指定的范围内。其语法格式为:

<测试表达式>[NOT]BETWEEN <开始表达式> AND <结束表达式>

其中,<测试表达式>为被测试的表达式。<开始表达式>和<结束表达式>指出测试数据的范围。

当<测试表达式>的值大于等于<开始表达式>并且小于等于<结束表达式>时, BETWEEN 返回 True,NOT BETWEEN 返回 False。而当<测试表达式>的值小于<开始表达式>,或大于<结束表达式>时,BEWEEN 返回 FALSE,NOT BETWEEN 返回 True。

(5) LIKE。LIKE 是一种模式匹配运算符,常用于模式匹配运算。当用于模糊条件查询时,它判断测试表达式的值是否与指定的模式相匹配,可用于 char、varchar、text、nchar、nvarchar、ntext 等数据类型。模式运算符的语法格式为:

<测试表达式> [NOT]LIKE <模式>[ESCAPE <转义字符>]

其中，<测试表达式>为有效的字符串数据类型表达式。<转义字符>只能为单个字符，它说明匹配模式中的转义字符。使用模式匹配搜索时，需要搜索的字符可能与 SQL Server 中的通配符相同。在这种情况下可使用 ESCAPE 子句指定转义字符，其后的字符作为常规搜索字符，而不是通配符使用。<模式>为要 SQL Server 查找的匹配模式，并且可以包含合法的 SQL Server 通配字符。SQL Server 通配字符及其意义见表 10-2。

表 10-2　SQL Server 通配字符及其意义

通 配 字 符	意　　义
%（百分号）	可匹配任意类型和长度的字符
_（下画线）	匹配单个任意字符，常用来限制表达式的字符长度
[]	指定一个字符、字符串或范围，要求所匹配的对象为它们中的任意一个
[^]	其取值与[]相同，但它要求所匹配的对象为指定字符以外的任意一个字符

（6）IN。IN 称作列表运算符，它们测试表达式的值是否在（或不在）列表项之内。其语法格式为：

<测试表达式> [NOT] IN (<表达式>[,…n])

其中，<测试表达式>为被测试的表达式。<表达式>为 SQL Server 表达式，提供列表集合数据。

列表运算符 IN 指定的搜索条件也可用等于比较运算符（＝）和 OR 逻辑运算符表达，而 NOT IN 指定的搜索条件则可用不等于运算符（<>）和 AND 逻辑运算符表达。当有多个列表项时，使用列表运算符会使语句变得更加简洁，而使用比较运算符和逻辑运算符组合则使语句显得冗长。

（7）ANY、ALL、SOME 的使用。可以将 ANY 或 ALL 关键字与比较运算符组合进行子查询。SOME 的用法与 ANY 相同。以>比较运算符为例：

- > ALL 表示大于每一个值，即大于最小值。例如，> ALL(5,2,3)表示大于 5。因此，使用> ALL 的子查询也可用 MAX 集函数实现。
- > ANY 表示至少大于一个值，即大于最小值。例如，> ANY(7,2,3)表示大于 2。因此，使用> ANY 的子查询也可用 MIN 集函数实现。
- ＝ANY 运算符与 IN 等效。
- <> ALL 运算符与 NOT IN 等效。

4. 字符串连接符

字符串连接符（＋）实现字符串之间的连接操作。在 Transact-SQL 中，字符串之间的其他操作通过字符串函数实现。字符串连接符可操作的数据类型有 char、varchar、text、nchar、nvarchar、ntext 等。

5. 位运算符

位运算符对整数或二进制数据进行按位与（&）、或（|）、异或（^）、求反（～）等逻辑运算。在 Transact-SQL 语句中对整数数据进行位运算时，首先把它们转换为二进制数，然后再进行计算。其中，与、或、异或运算需要两个操作数，这两个操作数的数据类型见表 10-3。

表 10-3 位运算符操作数类型说明

左 操 作 数	右 操 作 数
binary、varbinary	bigint、int、smallint、tinyint
bigint、int、smallint、tinyint	bigint、int、smallint、tinyint、binary、varbinary
bit	bigint、int、smallint、tinyint、bit

6. 运算符的优先级

在 Transact-SQL 中,当同一表达式包含有不同运算符时,其运算顺序(即运算优先级)不同。Transact-SQL 中各运算符的优先级顺序见表 10-4。

表 10-4 运算符的优先级

优先级	运 算 符	意 义
1	()	圆括号
2	+、−、~	正、负、求反
3	*、/、%	乘、除、取模
4	+、−、+	加、减、连字符
5	=、>、<、>=、<=、<>、!=、!>、!<	等于、大于、小于、大于等于、小于等于、不等于、不等于、不大于、不小于
6	^、&、|	位运算符
7	NOT	逻辑非运算
8	AND	逻辑与运算
9	ALL、ANY、BETWEEN、IN、LIKE、OR、SOME	
10	=	赋值

在 Transact-SQL 中,依据以下规则处理一个表达式。

先计算优先级高的运算符,后计算优先级低的运算符;相同优先级的运算符按从左到右的顺序依次处理。

10.2.4 常用函数

1. DATEPART()

语法:

DATEPART (<日期部分>,<日期时间型表达式>)

说明:

- DATEPART 函数的功能是返回代表<日期时间型表达式>的指定日期部分的整数。
- 参数<日期部分>是指定应返回的日期部分的参数。日期部分参数及含义见表 10-5。

表 10-5 日期部分参数及含义

日 期 部 分	缩 写	含 义
year	yy、yyyy	年
month	mm、m	月
day	dd、d	日

续表

日 期 部 分	缩　　写	含　　义
weak	wk，ww	周
hour	hh	时
minute	mi，m	分
second	ss，s	秒

- 参数<日期时间型表达式>是 datetime 或 smalldatetime 类型的值或日期格式字符串的表达式。
- DAY、MONTH、和 YEAR 函数分别是 DATEPART(dd，<日期时间型表达式>)、DATEPART(mm，<日期时间型表达式>)、和 DATEPART(yy，<日期时间型表达式>)的同义词。

DATEPART 函数的返回值是 int 类型的数据。

例：函数 DATEPART(yy，'1978-7-7')与函数 YEAR('1978-7-7')的返回值都是 1978。

2. LEFT()

语法：

LEFT(<字符型表达式>，<整型表达式>)

说明：

- LEFT 函数的功能是返回从字符串左边开始指定个数的字符。
- 参数<字符型表达式>通常是字符型数据，可以是常量、变量或表达式。
- 参数<整型表达式>是正整数，表示从参数<字符型表达式>左侧开始截取几位字符，如果<整型表达式>为负，则返回空字符串。

LEFT 函数的返回值是 varchar 类型的数据。

例：函数 LEFT('张志平'，1)的返回值是字符串"张"。

3. RIGHT()

语法：

RIGHT(<字符型表达式>，<整型表达式>)

说明：

- RIGHT 函数的功能是返回从字符串右边开始指定个数的字符。
- 参数<字符型表达式>通常是字符型数据，可以是常量、变量或表达式。
- 参数<整型表达式>是正整数，表示从参数<字符型表达式>右侧开始截取几位字符，如果<整型表达式>为负，则返回空字符串。
- 函数的返回值是 varchar 类型的数据。

例：函数 RIGHT('张志平'，1)的返回值是字符串"平"。

4. SUBSTRING()

语法：

SUBSTRING(<字符型表达式>，<开始位置>，<长度>)

说明：

- SUBSTRING 函数的功能是返回参数<字符型表达式>的一部分。
- 参数<开始位置>是一个正整数，表示从<字符型表达式>的左起第几位开始截取。
- 参数<长度>是一个正整数，表示从<字符型表达式>中共截取几位。

SUBSTRING 函数的返回值是字符类型的数据。

例：函数 SUBSTRING('张志平',2,1)的返回值是字符串"志"。

5．LEN()

语法：

LEN (<字符型表达式>)

说明：

- LEN 函数的功能是返回给定字符表达式的字符（而不是字节）个数，其中不包含尾随空格。
- 参数<字符型表达式>是要计算字符个数的字符串表达式。

LEN 函数的返回值是 int 类型的数据。

例：函数 LEN('张志平')的返回值是 3。

6．ABS()

语法：

ABS (<数值型表达式>)

说明：

- ABS 函数的功能是返回给定数值表达式的绝对值。
- 参数<数值型表达式>是精确数字或近似数字数据类型类别的表达式（bit 数据类型除外）。

ABS 函数的返回值与<数值型表达式>的类型相同。

例：函数 ABS(-12.25)的返回值是 12.25。

7．ROUND()

语法：

ROUND (<数值型表达式>,<长度>)

说明：

- ROUND 函数的功能是返回数值表达式并四舍五入为指定的长度或精度。
- 参数<数值型表达式>是精确数值或近似数值数据类型的表达式（bit 数据类型除外），表示要四舍五入的数据。
- 参数<长度>是<数值型表达式>将要四舍五入的精度。<长度>必须是 tinyint、smallint 或 int 类型。当<长度>为正数时，表示将<数值型表达式>四舍五入，保留<长度>所指定的小数位数。当<长度>为负数时，表示对<数值型表达式>的左端（即整数部分）四舍五入到<长度>指定的位数。

ROUND 函数的返回值与<数值型表达式>的类型相同。

例：函数 ROUND(12.25,1)的返回值是 12.3，表示对数值 12.25 四舍五入，结果保留一位小数；函数 ROUND(12.25，−1)的返回值是 10，表示对数值 12.25 的整数部分四舍五入到一位（个位）。

8. RAND()

语法：

RAND()

说明：

该函数为无参函数，即使用时不需要指明参数，功能是返回 0～1 之间的随机 float 值。

9. ISNULL()

语法：

ISNULL(<检查表达式>,<替换值>)

说明：

- ISNULL 函数的功能是如果参数<检查表达式>是 NULL，则函数返回参数<替换值>，否则返回<检查表达式>本身。
- 参数<替换值>必须与<检查表达式>具有相同的数据类型。

10. GETDATE()

语法：

GETDATE()

说明：

- GETDATE 函数为无参函数，即使用时不需要指明参数，功能是返回系统当前的日期时间。
- 该函数的返回值是 datetime 类型。

10.3　实验内容

1. 查询 student 表中所有学生的详细信息。
2. 查询所有开设课程的课程名称及考核方式。
3. 查询所有选课学生的学号（如一个同学同时选修了多门课程，则学号只显示一次）。
4. 查询所有学时在[40,60]范围内的课程的课程编号和课程名称（分别用 AND 和 BETWEEN 运算符实现）。
5. 查询所有学生党员的学号和姓名。
6. 查询所有姓张的学生的姓名和性别（分别用 LEFT 函数和 LIKE 运算符实现）。
7. 查询所有学生的姓名及年龄，并按照年龄从小到大的顺序显示，列名为姓名、年龄。
8. 查询入学成绩在前 20% 的学生姓名，并列的只显示一个。
9. 查询入学成绩排在前三位的学生姓名，并列的都显示。
10. 查询所有 10 月出生的学生人数。
11. 查询没有先修课的课程名称。
12. 查询入学成绩的最高分和最低分，列名分别为最高分和最低分。
13. 统计男、女生的入学平均成绩，显示性别和平均成绩两列。

14. 统计考试和考查两种性质课程的总学分,显示课程性质和总学分两列。

15. 查询选修两门以上(包括两门)课程学生的学号。

10.4 实验思考题

1. 使用带有 group by 子句的查询命令时,select 后的查询列有哪些要求?

2. group by 子句中 with rollup 的含义是什么?

第 11 章　实验五　复杂查询

11.1　实验目的

1. 掌握连接查询的方法。
2. 掌握嵌套查询的方法。
3. 掌握集合查询的方法。

11.2　知识要点

11.2.1　联合查询

联合查询是指两个或两个以上 SELECT 语句通过 UNION 运算符连接起来的查询,即将两个或两个以上 SELECT 语句的查询结果合并成一个结果显示。

联合查询的基本格式:

```
<SELECT 查询语句 1> UNION [ALL]<SELECT 查询语句 2>
[UNION [ALL]<SELECT 查询语句 3>[ … n]]
```

说明:

- 联合查询必须满足两个条件:一是欲合并的查询结果,其列数必须相同;二是欲合并的查询结果,其对应的列应具有相同的数据类型,或是可以自动将它们转换为相同的数据类型。自动转换时,对于数值类型,系统将低精度的数据类型转换为高精度的数据类型。

- 合并结果的列名与第一个查询结果的列名相同,其他查询结果的列名会被忽略,因此定义列标题时必须在第一个查询语句中定义。

- 默认情况下,NUION 运算符将删除不同查询语句中行值相同的行,即不同查询中相同的行在最后合并的结果中只出现一次。如果要保留这些行,应使用 ALL 可选项。

- 在包含多个查询的 UNION 语句中,其执行顺序是从左至右,使用括号可以改变这一执行顺序。

- GROUP BY 和 HAVING 子句只能用在个别 SELECT 查询语句中,不可用在整个(合并后)语句的最后。

- ORDER BY 和 COMPUTE 子句则只能用在整个语句的最后,针对最后的合并结果做排序或计算,不能用在个别 SELECT 查询语句中。要对联合查询的结果排序时,也必须使用第一个查询语句中的列名、列标题或者列序号。

- 只有第一个 SELECT 语句可以设置 INTO 子句。

如命令"select 课程编号 from course where 考核方式＝'考试' union select 课程编号 from score where 学号＝'2006091004'"的功能是查询所有考试课及 2006091004 同学选修课程的课程编号。

11.2.2 连接查询

在 SQL Server 中,连接查询是指通过连接运算符实现多表查询的一种搜索数据的方法。连接可以在 SELECT 语句的 FROM 子句或 WHERE 子句中建立,但在 FROM 子句中指出连接时有助于将连接操作与 WHERE 子句中的搜索条件区分开来。所以建议使用通过 FROM 子句建立连接这种方法。在 FROM 子句中建立连接的语法基本格式如下:

```
FROM  <表名1>[别名1]<连接类型><表名2>[别名2]ON  <连接条件>
[<连接类型><表名3>  ON  <连接条件>[,…n]]
```

说明:

- 该子句的功能是将两个或两个以上的表按一定条件连接起来。
- <表名 n>是参与连接操作的表名,参与连接的表可以是不同的表,也可以是相同的表(叫作自连接)。在进行连接的同时,可以给参与连接的表取一个别名,由[别名]选项指定。
- ON 子句用来指定连接条件,主要由被连接表中的列和比较运算符、逻辑运算符等构成。

按照连接类型的不同,连接查询可分为内连接查询、外连接查询、交叉连接查询和自连接查询。

1. 内连接查询

内连接用[INNER] JOIN 表示,是使用比较运算符进行数据表间的某(些)列的比较操作,并列出这些数据表中与连接条件相匹配的数据行。根据使用比较方式的不同,内连接又分为等值连接和不等连接两种。

(1) 等值连接。等值连接在连接条件中使用等于(＝)运算符比较被连接列的列值。

例:

select 姓名,课程编号 from student inner join score on student.学号 = score.学号

(2) 不等连接。不等连接是指在连接条件中使用除等于运算符以外的其他运算符比较被连接列的列值。这些运算符包括＞、＞＝、＜、＜＝、!＞、!＜、＜＞、!＝等。

2. 外连接查询

外连接又分为左外连接(用 LEFT [OUTER] JOIN 表示)、右外连接(用 RIGHT [OUTER] JOIN 表示)和全外连接(用 FULL [OUTER] JOIN 表示)3 种。与内连接不同的是,外连接不但返回与连接条件相匹配的数据行,而且还返回左数据表(左外连接)、右数据表(右外连接)或两个数据表(全外连接)中所有不符合搜索条件的数据行。

(1) 左外连接。左外连接返回与连接条件完全匹配的数据行和左边数据表中不满足条件的数据行。在结果中显示左边数据表中不满足条件的数据行时涉及右边数据表的列以

NULL 显示。

例：

Select 姓名,课程编号 from student left outer join score on student.学号 = score.学号

（2）右外连接。右外连接返回满足条件的数据行和右边数据表中不满足条件的数据行。在结果中显示右边数据表中不满足条件的数据行时涉及左边数据表的列以 NULL 来显示。

例：

Select 姓名,课程编号 from student right outer join score on student.学号 = score.学号

（3）全外连接。全外连接显示满足条件的数据行,以及左边和右边数据表中不符合条件的数据行(此时缺少数据的数据行会以 NULL 表示)。

例：

Select 姓名,课程编号 from student full outer join score on student.学号 = score.学号

3. 交叉连接查询

交叉连接查询用 CROSS JOIN 表示,此类型会直接将一个数据表的每条数据行和另一个数据表的每条数据行搭配成新行,不需要用 ON 来设置条件,即求两个表的广义笛卡儿积。

例：

Select 姓名,课程编号 from student cross join score

4. 自连接查询

自连接查询是一种使用同一个数据表的列进行比较的查询。

例：

Seletc co1.课程名称,co2.课程名称　先修课名称 from course co1 inner join course co2 on co1.先修课 = co2.课程编号

自连接查询的连接方式及连接条件不仅可以在 FROM 子句中设置,也可以在 WHERE 子句中设置,此时只需在 FROM 子句中指明参与连接的数据表的名称,中间用逗号分隔开,连接方式及条件在 WHERE 子句中指明,其基本语法格式如下：

WHERE 　<列名1>{ ＊ ＝| 　＝ 　|＝ ＊}<列名2>

说明：

- 使用该子句定义连接时,需与 FROM 子句联合使用,即"FROM <数据源列表> WHERE <连接条件>"。其中,数据源列表是用逗号分隔开的多个表名。
- "＊＝"表示左外连接,"＝"表示内连接,"＝＊"表示右连接。
- <连接条件>是指定连接基于的条件。连接条件通常是包含连接表中相应字段的一个逻辑表达式。若表达式中存在不同表中的同名字段,则应在字段名前面加上表名或表别名,即<表名>.<字段名>或<表别名>.<字段名>。当连接表是 3 个或 3 个以上时,连接条件用 AND 连接。

例：

```
Select 姓名,课程编号 from student,score
Where student.学号 * = score.学号
```

11.2.3 子查询

子查询是一种查询的嵌套结构,通常指在一个查询语句(主查询)的 WHERE 子句中还包含一个 SELECT 查询语句(子查询),一般情况下是利用子查询先挑选出部分数据,作为主要查询的数据来源或选取条件。

作为子查询的 SELECT 语句与一般 SELECT 查询语句的语法格式一样,但有以下限制。

(1) 作为子查询的 SELECT 子句可以包含：选择列表、FROM 子句、WHERE 子句、GROUP BY 子句和 HAVING 子句。

(2) 作为子查询的 SELECT 语句必须放在括号内。

(3) 子查询中不能包含 COMPUTE 子句。

(4) 若子查询中用到 SELECT TOP n…,才可设置 ORDER BY 子句来排序。

(5) 如果一个数据表只包含在子查询中,而没有出现在其外层查询中,则外层查询选择列表中不能包含该数据表中的列。

(6) text、ntext、image 数据类型列不能包含在子查询的选择列表中。

(7) 具有 GROUP BY 子句的子查询不能使用 DISTINCT 关键字。

1. 独立子查询与相关子查询

独立子查询又称不相关子查询,是指子查询独立于外层语句(主查询),它不依赖于其外层语句的操作结果,它们执行时可分为两个独立的步骤,即先执行子查询,再执行外层查询。例如：

```
select 姓名 from student where 入学成绩>(select avg(入学成绩) from student)
```

相关子查询是一种其子查询和外层相互交叉的数据检索方法。从概念上讲,包含相关子查询的语句在执行时不能分为一先一后两个步骤。

2. 比较子查询、IN 子查询、EXISTS 子查询

(1) 比较子查询。比较子查询是一种通过比较运算符连接主查询和子查询的数据检索方式。所有的比较运算符都可以连接一个子查询。使用未经 ALL 或 ANY 修饰的比较运算符连接子查询时,必须保证子查询返回的结果集合中有单行单列数据,否则将引起查询错误。因此,在这种子查询的选择列表中常使用聚集函数,从而保证返回单行数据。

比较操作符还可以与 ALL 或 ANY 修饰符一起使用。

ALL 的格式为：

```
<字段><比较运算符> ALL(子查询)
```

当测试字段值与子查询结果集中的每个值都满足某一关系时,结果为 True,否则为 False。

ANY 的格式如下：

<字段><比较运算符> ANY(子查询)

当测试字段值与子查询结果集中的任意一个值都满足某一关系时，结果为 True，否则为 False。

（2）IN 子查询。IN 子查询是通过 IN（或 NOT IN）连接起来的一种检索数据的方法。IN 子查询的返回结果集合中可以包含零个或多个值。

IN 子查询的语法：

<测试表达式>[NOT] IN（子查询）

（3）EXISTS 子查询。EXISTS 子查询是通过 EXISTS（或 NOT EXISTS）连接起来的一种检索数据的方法。EXISTS 子查询的功能是判断子查询的返回结果集中是否有数据行，返回值为 True 或 False，并不产生其他任何实际值。由于不需要这种子查询中返回具体值，所以这种子查询的选择列表常用"SELECT ＊"格式，其外层语句的 WHERE 子句中也不需要指定列名。

11.3　实验内容

1. 查询所有选课学生的姓名和选修课程的课程编号。
2. 查询所有选课学生的姓名、课程名称和成绩。
3. 查询所有学生的姓名、课程名称、成绩，包括未选课的同学（即选课的同学显示姓名、课程名、成绩，未先课的同学只显示姓名）。
4. 查询所有选修"管理学"课程的学生名单。
5. 查询同时选修了"管理学"和"计算机文化基础"两门课程的学生名单。
6. 查询选修了"管理学"但没选修"计算机文化基础"课程的学生名单。
7. 查询所有入学成绩高于平均成绩的学生名单和入学成绩。
8. 查询所有党员及选修了 04010101 课程的学生的学号。
9. 查询入学成绩高于所有男同学的女同学姓名。
10. 查询入学成绩高于任意一名女同学的男同学姓名。
11. 查询所有开课课程的课程名及先修课名称，显示课程名称和先修课两列（只显示有先修课的课程）。
12. 查询 2006091002 同学比 2006091001 同学成绩高的选修课程的编号。
13. 查询选修了 2006091003 同学选修的全部课程的学生名单（不包括本人）。
14. 查询至少与 2006091001 同学选修了同一门课程的学生名单。
15. 查询选修了全部课程的学生名单。

11.4　实验思考题

1. 在连接查询中，左外连接与右外连接有什么区别？
2. 相关子查询与不相关子查询有什么区别？举例说明。
3. 在 SQL Server 2008 中，如何实现关系代数中的差运算？请举例。

第 12 章 实验六 视图操作

12.1 实验目的

1. 掌握 SQL Server 2008 中的视图创建及删除的方法。
2. 加深对视图和 SQL Server 2008 图表作用的理解。
3. 掌握对视图的各种操作。

12.2 知识要点

12.2.1 视图的概念及其优点

1. 概念

视图是存储在数据库中的预先定义好的查询,具有基本表的外观,可以像基本表一样对其进行存取,但不占据物理存储空间,也是数据库对象。视图可以通过基本表导出,也可以通过其他视图导出。

2. 优点

视图与基本表相比有许多优点,如简化用户操作、多角度看待同一数据、对机密数据提供保护、为数据库重构提供一定的逻辑独立性等。

具体来讲,简化用户操作是因为看到的内容就是用户需要的,不仅可简化用户对数据的理解,也可简化它们的操作,因而经常使用的查询可以被定义为视图;多角度看待同一数据是指视图机制可使不同用户从多角度处理同一数据;对机密数据提供保护是指通过视图用户只能查询和修改他们能见到的数据,数据库中的其他数据则既看不到也取不到,数据库授权命令可使用户对数据库的检索限制到特定的数据库对象上,但不能授权到数据库特定的行、列上,而视图可防止未授权用户查看特定的行或列;为数据库重构提供一定逻辑独立性是指通过视图来存取数据库中的数据可以有选择地改变构成视图的基本表,而不考虑应用程序的改动,这一点在数据库的三级模式、两级映射体系结构中有重要的作用。

12.2.2 视图的定义、删除、查询及更新操作

1. 使用命令方式完成视图的定义、删除、更新操作

1）视图定义

Transact-SQL 中使用 CREATE VIEW 语句建立视图,语法格式如下:

```
CREATE VIEW [ <数据库名>.] [ <所有者>.] <视图名> [(<属性列1>[,<属性列2>]…)] AS <子查询
> [WITH CHECK OPTION];
```

说明：

（1）此命令用于创建一个视图。

（2）视图名是视图的名称。视图名称必须符合标识符规则。可以选择是否指定视图所有者名称。

（3）属性列是视图中的列名。如果未指定列名，则视图列将获得与子查询语句中的列相同的名称。

（4）子查询是一个 SELECT 语句，可在 SELECT 语句中查询多个表或视图，以表明新创建的视图参照的表或视图，但对 SELECT 语句有以下限制。

- 定义视图的用户必须对所参照的表或视图有查询（即可执行 SELECT 语句）权限。
- 不能使用 COMPUTE 或 COMPUTE BY 子句。
- 不能使用 ORDER BY 子句。
- 不能使用 INTO 子句。
- 不能在临时表或表变量上创建视图。

（5）WITH CHECK OPTION 是强制视图上执行的所有数据修改语句都必须符合由子查询设置的准则。通过视图修改行时，WITH CHECK OPTION 可确保提交修改后，仍可通过视图看到修改的数据。

注意：CREATE VIEW 语句必须是批处理中的第一条语句。

2）视图定义的修改

可以对建立的视图进行修改。使用 ALTER VIEW 语句修改视图，语法格式如下：

```
ALTER VIEW 视图名 AS <子查询> [WITH CHECK OPTION];
```

3）视图删除

使用 DROP VIEW 语句可以删除视图，语法格式为：

```
DROP VIEW <视图名>
```

4）视图查询

用 SELECT 命令对视图建立查询，语法格式同基本表的查询（只需要将表名换成视图名）。

5）视图更新

由于视图本身并没有数据，视图是由基本表导出的虚表，所以对视图的更新最终要转换成对基本表的更新，但并不是所有的视图都可以更新，对视图的更新是有限制条件的，一般大多数行列子集视图是可更新的。通常利用 UPDATE（修改）、INSERT（插入）、DELETE（删除）等命令来更新视图，语法格式同基本表的数据更新，只需将表名换成视图名即可。

2. 使用可视化方式建立视图的操作

1）视图定义的步骤

（1）启动 SQL Server Management Studio。

（2）在对象资源管理器中展开数据库结点，找到要访问的数据库并展开，选择其中的

"视图"项,右击,在弹出的快捷菜单中选择"新建视图"菜单项,出现图 12-1 所示的"添加表"窗口。

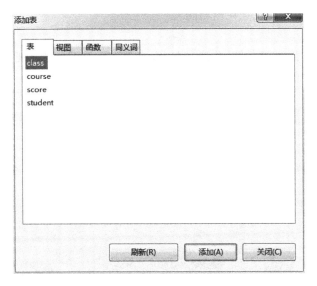

图 12-1 "添加表"窗口

(3) 选择添加表(视图基于的表),然后在添加的表中选择需要的列,如图 12-2 所示。这里选择 student 表中的学号、姓名,score 表中的课程编号、成绩、学期和 course 表中的课程名称、考核方式及学时。如果表与表之间事先没有建立参照关系,则在建立视图的语句中要自行加入表与表之间的连接,否则会按照笛卡儿连接进行。

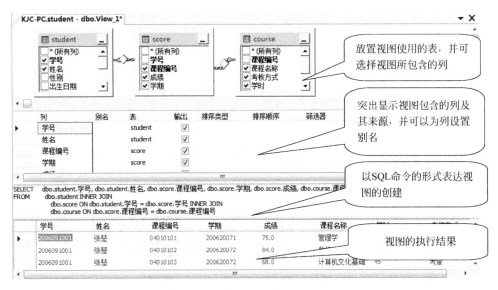

图 12-2 选择表中的字段构建视图

(4) 保存视图定义。单击工具栏中的 ![保存]按钮,打开"保存"对话框,输入视图名称"成绩查询",单击"确定"按钮,这样一个视图就建立完成了。

2）修改视图

对于已经建立好的视图，可以在其上右击，选择"设计"选项，返回如图 12-2 所示的窗口重新修改（具体修改方法和建立视图相同）。

3）删除视图

对于已经建立好的视图，可以在其上右击，选择删除选项来删除视图定义（注意，删除视图并不会将基本表中的数据删除，而只是删除视图的定义）。

4）查询视图

可以选择"编辑前 200 行"选项，打开如图 12-3 所示的视图进行查询，查询结果如图 12-4所示。

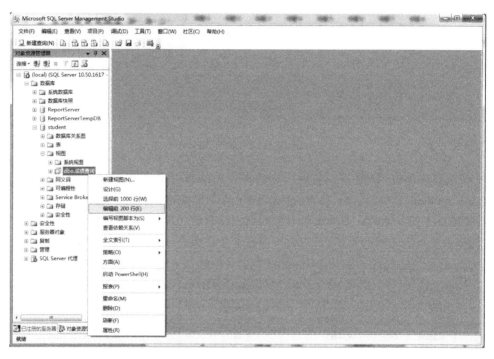

图 12-3　对视图进行查询

	学号	姓名	课程编号	学期	成绩	课程名称	学时	考核方式
▶	2006091001	张慧	04010101	200620071	75.0	管理学	64	考试
	2006091001	张慧	04010102	200620072	84.0	数据库系统及…	48	考试
	2006091001	张慧	04010103	200620072	68.0	计算机文化基础	45	考查
	2006091001	张慧	04010104	200620072	68.0	管理信息系统	32	考试
	2006091002	欧阳佳慧	04010101	200620071	86.0	管理学	64	考试
	2006091002	欧阳佳慧	04010102	200620072	90.0	数据库系统及…	48	考试
	2006091002	欧阳佳慧	04010103	200620072	67.0	计算机文化基础	45	考查
	2006091003	孔灵柱	04010101	200620071	74.0	管理学	64	考试
	2006091003	孔灵柱	04010102	200620072	45.0	数据库系统及…	48	考试
	2006091004	门静涛	04010101	200620071	72.0	管理学	64	考试
	2006091005	王广惠	04010101	200620071	56.0	管理学	64	考试
*	NULL	NULL	NULL	NULL	NULL	NULL	NULL	NULL

KJC-PC.student - dbo.成绩查询

|◀ ◀ | 1　/11 | ▶ ▶| ▶* | (■)

图 12-4　成绩查询视图的查询结果

5）查看数据库中的视图信息

在对象资源管理器中展开 student 数据库中的视图结点，项目组成窗口中的"成绩查询"即刚刚创建的视图，其他为系统创建的视图对象，如图 12-5 所示。

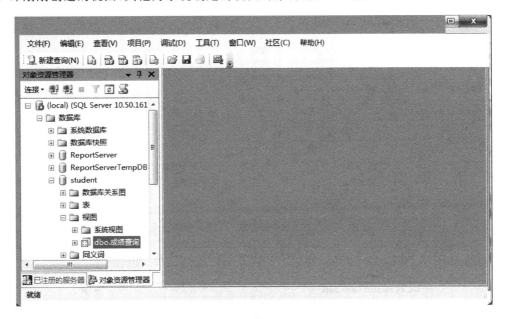

图 12-5 学生数据库中的视图信息

6）更新视图

新建一个视图，命名为"新班级"，包含的列为班级编号、班级名称和所属专业，如图 12-6 所示。

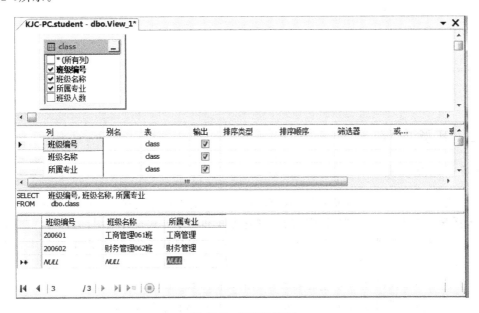

图 12-6 新班级视图

在视图窗口中找到刚建立的新班级视图,在其上右击,选择"编辑前 200 行"选项,进入查看界面,在最后一条记录后加入一个新的班级信息(200603,市场营销 061,市场营销),如图 12-7 所示。

图 12-7　在视图"新班级"中加入新的记录

查看 class 表,如图 12-8 所示,结果已经将新的班级信息添加进去了。

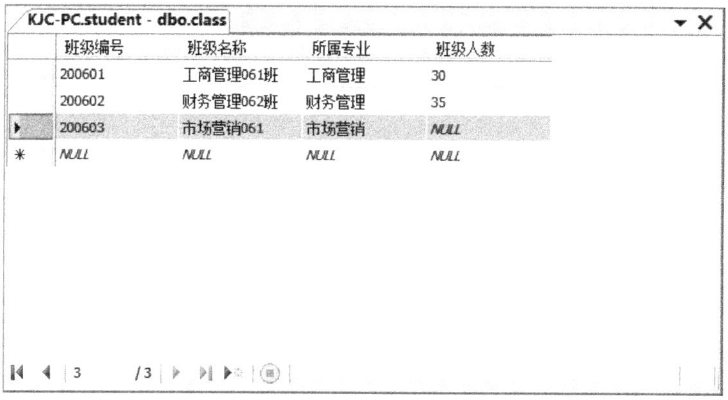

图 12-8　表 class 中新加入了一条记录

12.3　实验内容

12.3.1　建立视图

（1）建立所有男同学的视图 VBoy_Student 和所有女同学的视图 VGirl_Student。视图中应包括学生表中的所有列(分别使用可视化方式和命令方式设计视图,运行并观察结果)。

（2）建立工商管理 061 班选修了 04010101 号课程且成绩在 60 分以上的学生视图,视图名为 Vgs061good_04010101(包括学生姓名、课程编号和成绩)。

（3）建立一个反映所有学生姓名和年龄的视图 VS_BT。

（4）将学生的学号及其平均成绩定义为一个视图 Vpjcj_Student。

（5）将课程编号及选修人数定义为一个视图 VCount_Xuanxiu。

（6）创建反映工商管理 061 班男生人数和女生人数的一个视图 Vboygirlnumber,形式如图 12-9 所示，具体可参考 isnull、cast(或 convert)函数。

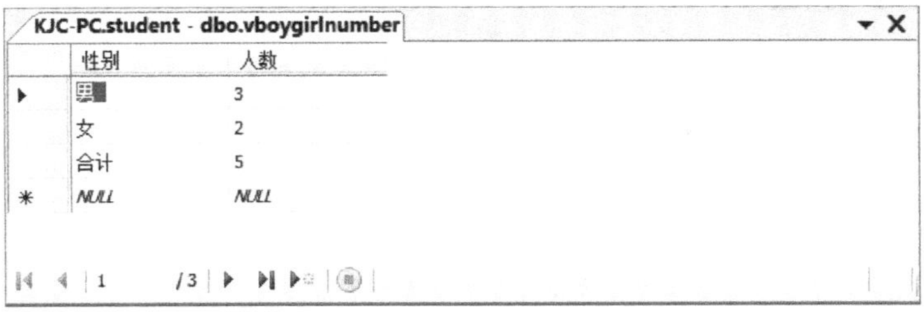

KJC-PC.student - dbo.vboygirlnumber

性别	人数
男	3
女	2
合计	5
NULL	NULL

图 12-9 视图形式

(7) 创建视图"分段统计"，显示每门课程成绩为良好以上及良好以下的学生人数，具体形式参见图 12-10。

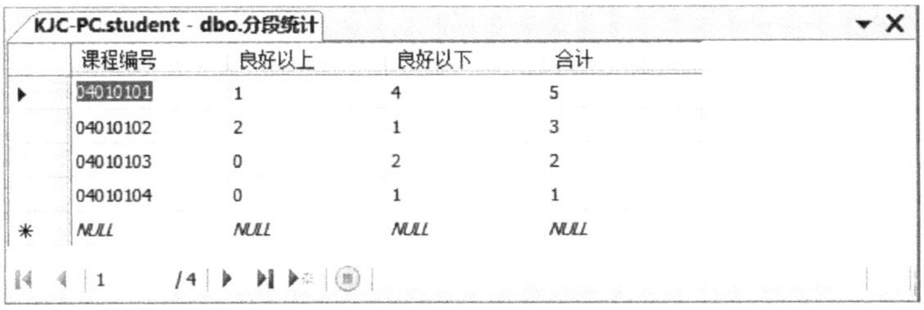

KJC-PC.student - dbo.分段统计

课程编号	良好以上	良好以下	合计
04010101	1	4	5
04010102	2	1	3
04010103	0	2	2
04010104	0	1	1
NULL	NULL	NULL	NULL

图 12-10 分段统计课程成绩视图

12.3.2 查询视图(运行并观察结果)

(1) 在视图 VBoy_Student 中找出年龄大于 21 岁的学生。

(2) 在视图 VS_BT 中查询比张楚年龄还小的学生。

(3) 在视图 Vpjcj_Student 查询平均成绩小于 60 的学生的学号和平均成绩。

(4) 在视图 VCount_Xuanxiu 中查询选修人数在 2 人以上的课程编号。

12.3.3 更新视图(运行并观察结果)

(1) 向视图 VBoy_Student 中插入一个新的学生记录，其中学号为 2006091020，姓名为赵新，性别为男，出生日期为 1987-1-1，入学成绩为 530，党员否为 1，班级编号为 200601。

(2) 删除视图 VBoy_Student 中学号为 2006091020 的学生记录。

(3) 更新视图 Vpjcj_Student 中学号为 2006091001 学生的平均成绩为 80 分(查看执行结果，说明原因)。

12.3.4 删除视图

(1) 删除 VS_BT 视图。

(2) 删除 VBoy_Student 视图。

12.4 实验思考题

1. 什么是视图？使用视图的优点是什么？
2. 什么样的视图可以更新？
3. 视图与基本表有什么区别？

第13章 实验七 Transact-SQL 程序设计

13.1 实验目的

1. 掌握 Transact-SQL 程序设计的控制结构及程序设计逻辑。
2. 掌握事务的设计思想和方法。
3. 能根据应用需求设计 Transact-SQL 程序。

13.2 知识要点

13.2.1 Transact-SQL 概述

SQL(Structure Query Language)是用于数据库查询的结构化语言。1982 年,美国国家标准化组织(ANSI)确认 SQL 为数据库系统的工业标准。目前,许多关系型数据库管理系统都支持 SQL,如 Access、Oracle、Sybase、DB2 等。Transact-SQL 在支持标准 SQL 的同时,还对其进行了扩充,引入了变量定义、流程控制和自定义存储过程等语句,极大地扩展了 SQL Server 2008 的功能。使用数据库的客户或应用程序都是通过 Transact-SQL 来操作数据库的。

13.2.2 Transact-SQL 基础

Transact-SQL 是一系列操作数据库及数据库对象的命令语句。了解其基本语法和流程语句的构成是必须的,主要包括常量与变量、批处理、标识符、注释、控制流语句和函数等内容。

1. 常量与变量

常量也称文字值或标量值,是指程序运行中值不变的量。在 Transact-SQL 程序设计过程中,常量的格式取决于它所表示的值的数据类型。表 13-1 列出了 SQL Server 2008 中可用的常量类型及说明。

表 13-1 常量类型及说明

常 量 类 型	常量表示说明
字符串常量	包括在单引号或双引号中,由字母(a~z、A~Z)、数字字符(0~9)以及特殊字符(如感叹号(!)、at 符(@)和数字号(#))组成
二进制常量	只由 0 或者 1 构成的串,并且不使用引号。如果使用一个大于 1 的数字,它将被转换为 1

常量类型	常量表示说明
十进制整型常量	使用不带小数点的十进制数据表示
十六进制整型常量	使用前缀 0x 后跟十六进制数字串表示
日期常量	使用单引号将日期时间字符串括起来
实型常量	有定点表示和浮点表示两种方式
货币常量	使用前缀为可选的小数点和可选的货币符号的数字字符串表示

变量是指在程序运行过程中其值可以改变的量。变量对于一种语言来说是必不可少的组成部分。Transact-SQL 允许使用两种变量：一种是用户自己定义的局部变量（Local Variable）；另一种是系统提供的全局变量（Global Variable）。

（1）局部变量。局部变量是用户自己定义的变量，它的作用范围仅在程序内部。从声明该局部变量的地方开始，到声明的批处理或存储过程的结尾，用来存储从表中查询到的数据，或当作程序执行过程中的暂存变量使用。批处理或存储过程结束后，存储在局部变量中的信息将丢失。

局部变量必须以"@"开头，使用 DECLARE 语句定义。局部变量必须先声明后使用，其声明格式如下：

```
DECLARE @变量名 变量类型[,@变量名 变量类型…]
```

其中，变量类型可以是 SQL Server 2008 支持的所有数据类型，也可以是用户自定义的数据类型。使用 DECLARE 命令可以声明一个或多个局部变量，但多个变量之间应该以逗号分隔。所有的变量都可以被赋予 NULL 值，没有任何选项限制对变量赋 NULL 值。默认时，当变量被声明后，其初始值都是 NULL。尽管这样，作为 SQL Server 2008 中改动的一部分，现在也可以在声明变量的时候为变量赋值。可以使用 SET 语句或 SELECT 语句给变量赋值。在没有对表进行操作时，标准的做法是使用 SET 语句来为变量赋值。然而，如果同时设置多个变量的值，使用 SELECT 语句会很有用。这两个命令的区别是：SET 命令一次只能给一个变量赋值，而 SELECT 命令一次可以给多个变量赋值。赋值语句的格式如下：

```
SET @变量名 = 变量值
SELECT @变量名 = 变量值 [,…n]
例如：声明一个局部变量@NAME,类型为 VARCHAR,长度为 10,赋值为'王一'.
    DECLARE @NAME VARCHAR(10)
    SET @NAME = '王一'          (或者 SELECT @NAME = '王一')
```

局部变量的输出可以用 PRINT，也可以用 SELECT。PRINT 命令一次仅显示一个变量的值，而 SELECT 命令可以一次显示多个变量的值。输出语句的格式如下：

```
PRINT @变量名
SELECT @变量名 [,…n]
```

（2）全局变量。全局变量是由 SQL Server 系统提供并赋值，而且预先声明的、用来保存 SQL Server 系统运行状态数据值的变量。用户不能定义全局变量，也不能用 SET 语句和 SELECT 语句修改全局变量的值。通常可以将全局变量的值赋给局部变量，以便保存和处理。全局变量名以"@@"开头。实际上,在 SQL Server 中,全局变量是一组特定的函数,不需要任何参数,调用时无须在函数名后面加括号,这些函数也称为无参数函数。全局变量的符号及其功能见表 13-2。

表 13-2 全局变量的符号及其功能

全 局 变 量	功 能
@@CONNECTIONS	返回自上次启动以来登录或试图登录的次数
@@CPU_BUSY	返回自 SQL Server 最近一次启动以来 CPU Server 的工作时间
@@CURSOR_ROWS	返回连接上最新打开的游标中当前存在的合格行的数量
@@DATEFIRST	用来指定每周的第一天是星期几
@@DBTS	返回当前数据库的唯一时间标记值
@@ERROR	返回执行 Transact-SQL 语句的错误代码
@@FETCH_STATUS	返回最近一条 FETCH 语句的状态值
@@IDENTITY	返回最后插入的标识值
@@IDLE	返回自 SQL Server 最近一次启动以来 CPU 处于空闲状态的时间长短
@@IO_BUSY	返回自 SQL Server 最近一次启动以来 CPU 执行输入输出操作的累计时间
@@LANGID	返回当前使用的语言 ID 值
@@LANGUAGE	返回当前使用的语言名称
@@LOCK_TIMEOUT	返回当前会话等待锁的时间长短
@@MAX_CONNECTIONS	返回与 SQL Server 相连的最大连接数量
@@MAX_PRECISION	返回 decimal 与 numeric 数据类型的精确度
@@NESTLEVEL	返回当前执行的存储过程的嵌套级数,初始值为 0
@@OPTIONS	返回当前 SET 选项的信息
@@PACK_RECEIVED	返回 SQL Server 通过网络读取的输入包数量
@@PACK_SENT	返回 SQL Server 写给网络的输出包数量
@@PACKET_ERRORS	返回网络包的错误数目
@@PROCID	返回当前存储过程的 ID 值
@@REMSERVER	返回远程 SQL Server 数据库服务器的名称
@@ROWCOUNT	返回受上一语句影响的行数
@@SERVERNAME	返回运行的本地服务器名称
@@SERVICENAME	返回 SQL Server 正运行于哪种服务状态之下
@@SPID	返回当前用户处理的服务器处理 ID 值
@@TEXTSIZE	返回当前 text 或 image 数据类型的最大长度
@@TIMETICKS	返回每一时钟的微秒数
@@TOTAL_ERRORS	返回磁盘读写错误数量
@@TOTAL_READ	返回磁盘读操作的数目
@@TOTAL_WRITE	返回磁盘写操作的数目
@@TRANCOUNT	返回当前连接中处于激活状态的事务数目
@@VERSION	返回当前 SQL Server 服务器的版本和处理器类型

2. 批处理

批处理是包含一个或多个 Transact-SQL 语句的组，从应用程序一次性地发送到 SQL Server 执行。SQL Server 将批处理语句编译成一个可执行单元，此单元称为执行计划。执行计划中的语句每次执行一条。一个批处理语句以 go 结束。

使用批处理时应遵守以下规则。

（1）CREATE DEFAULT、CREATE PROCEDURE、CREATE RULE、CREATE TRIGGER 和 CREATE VIEW 语句不能在批处理中与其他语句组合使用。批处理必须以 CREATE 语句开始，所有跟在 CREATE 后的其他语句将被解释为第一个 CREATE 语句定义的一部分。

（2）不能把规则和默认值绑定到表字段或用户自定义数据类型之后，在同一个批处理中使用它们。

（3）不能在给表字段定义了一个 CHECK 约束后，在同一个批处理中使用该约束。

（4）在同一个批处理中不能删除一个数据库对象后又重建它。

（5）不能在修改表的字段名后，在同一个批处理中引用该新字段名。

（6）调用存储过程时，若它不是批处理中的第一条语句，那么在它前面必须加上 EXECUTE（或 EXEC）。

3. 标识符

数据库对象的名称被看成是该对象的标识符。在 SQL Server 中，标识符可以分成两类：常规标识符与分隔标识符。由于分隔标识符不常用，所以我们只介绍常规标识符的使用。

常规标识符应符合如下规则。

（1）第一个字符必须是下列字符之一：ASCII 字符、Unicode 字符、下画线（_）、@或♯。在 SQL Server 中，某些处于标识符开始位置的符号具有特殊意义，以@开始的标识符表示局部变量或参数，以一个数字符号开始的标识符表示临时表或过程，以♯♯开始的标识符表示全局临时对象。

（2）后续字符可以是 ASCII 字符、Unicode 字符、下画线（_）、@、美元符号 $ 或数字符号。

（3）标识符不能是 Transact-SQL 的保留字。

（4）不允许嵌入空格或其他特殊字符。

4. 注释

注释是指程序代码中不被执行的文本字符串，用于对代码进行说明或暂时进行诊断的部分语句，可使程序代码更易于维护。一般地，注释主要用于描述程序名称、作者姓名、变量说明、算法描述和代码更改日期等。Transact-SQL 支持两种类型的注释字符。

（1）单行注释。使用双连字符"--"表示书写单行注释语句。从双连字符开始到行尾都是注释内容。这些注释内容既可以与要执行的代码处于同一行，也可以另起一行。双连字符注释方式主要用于在一行中对代码进行解释和描述。当然，双连字符注释方式也可以进行多行注释，但是每行都需以双连字符开始。服务器不对注释进行计算。

（2）多行注释。使用正斜杠星号字符"/＊…＊/"将注释括起来，开始注释对"/＊"和结束注释对"＊/"之间的所有内容均视为注释。这些注释字符既可以用于多行注释，也可以与执行的代码处在同一行,甚至还可以处在可执行代码的内部。服务器不计位于"/ ＊ "和 " ＊ /"之间的文本。多行注释/ ＊ … ＊ /不能跨越批处理。整个注释必须包含在一个批处 理内。

5. 控制流语句

控制流语句是用来控制程序执行流程的语句。使用控制流语句可以在程序中组织语句 的执行流程,提高编程的处理能力。

(1) BEGIN…END 定义语句块。BEGIN 和 END 语句用于将多个 Transact-SQL 语句 组合为一个逻辑块。任何时候当控制流语句必须执行一个包含两条或两条以上 Transact- SQL 语句的语句块时,使用 BEGIN 和 END 语句。当仅控制一条 Transact-SQL 语句的执 行时,不需要使用 BEGIN 和 END 语句。BEGIN 和 END 语句必须成对使用。它的语法格 式为:

```
BEGIN
{ sql 语句 | sql 语句块}
END
```

(2) IF…ELSE 条件处理语句。用于指定 Transact-SQL 语句的执行条件。如果条件 满足(布尔表达式返回 TRUE),则在 IF 关键字及其条件之后执行 Transact-SQL 语句。可 选的 ELSE 关键字引入备用的 Transact-SQL 语句,当不满足 IF 条件时(布尔表达式返回 FALSE),就执行这个语句。其语法格式为:

```
IF 布尔表达式
{ sql 语句 | sql 语句块}
[ ELSE
{ sql 语句 | sql 语句块} ]
```

如果布尔表达式中含有 SELECT 语句,则必须用圆括号将 SELECT 语句括起来。

(3) CASE 分支语句。计算条件列表并返回多个可能的结果表达式之一。CASE 具有 两种格式:一种是简单 CASE 函数,将某个表达式与一组简单表达式进行比较,以确定结 果;另一种是 CASE 搜索函数,计算一组布尔表达式,以确定结果。两种格式都支持可选的 ELSE 参数。

简单 CASE 函数的语法格式为:

```
CASE 输入表达式
WHEN 比较表达式 THEN 结果表达式
      [ …n ]
      [ ELSE 结果表达式 ]
END
```

CASE 搜索函数的语法格式如下:

```
CASE
WHEN 布尔表达式 THEN 结果表达式
    [ …n ]
    [ ELSE 结果表达式 ]
END
```

（4）WHILE 循环语句。设置重复执行 SQL 语句或语句块的条件，只要指定的条件为真，就重复执行循环语句。可以使用 BREAK 和 CONTINUE 关键字在循环体内部控制 WHILE 循环中语句的执行。其语法格式为：

```
WHILE 布尔表达式
{ sql 语句 | sql 语句块}
[ BREAK ]
{ sql 语句 | sql 语句块}
[ CONTINUE ]
{ sql 语句 | sql 语句块}
```

如果布尔表达式中含有 SELECT 语句，则必须用圆括号将 SELECT 语句括起来。尽管可以只执行一条语句，但几乎所有的 WHILE 关键字之后都会跟有一个 BEGIN…END 语句块。

BREAK：导致程序从最内层的 WHILE 循环中退出。将执行出现在 END 关键字后面的任何语句块，END 关键字为循环结束标记。如果嵌套了两个或多个 WHILE 循环，内层的 BREAK 将导致程序退出到下一个外层循环。首先运行内层循环结束之后的所有语句，然后下一个外层循环重新开始执行。

CONTINUE：使 WHILE 循环重新开始执行，忽略 CONTINUE 关键字后的任何语句。

（5）GOTO 无条件跳转语句。使得 Transact-SQL 批处理的执行跳至指定标签的语句，也就是说，不执行 GOTO 语句和标签之间的所有语句。GOTO 语句和标签可在过程、批处理或语句块中的任何位置使用，可嵌套使用。由于该语句破坏了结构化语句的结构，所以应尽量减少该语句的使用。其语法格式为：

```
定义标签：
    label：
改变执行：
GOTO < label >
```

GOTO 可用在条件控制流语句、语句块或过程中，但不可跳转到批处理之外的标签处。GOTO 分支可跳转到定义在 GOTO 之前或之后的标签处。

（6）RETURN 无条件退出语句。无条件终止查询、存储过程或批处理的执行。存储过程或批处理中 RETURN 语句后面的所有语句都不再执行。当在存储过程中使用该语句时，可以使用该语句指定返回给调用应用程序、批处理或过程的整数值。如果 RETURN 语句未指定值，则存储过程的返回值是 0。其语法格式为：

```
RETURN [ 数值表达式 ]
```

数值表达式指定一个整数值，存储过程可向执行调用的过程或应用程序返回一个整型值。

6. 函数

这里介绍最常用的三类函数：日期和时间函数、字符串函数，以及系统函数。

1）日期和时间函数

该系列函数可以对包含日期和时间的变量进行处理，也可以对通过系统函数提取的当前日期和时间进行处理。

（1）DATEADD（ ）。如果希望向列或变量中添加或减少一个时间值，并在行集中显示新的结果，或是将新值赋给变量，则可以使用 DATEADD（ ）。DATEADD（ ）的语法是：

```
DATEADD(datepart,number,date)
```

datepart 选项应用于所有的日期函数中，说明要添加的值类型，可以是从毫秒到年等不同的时间单位。这里定义了几个保留字，不需要用引号。datepart 可能的取值见表 13-3。

表 13-3　datepart 可能的取值

datepart 定义	说　　明
isowk,isoww	ISOWeek 是一种编号系统，用来给日历中的每一周赋予一个唯一的、递增的编号。ISO 周的第一天从星期一开始，一年的第一周包含该年的第一个星期四。例如，2008 年的第一个星期四是 1 月 3 日，因此第一周从 2007 年 12 月 31 日起到 2008 年 1 月 6 日
tz	时区偏移量
Ms	Millisecond
ss,s	Second
mi,s	Minute
Hh	Hour
Dw,w	Weekday
Wk,ww	Week
dd,d	Day
dy,y	Day of year
mm,n	Month
qq,q	Quarter
yy,yyyy	Year

函数的第二个选项如果是要添加的值，则该值为正数；如果是要减少的值，则该值为负数。函数的最后一个选项可以是一个值、一个变量，或一个保存有要更改的日期和时间的列数据类型。

（2）DATEDIFF（ ）。要找到两个日期之间的不同，可以使用 DATEDIFF（ ）函数。该函数的语法是：

DATEDIFF（datepart,startdate,enddate）

第一个选项与 DATEADD（ ）中的第一个选项相同，startdate 和 enddate 是要比较的两个日期。如果比较的结果为负数，则表明 enddate 早于 startdate。

（3）DATENAME（ ）。该函数返回日期中名称的部分，这在处理某些事务，如客户的账目时很有用。将数字 6 显示成 June，可以更方便阅读。

其语法是：

```
DATENAME(datepart,datetoinspect)
```

也可以在 DATEPART（ ）的使用中看到这个函数。

（4）DATEPART（）。如果希望从日期变量、列或值中返回部分日期，则可以在 SELECT 语句中使用 DATEPART（）。

在其语法中，第一个选项是 datepart，第二个选项是 datetoinspect，该函数将从被检查的日期中返回星期天数。其语法是：

```
DATEPART(datepart,datetoinspect)
```

（5）GETDATE（）/SYSDATETIME（）。GETDATE（）是一个很有用的函数，可以从系统中返回当前真正的日期和时间。该函数的语法中没有参数。

如果需要达到更高的精度（如纳秒），或者有更多的要求，则可以使用 SYSDATETIME（）。

2）字符串函数

（1）ASCII（）。ASCII（）函数可以将单个字符转换成相应的 ASCII 码。

（2）CHAR（）。同 ASCII（）函数功能相反的是 CHAR（）函数，它将一个数字值转换成字符。

（3）LEFT（）。如果希望从一个基于字符串的变量中返回其最左边的 n 个字符，可以使用 LEFT(n)函数，其中 n 是要返回的字符数，可以根据需要而改变。

（4）LOWER（）。要修改字符串中的所有字符的大小写，将之改为小写，则可以使用 LOWER（）函数。

（5）LTRIM（）。我们可能经常希望删除在字符串中包含的空格。利用 LTRIM（）可以将字符串左边的空格删除。

（6）RIGHT（）。该函数与 LEFT（）函数相反，它返回字符串中右边的指定数量的字符。

（7）RTRIM（）。如果有一个变量是 CHAR（）数据类型，则无论在其中输入了多少字符，变量的右边总是会被空格填充。要删除这些空格，可以使用 RTRIM。这会将一个来自固定长度 CHAR（）的数据更改成可变长度的值。

（8）STR（）。将任何类型的数字值转换成可变长度的字符串，可以使用 STR（）。

（9）SUBSTRING（）。要从字符串的非开始或非结束的位置提取指定数量的字符，则可以使用 SUBSTRING（）。它有 3 个参数：变量或列、要开始提取字符的起始字符位置，以及要返回的字符数量。

（10）UPPER（）。是与 LOWER（）函数功能相反的函数，利用它可以将所有字符全部转为大写。

3）系统函数

系统函数提供了一些额外的功能，可以进行如字符串、数字和日期相关的操作。

（1）CASE WHEN…THEN…ELSE…END。第一个函数用于对条件进行测试。当（WHEN）条件为真时，则（THEN）可以进行更多的处理，否则（ELSE）可以做其他一些事情。在 WHEN 和 THEN 区域中发生的事情，可以由另一个 CASE 语句进行处理，以提供可以被赋给列或变量的值。

CASE WHEN 语句可以被用于返回值，或者，如果右边是一个等式，则可以用于设置值。

（2）CAST（）/CONVERT（）。有两个函数可以将数据从一种数据类型转换成另一种数据类型。它们之间的不同之处在于,CAST( )具有 ANSI SQL-92 的兼容性,而 CONVERT( )的功能更为强大。

CAST( )的语法如下:

CAST(variable_or_column AS datatype)

CONVERT( )的语法如下:

CONVERT(datatype, variable_or_column)

(3) ISDATE( )。尽管 ISDATE( )是一个操作日期和时间的函数,该系统函数也可以对列或变量中的值进行判断,以确认其中包含的值是否是一个有效的日期或时间。如果不是有效日期,则返回 0,否则返回 1。要在 ISDATE( )函数中进行测试的日期,其格式必须与使用 SET DATEFORMAT 或者 SET LANGUAGE 设定的设置具有相同的地域格式。如果我们为数据库设置的是美国日期格式,而测试使用的值是欧洲日期格式的日期,则将得到错误的返回值。

(4) ISNULL( )。迄今为止,我们已经在返回的数据列中多次看到了 NULL 值。我们可能会希望对一个列进行测试,以看看其中是否包含 NULL。如果存在值,则提取它;如果是 NULL,则将它转换成一个值。这可以通过在聚合中操作 NULL 值来完成。其语法如下:

ISNULL(value_to_test, new_value)

第一个选项用于测试是否为 NULL 的列或变量。第二个选项定义了若为 NULL 值,则将其改变成什么值。这种改变只发生在结果中,而不会对底层的数据产生影响。

(5) ISNUMRIC( )。该函数用于对列或变量中的值进行测试,确认其中是否是数字。如果不是数字,则返回 0 或 False;如果测试有效,该值可以被转换成数字,则返回 1 或 True。

13.2.3 事务

1. 事务的概念

事务由作为一个逻辑工作单元(包)执行的单个 SQL 语句或一组 SQL 语句组成。事务是单个工作单元,通过事务可以将对数据库数据的多个操作合并为单个工作单元。如果某一事务成功,则在该事务中进行的所有数据修改均会提交,成为数据库中的永久组成部分。如果事务遇到错误且必须取消或回滚,则所有数据修改均被清除,对数据库的所有更新都回滚到该事务前的状态。

2. 事务的特点

(1) 原子性。事务的原子性是指事务是数据库的逻辑工作单位,事务中包括的操作要么全做,要么一个也不做。

(2) 一致性。事务的一致性是指事务执行的结果必须使数据库从一个一致性状态变到另一个一致性状态。

(3) 隔离性。事务的隔离性是指一个事务的执行不能被其他事务干扰,即一个事务内部的操作及使用的数据对其他并发事务是隔离的,并发执行的各个事务之间不能互相干扰。

（4）持久性。事务的持久性是指一个事务一旦提交，它对数据库中数据的改变就是永久性的，接下来的其他操作或故障不应该对其执行结果有任何影响。

3. 事务的分类

任何对数据的修改都是在事务环境中进行的。按照事务定义的方式，可以将事务分为系统定义事务和用户定义事务。SQL Server 2008 支持的 4 种事务模式（自动提交事务、显式事务、隐式事务和分布式事务）分别对应上述两类事务。

（1）自动提交事务。SQL Server 2008 将一切操作作为事务处理，它不会在事务以外更改数据。如果没有用户定义事务，SQL Server 会自己定义事务，称为自动提交事务。每条单独的语句都是一个事务。

（2）显式事务。显式事务是指显式定义了启动（BEGIN TRANSACTION）和结束（COMMIT TRANSACTION 或 ROLLBACK TRANSACTION）的事务。实际应用中，大多数的事务是由用户定义的。

（3）隐式事务。在隐式事务中，SQL Server 在没有事务定义的情况下会开始一个事务，但不会像在自动提交模式中那样自动执行 COMMIT 或 ROLLBACK 语句，事务必须显式结束。

（4）分布式事务。一个比较复杂的环境可能有多台服务器，那么要保证在多服务器环境中事务的完整性和一致性，就必须定义一个分布式事务。

4. 启动事务

1）显式事务的定义

显式事务需要明确定义事务的启动。显式事务的定义格式如下：

```
BEGIN { TRAN |TRANSACTION }
[ { transaction_name |@tran_name_variable }
[WITH MARK ['description' ] ] ]
```

说明：

（1）TRANSACTION：关键字，可以缩写为 TRAN。

（2）transaction_name：事务名，必须符合标识符规则，字符数不能大于 32。

（3）@tran_name_variable：用户定义的、含有效事务名称的变量的名称。

（4）WITH MARK ['description']：指定在日志中标记该事务。description 是描述该标记的字符串。如果使用了 WITH MARK，则必须指定事务名。WITH MARK 允许将事务日志还原到命名标记。

2）隐式事务的定义

默认情况下的隐式事务是关闭的。使用隐式事务需要先将事务模式设置为隐式事务模式。注意，不再使用隐式事务时，要退出该模式。定义格式如下：

```
SET IMPLICIT_TRANSACTIONS { ON | OFF }
```

说明：

（1）SET IMPLICIT_TRANSACTIONS ON 打开隐式事务，进入隐式事务模式。此后隐式事务模式始终生效，直到连接执行 SET IMPLICIT_TRANSACTIONS OFF，使连接恢复为自动提交事务模式。

（2）如果连接处于隐式事务模式，并且当前操作不在事务中，则执行表 13-4 中的任一语句都可启动事务。

表 13-4　可启动隐式事务的 SQL 语句列表

SQL 语句	SQL 语句	SQL 语句
ALTER TABLE	FETCH	REVOKE
CREATE	GRANT	SELECT
DELETE	INSERT	TRUNCATE TABLE
DROP	OPEN	UPDATE

（3）对于设置为自动打开的隐式事务，只有当执行 COMMIT TRANSACTION、ROLLBACK TRANSACTION 等语句时，当前事务才结束。

提示：使用隐式事务时，不要忘记结束事务（提交或回滚）。由于不需要显式定义事务的开始，所以事务的结束很容易被忘记，导致长期运行的失误；在连接关闭时产生不必要的回滚；或者造成其他连接的阻塞。

5. 保存事务

为了提高事务执行的效率，或者进行程序的调试等，可以在事务的某一点设置一个标记（保存点），这样当使用回滚语句时，可以不用回滚到事务的起始位置，而是回滚到标记所在的位置（即保存点）。

保存点的设置及使用格式如下：

```
SAVE { TRAN | TRANSACTION } { savepoint_name | @savepoint_variable }
ROLLBACK TRANSACTION { savepoint_name | @savepoint_variable }
```

说明：

（1）savepoint_name：分配给保存点的名称，保存点名称必须符合标识符的规则。

（2）@savepoint_variable：包含有效保存点名称的用户定义变量的名称，必须用 char、varchar、nchar 或 nvarchar 数据类型声明变量，长度不能超过 32 个字符。

在事务中允许有重复的保存点名称，但指定保存点名称的 ROLLBACK TRANSACTION 语句只能将事务回滚到使用该名称的最近的保存点。

6. 提交事务

提交事务标志着一个执行成功的隐式事务或显式事务的结束。事务提交后，自事务开始以来执行的所有数据修改都被持久化，事务占用的资源被释放。格式如下：

```
COMMIT { TRAN | TRANSACTION }
[ transaction_name | @tran_name_variable ]
```

说明：

（1）transaction_name：指定由前面的 BEGIN TRAN 定义的事务名称。

（2）@tran_name_variable：用户定义的、含有有效事务名称的变量名称。

7. 回滚事务

回滚事务是指清除自事务的起点或到某个保存点所做的所有数据修改，释放由事务控制的资源。格式如下：

```
ROLLBACK { TRAN | TRANSACTION }
[ transaction_name | @tran_name_variable | savepoint_name | @savepoint_variable ]
```

说明：

（1）transaction_name：为 BEGIN TRAN 上的事务分配的名称。@tran_name_variable 是用户定义的、含有有效事务名称的变量的名称。

（2）savepoint_name：SAVE TRAN 语句中的 savepoint_name。@savepoint_variable 是用户定义的、包含有效保存点名称的变量名称。

（3）不带 savepoint_name 和 transaction_name 的回滚事务回滚到事务的起点。执行 COMMIT TRAN 语句后不能回滚事务。

13.3 实验内容

1. 在查询分析窗口中输入有关命令，要求显示当前 SQL Server 的版本号和当前运行的服务器名称。

2. 在查询分析窗口中输入如下程序：

```
Declare @sum smallint,@i smallint,@nums smallint
Set @sum = 0
Set @i = 1
Set @nums = 0
While ((@i < = 100)
    Begin
        If ((@i % 3 = 0)
            Begin
                Set @sum = @sum + @i
                Set @nums = @nums + 1
            End
        Set @i = @i + 1
    End
Print'总和是:' + str(@sum)
Print '个数是:' + str(@nums)
```

运行上面的程序，说明此程序的功能。

3. 在查询分析窗口中输入如下程序：

```
Use student -- 假设数据库名为 student
Select student.学号,姓名,课程名称,成绩 =
Case
    When 成绩 is null then '未考'
    When 成绩 < 60 then '不及格'
    When 成绩 < 70 and 成绩> = 60 then '及格'
    When 成绩 < 80 and 成绩> = 70 then '中等'
    When 成绩 < 90 and 成绩> = 80 then '良好'
    When 成绩 > = 90 then '优秀'
End
From student inner join score on student.学号 = score.学号
inner join course on course.课程编号 = score.课程编号
```

```
order by student.学号,course.课程编号,score.成绩 desc
go
```

运行上面的程序,说明此程序的功能。

4. 在查询分析窗口中输入如下程序:

```
BEGIN TRANSACTION
USE student -- 假设数据库名为 student
GO
DECLARE @SCORE1 NUMERIC(4,1),@SCORE2 NUMERIC(4,1)
SELECT @SCORE1 = 成绩 FROM SCORE WHERE 学号 = '2006091001'and 课程编号 = '04010101'
SELECT @SCORE2 = 成绩 FROM SCORE WHERE 学号 = '2006091001' and 课程编号 = '04010102'
UPDATE SCORE SET 成绩 = @SCORE2 WHERE 学号 = '2006091001' and 课程编号 = '04010101'
UPDATE SCORE SET 成绩 = @SCORE1 WHERE 学号 = '2006091001' and 课程编号 = '04010102'
COMMIT
GO
```

运行上面的程序,说明此程序的功能。

5. 按要求进行 Transact-SQL 程序设计。

(1) 求 1~100 之间的整数和,并输出结果。

(2) 将 50 以内的所有偶数显示出来。

(3) 显示所有学生的学号、姓名和党员否的信息,如果党员否的值为 1,则输出"党员",否则输出"非党员"。

(4) 设计一个事务,在 score 表中插入一条记录,其值为('2006091005','04010102', 0, '200620071'),如果 04010102 号课程选修人数在 30 人以下,则提交事务,否则撤销事务。

13.4 实验思考题

1. 什么是 Transact-SQL? 其与标准 SQL 有何区别?

2. 什么是事务? 事务有何作用?

3. 举例说明事务的持久性。

第14章　实验八　存储过程与触发器

14.1　实验目的

1. 掌握 SQL 存储过程的建立、修改、删除的基本方法。
2. 掌握 SQL 触发器的建立、修改、删除的基本方法及触发器的类型。
3. 了解存储过程和触发器的各自作用。
4. 掌握用户自定义函数的创建与调用。

14.2　知识要点

14.2.1　存储过程

1. 存储过程的定义

存储过程是指编译之后可以以一种可执行的形式永久地存储在数据库中的 SQL 语句。被放入存储过程中的命令作为一个单一的工作单元而执行,这种单一的工作单元也称作批。

2. 存储过程的优点

存储过程有如下优点。

(1) 存储过程在服务器端运行,执行速度快。存储过程是预编译过的,当第一次调用以后,就驻留在内存中,以后调用时不必再进行编译,因此,它的运行速度比独立运行同样的程序速度更快。

(2) 简化数据库管理。例如,如果需要修改现有查询,而查询存放在用户机器上,则要在所有的用户机器上进行修改。而如果在服务器中集中存放查询并作为存储过程,则只需要在服务器上改变一次。

(3) 提供安全机制,增强数据库安全性。通过授予对存储过程的执行权限,而不是授予数据库对象的访问权限,可以限制对数据库对象的访问,在保证用户通过存储过程操纵数据库中数据的同时,可以保证用户不能直接访问存储过程中涉及的表及其他数据库对象,从而保证了数据库数据的安全性。另外,由于存储过程的调用过程隐藏了访问数据库的细节,所以提高了数据库中的数据安全性。

(4) 减少网络流量。如果直接使用 Transact-SQL 语句完成一个模块的功能,那么每次执行程序时,都需要通过网络传输全部 Transact-SQL。若将其组织成存储过程,这样用户仅发送一个单独的语句,就实现了一个复杂的操作,需要通过网络传输的数据量将大大减少。

3. 存储过程的类型

在 Microsoft SQL Server 2008 中有多种可用的存储过程,下面简要介绍每种存储过程。

1) 用户定义的存储过程

在 SQL Server 2008 中,用户定义的存储过程有两种类型:Transact-SQL 和 CLR,见表 14-1。

表 14-1 用户定义的存储过程

存储过程的类型	说 明
Transact-SQL	Transact-SQL 存储过程是指保存 Transact-SQL 语句的集合,可以接受和返回用户提供的参数。存储过程也可以从数据库向客户端应用程序返回数据,例如电子商务和 Web 应用程序
CLR	CLR 存储过程是指对 Microsoft . NET Framework 公共语言运行时方法的引用,可以接受和返回用户提供的参数。它们在.NET Framework 程序集中是作为类的公共静态方法实现的

2) 系统存储过程

系统存储过程主要存储在 master 数据库中,并以 sp_为前缀。系统存储过程主要是从系统表中获取信息,从而为 SQL Server 系统管理员提供支持。通过系统存储过程,SQL Server 中许多管理性或者信息性的活动都可以被顺利有效地完成。这些系统存储过程可分为表 14-2 所示的种类。

表 14-2 系统存储过程的类型及描述

类 型	描 述
活动目录存储过程	用于在 Windows 的活动目录中注册 SQL Server 实例和 SQL Server 数据库
目录访问存储过程	用于实现 ODBC 数据字典功能,并且隔离 ODBC 应用程序,使之不受基础系统表更改的影响
游标存储过程	用于实现游标变量功能
数据库引擎存储过程	用于 SQL Server 数据库引擎的常规维护
数据库邮件和 SQL Mail 存储过程	用于从 SQL Server 实例内执行电子邮件操作
数据库维护计划存储过程	用于设置管理数据库性能所需的核心维护任务
分布式查询存储过程	用于实现和管理分布式查询
全文搜索存储过程	用于实现和查询全文索引
日志传送存储过程	用于配置、修改和监视日志传送配置
自动化存储过程	用于在 Transact-SQL 批处理中使用 OLE 自动化对象
通知服务存储过程	用于管理 SQL Server 2008 系统的通知服务
复制存储过程	用于管理复制操作
安全性存储过程	用于管理安全性
Profile 存储过程	在 SQL Server 代理中用于管理计划和事件驱动活动
Web 任务存储过程	用于创建网页
XML 存储过程	用于 XML 文本管理

虽然 SQL Server 2008 中的系统存储过程被放在 master 数据库中，但是仍可以在其他数据库中对其进行调用，而且调用时不必在存储过程名前加数据库名。甚至当创建一个新数据库时，一些系统存储过程会在新数据库中被自动创建。

SQL Server 2008 支持表 14-3 所示的系统存储过程，这些存储过程用于对 SQL Server 2008 实例进行常规维护。

表 14-3　系统存储过程

sp_add_data_file_recover_suspect_db	sp_help	sp_recompile
sp_addextendedproc	sp_helpconstraint	sp_refreshview
sp_addextendedproperty	sp_helpdb	sp_releaseapplock
sp_add_log_file_recover_suspect_db	sp_helpdevice	sp_rename
sp_addmessage	sp_helpextendedproc	sp_renamedb
sp_addtype	sp_helpfile	sp_resetstatus
sp_addumpdevice	sp_helpfilegroup	sp_serveroption
sp_altermessage	sp_helpindex	sp_setnetname
sp_autostats	sp_helplanguage	sp_settriggerorder
sp_attach_db	sp_helpserver	sp_spaceused
sp_attach_single_file_db	sp_helpsort	sp_tableoption
sp_bindefault	sp_helpstats	sp_unbindefault
sp_bindrule	sp_helptext	sp_unbindrule
sp_bindsession	sp_helptrigger	sp_updateextendedproperty
sp_certify_removable	sp_indexoption	sp_updatestats
sp_configure	sp_invalidate_textptr	sp_validname
sp_control_plan_guide	sp_lock	sp_who
sp_create_plan_guide	sp_monitor	sp_createstats
sp_create_removable	sp_procoption	sp_cycle_errorlog
sp_datatype_info	sp_detach_db	sp_executesql
sp_dbcmptlevel	sp_dropdevice	sp_getapplock
sp_dboption	sp_dropextendedproc	sp_getbindtoken
sp_dbremove	sp_dropextendedproperty	sp_droptype
sp_delete_backuphistory	sp_dropmessage	sp_depends

3）扩展存储过程

扩展存储过程可以通过在 SQL Server 环境外执行的动态链接库（Dynamic-Link Libraries，DLL）来实现。扩展存储过程通过前缀 xp_ 来标识，它们以与存储过程相似的方式来执行。

4. 创建存储过程

1）使用可视化方式创建存储过程

（1）启动 SQL Server Management Studio。

（2）展开数据库结点，先找到 student 数据库并展开，然后找到"可编程性"结点下的"存储过程"结点，并在其上右击，从弹出的快捷菜单中选择"新建存储过程"选项，如图 14-1 所示。

（3）之后会打开一个图 14-2 所示的查询分析窗口，其中包含用于创建存储过程的基础模板代码，准确地说，该模板叫作 Create Stored Procedure（new menu）。根据需要修改相

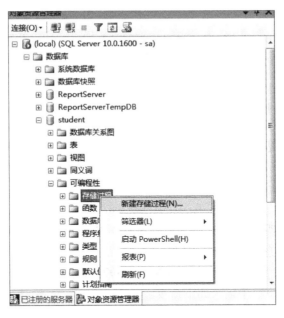

图 14-1 新建存储过程

应的参数即可。具体修改方法见图中的代码。

```
SQLQuery1.sql - (local).student (sa (54))
1  -- ================================================
2  -- Template generated from Template Explorer using:
3  -- Create Procedure (New Menu).SQL
4  --
5  -- Use the Specify Values for Template Parameters
6  -- command (Ctrl-Shift-M) to fill in the parameter
7  -- values below.
8  --
9  -- This block of comments will not be included in
10 -- the definition of the procedure.
11 -- ================================================
12 SET ANSI_NULLS ON
13 GO
14 SET QUOTED_IDENTIFIER ON
15 GO
16 -- ================================================
17 -- Author:      <Author,,Name>
18 -- Create date: <Create Date,,>
19 -- Description: <Description,,>
20 -- ================================================
21 CREATE PROCEDURE <Procedure_Name, sysname, ProcedureName>
22      -- Add the parameters for the stored procedure here
23      <@Param1, sysname, @p1> <Datatype_For_Param1, , int> = <Default_Value_For_Param1, ,
   0>,
24      <@Param2, sysname, @p2> <Datatype_For_Param2, , int> = <Default_Value_For_Param2, ,
   0>
25 AS
26 BEGIN
27      -- SET NOCOUNT ON added to prevent extra result sets from
28      -- interfering with SELECT statements.
29      SET NOCOUNT ON;
30
31      -- Insert statements for procedure here
已连接。(1/1)                    (local) (10.0 RTM) | sa (54) | student | 00:00:00 | 0 行
```

图 14-2 存储过程基础模板

（4）单击"分析"按钮，检查语法是否正确。

（5）单击"执行"按钮，执行代码。

2）使用 Transact-SQL 命令创建存储过程

语法格式为：

```
CREATE PROC[ EDURE ] 存储过程名 [ { @parameter 数据类型 }[ = 默认值 ] [ OUTPUT ]] [ , …n ]
[{ WITH [ RECOMPILE | ENCRYPTION | RECOMPILE , ENCRYPTION }] AS SQL 命令 [ …n ]
```

说明：

（1）其中，"存储过程名"是新建存储过程的名称（过程名必须符合标识符规则，且对于数据库及其所有者必须唯一）。

（2）@parameter 是过程中的参数。在 CREATE PROCEDURE 语句中可以声明一个或多个参数。用户必须在执行过程时提供每个声明参数的值（除非定义了该参数的默认值）；如果定义了默认值，不必指定该参数的值即可执行过程。默认值必须是常量或 NULL。

（3）OUTPUT 表明参数是返回参数。该选项的值可以返回给 EXEC[UTE]。使用 OUTPUT 参数可将信息返回给调用过程。

（4）RECOMPILE 为重新编译；ENCRYPTION 为进行语句加密处理。

例如，在查询分析窗口中输入如下命令：

```
create procedure aaa2(@name char(10) = '谢辉') as select * from student where 姓名 = @name
```

单击"执行"按钮，就可以创建名为 aaa2 的存储过程，如图 14-3 所示。

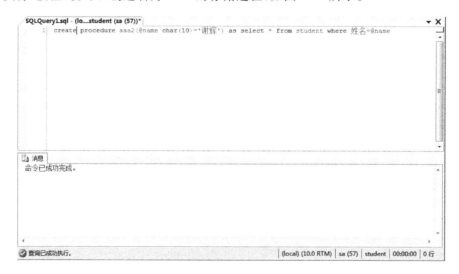

图 14-3　创建 aaa2 存储过程

5. 调用存储过程

语法格式如下：

```
EXECUTE 存储过程名 [ 参数值, … … ] [ OUTPUT ]
```

如果调用的存储过程没有参数，直接执行就可以；如果调用的存储过程含有参数，则在执行过程时要带上相应的参数。

例如，在查询分析窗口中输入如下命令：

```
exec aaa2 @name = '谢辉'
```

就可以调用带有特定参数信息"谢辉"的存储过程了,如图 14-4 所示。

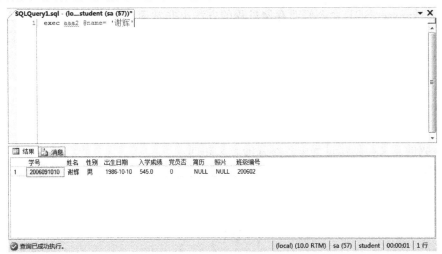

图 14-4　调用 aaa2 存储过程

6. 修改存储过程

1) 使用可视化方式修改存储过程

(1) 启动 SQL Server Management Studio。

(2) 展开数据库结点,首先找到 student 数据库并展开,然后找到"可编程性"结点下的"存储过程"结点并展开,选择要修改的存储过程,右击,在弹出的菜单中选择"修改"命令,就可以利用代码修改了,如图 14-5 所示。

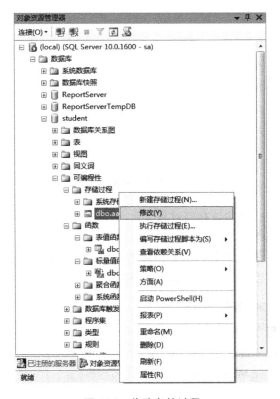

图 14-5　修改存储过程

2）使用 Transact-SQL 命令修改存储过程

使用 Transact-SQL 命令修改存储过程的方法也非常简单，只把关键字 CREATE 改成 ALTER 即可，然后就可以修改过程中的 SQL 语句了。修改完成后要选择代码，运行一下，保证修改成功。

语法格式如下：

```
ALTER PROC[ EDURE ] 存储过程名 [ { @parameter 数据类型 }[ = 默认值 ] [ OUTPUT ]] [ , …n ]
[{ WITH [RECOMPILE | ENCRYPTION | RECOMPILE , ENCRYPTION }] AS SQL 命令 [ …n ]
```

其中各参数的意义与创建过程中各参数的意义相同。

7. 删除存储过程

1）使用可视化方式删除存储过程

（1）启动 SQL Server Management Studio。

（2）展开数据库结点，先找到 student 数据库并展开，然后找到"可编程性"结点下的"存储过程"结点并展开，选择要删除的存储过程，右击，在弹出的菜单中选择"删除"命令，弹出"删除对象"对话框，如图 14-6 所示。

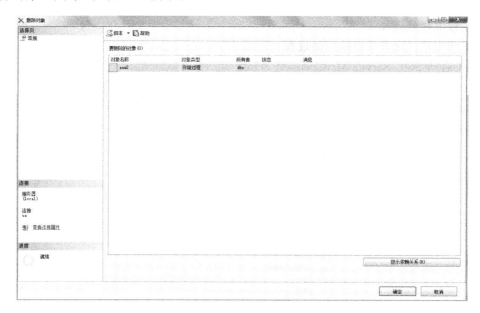

图 14-6 "删除对象"对话框

（3）单击"确定"按钮，删除该存储过程。

2）使用 Transact-SQL 命令删除存储过程

使用 Transact-SQL 删除存储过程要使用 DROP 命令。使用 DROP 命令可将一个或多个存储过程从当前数据库中删除，语法格式如下：

```
DROP PROC[ EDURE ] 存储过程名,[ , …n]
```

8. 重命名存储过程

1）使用可视化方式重命名存储过程

（1）启动 SQL Server Management Studio。

（2）展开数据库结点，先找到 student 数据库并展开，然后找到"可编程性"结点下的"存储过程"结点并展开，选择要重命名的存储过程，右击，在弹出的菜单中选择"重命名"命令，就可以修改了。

2）使用 Transact-SQL 命令重命名存储过程

使用 Transact-SQL 命令修改存储过程的名字要使用系统存储过程 sp_rename，其语法格式如下：

sp_rename 原存储过程名，新存储过程名

14.2.2 触发器

1. 触发器的定义及特点

触发器是一类特殊的存储过程，它作为一个对象存储在数据库中。触发器为数据库管理人员和程序开发人员提供了一种保证数据完整性的方法。触发器定义在特定的表或视图上。当有操作影响到触发器保护的数据时，例如，数据表发生了 INSERT、UPDATE 或 DELETE 操作时，如果该表有对应的触发器，则这个触发器就会自动激活执行。

触发器的主要作用是能够实现主键和外键不能保证的、复杂的参照完整性和数据一致性。它能够对数据库中的相关表进行级联修改，强制比 CHECK 约束更复杂的数据完整性，并自定义错误信息，维护非规范化数据以及比较数据修改前后的状态。

触发器是自动的，它们在对表的数据做了任何修改（如手工输入或者应用程序采取的操作）之后立即被激活。

提示：不像存储过程，触发器不能手工运行，不能在触发器中使用参数，也不能使用触发器返回值。

2. 触发器的类型

在 SQL Server 2008 中，根据激活触发器执行的 Transact-SQL 语句类型，可以把触发器分为两类：一类是 DML 触发器；另一类是 DDL 触发器。

1) DML 触发器

DML 触发器是当数据库服务器中发生数据操作语言（DML）事件时执行的特殊存储过程，如 INSERT、UPDATE 或 DELETE 等。

DML 触发器根据其引发的时机不同，又可以分为 AFTER 触发器和 INSTEAD OF 触发器两种类型。

（1）AFTER 触发器。在执行了 INSERT、UPDATE 或 DELETE 语句操作之后，执行 AFTER 触发器。它主要用于记录变更后的处理或检查，一旦发现错误，也可以使用 ROLLBACK TRANSACTION 语句来回滚本次的操作。

（2）INSTEAD OF 触发器。这类触发器一般是用来取代原本要进行的操作，是在记录变更之前发生的，它并不执行原来的 SQL 语句里的操作，而是执行触发器本身定义的操作。

2) DDL 触发器

DDL 触发器是当数据库服务器中发生数据定义语言（DDL）事件时执行的特殊存储过程，如 CREATE、ALTER 和 DROP 等。DDL 触发器一般用于执行数据库中的管理任务，如审核和规范数据库操作，防止数据库表结构被修改等。

3. 触发器中涉及的临时表 inserted 和 deleted

当表被修改，无论是插入、修改，还是删除，在数据行中操作的确切的记录都会被保存在系统的两个逻辑表中，这两个逻辑表是 deleted 和 inserted。当一条记录被插入到数据库的表中时，其完整副本被放入到 inserted 表中，这样，在插入操作中被放入到每个列中的每个项目的信息都可以被检查。如果进行的是删除操作，则数据行记录被放入到 deleted 表中。最后，在对一行数据进行更新时，更新之前的该行记录被放入到 deleted 表中，更新之后的该行记录被放入到 inserted 表中。

inserted 和 deleted 表会保存在每个表上每个修改操作所处理的记录。因此，如果进行一个更新 100 行的 update 操作，update 之前，deleted 逻辑表中会生成这 100 条记录。然后发生更改操作，接着在 inserted 表中又会生成这 100 条记录。最终，触发器被触发。一旦触发器执行完成，这些数据都会从相关的逻辑表中删除。

4. 创建触发器

1）使用可视化方式创建 DML 触发器

（1）启动 SQL Server Management Studio。

（2）展开数据库结点，先找到 student 数据库并展开，然后找到需要建立触发器的表并展开，选择"触发器"结点，并在其上右击，从弹出的快捷菜单中选择"新建触发器"选项，如图 14-7 所示。

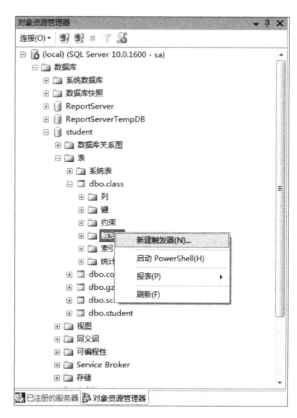

图 14-7　新建 DML 触发器

（3）之后会打开一个如图 14-8 所示的查询分析窗口，其中包含用于创建 DML 触发器的模板。根据需要修改相应参数即可。具体修改方法见图中的代码。

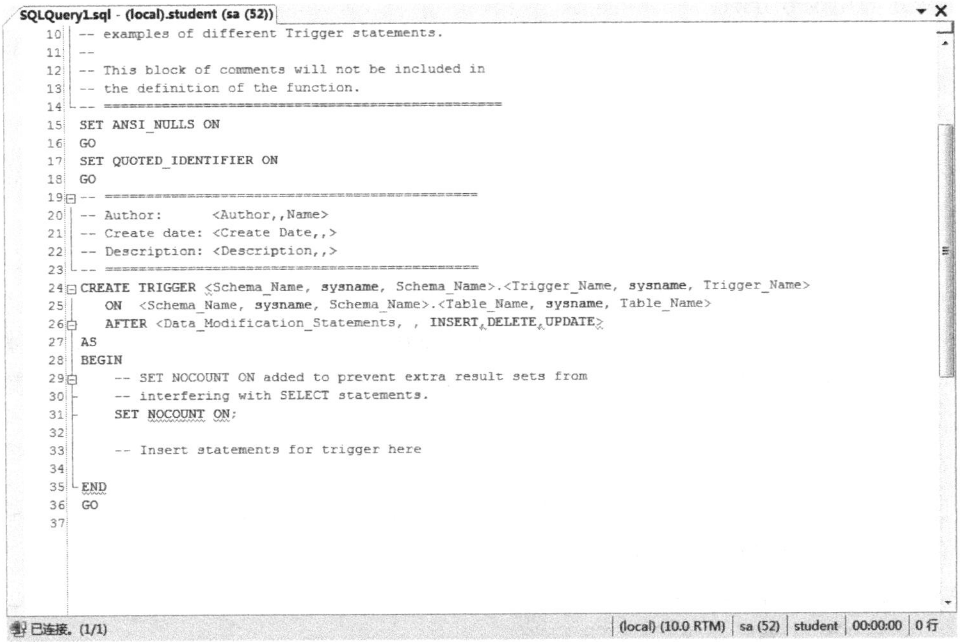

图 14-8　创建 DML 触发器模板

2）使用 Transact-SQL 命令创建 DML 触发器

在创建 DML 触发器时，需要制定以下内容。

- 触发器的名称。
- 触发器基于的表或者视图。
- 触发器激活的时机。
- 激活触发器的操作语句，有效的选项是 INSERT、UPDATE、DELETE。
- 触发器执行的语句。

以下是使用 Transact-SQL 语句创建 DML 触发器的语法格式：

```
CREATE TRIGGER 触发器名 ON { 表 | 视图 } [ WITH ENCRYPTION ]
{ { { FOR | AFTER | INSTEAD OF } { [ INSERT ] [,] [ UPDATE ] [,][ DELETE ] } AS sql 命令 } }
```

说明：

（1）"触发器名"为要建立的触发器的名字。触发器的名称必须遵循数据库中命名对象的 SQL Server 标准。

（2）ON{表|视图}表示触发器作用的对象是表或视图，它被写在 ON 关键字之后。每个触发器都只能附着在一个表上。

（3）WITH ENCRYPTION 表示加密。像视图和存储过程一样，可以使用 WITH ENCRYPTION 选项对触发器进行加密。

（4）FOR AFTER 表示触发器触发情况是在所有的 SQL 语句都执行完后触发。FOR INSTEAD OF 指定执行触发器，而不是执行触发 SQL 语句，从而替代触发语句的操作。

（5）{[INSERT][,][UPDATE][,][DELETE]}表示触发器触发的表操作条件。触发器可以由这 3 个命令中的一个、两个或 3 个而触发。这里，只要说明用于触发的命令组合即可，命令之间用逗号分隔。

（6）AS。关键字 AS 定义触发器代码开始的位置，就像 AS 在存储过程中定义代码开始一样。毕竟，触发器只是一种特殊的存储过程。

下面看一个建立触发器的例子。

对于 student 数据库，表 student 的班级编号与表 class 的班级编号满足下列参照完整性规则。

（1）向 student 表插入或修改一条记录时，通过触发器检查记录的班级编号值在 class 表中是否存在，若不存在，则取消插入或修改操作。

（2）修改 class 表的班级编号字段值时，该字段在 student 表中的对应值也做相应修改。

（3）在删除 class 表中某一记录的同时要删除该记录班级编号字段值在 student 表中对应的记录。

在查询分析窗口输入下列触发器的代码并执行。

向 student 表插入或修改一条记录时，通过触发器检查记录的班级编号值在 class 表中是否存在，若不存在，则取消插入或修改操作，如图 14-9 所示。

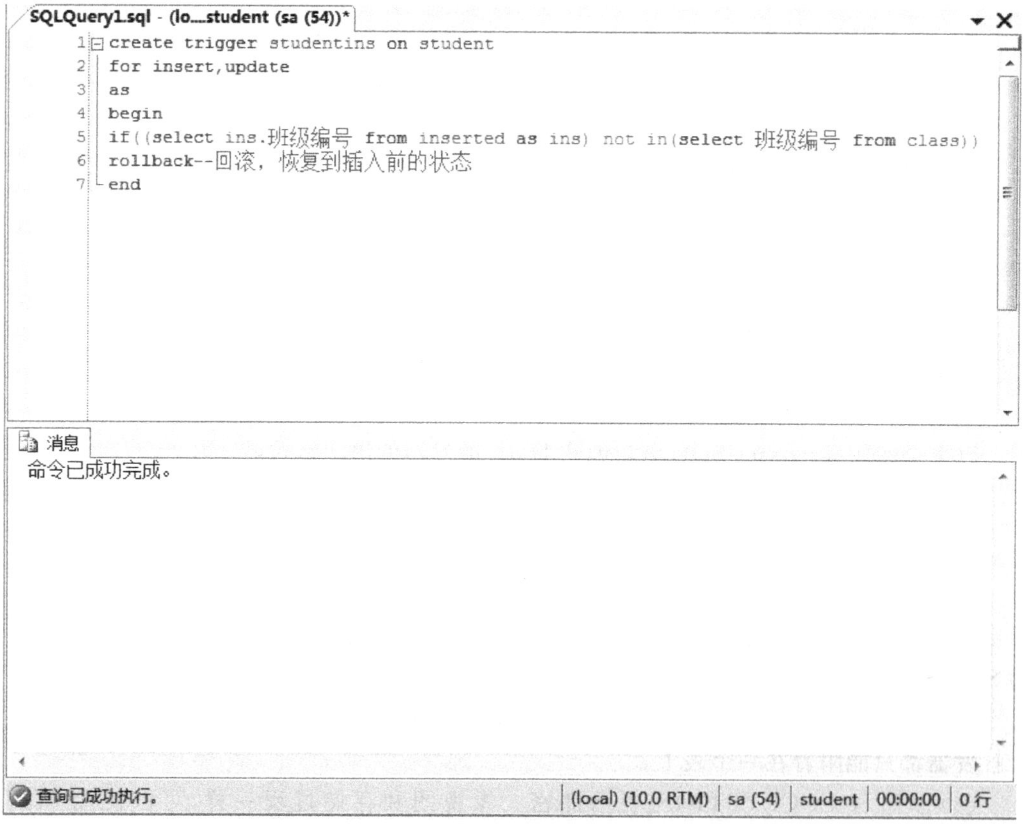

```
SQLQuery1.sql - (lo....student (sa (54))*
1  create trigger studentins on student
2  for insert,update
3  as
4  begin
5  if((select ins.班级编号 from inserted as ins) not in(select 班级编号 from class))
6  rollback--回滚，恢复到插入前的状态
7  end
```

消息

命令已成功完成。

查询已成功执行。　　　　(local) (10.0 RTM) | sa (54) | student | 00:00:00 | 0 行

图 14-9　触发器的示例

修改、删除 class 表中的班级编号字段值时,该字段在 student 表中的对应值也做相应的修改或删除,如图 14-10 所示,选中"更新规则"和"删除规则"右侧组合框中的"级联"选项,就可以实现。

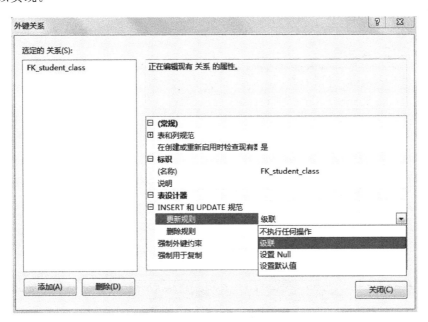

图 14-10　class 表字段属性

当然,也可以自己编写触发器来实现级联更新和级联删除。

如修改 class 表的班级编号字段值时,该字段在 student 表中对应值也做相应的修改,单击 SQL Server 2008 Management Studio 工作环境中快捷工具栏上的"新建查询"按钮,进入查询分析窗口,输入命令如图 14-11 所示。

图 14-11　级联更新 student 表

要在删除 class 表中一条记录的同时删除该记录班级编号字段值在 student 表中对应的记录，则须在查询分析窗口中输入命令，如图 14-12 所示。

图 14-12　级联删除 student 表

3）创建 DDL 触发器

以下是使用 Transact-SQL 语句创建 DDL 触发器的语法格式：

```
CREATE TRIGGER 触发器名 ON { ALL SERVER | DATABASE } [ WITH ENCRYPTION ]
{ FOR | AFTER | { event_type } AS sql 命令 }
```

说明：

（1）ALL SERVER 表示该 DDL 触发器的作用域是整个服务器。

（2）DATABASE 表示该 DDL 触发器的作用域是整个数据库。

（3）event_type 指定触发 DDL 触发器的事件。

例如，创建一个用于防止删除 student 数据库中数据表的 DDL 触发器，在查询分析窗口中输入如下代码并执行：

```
create trigger trig_禁止删除表
on database
for drop_table
as
begin
print '无法修改或者删除表,慎用该操作!'
rollback transaction
end
```

在查询分析窗口中，使用 DROP TABLE 语句删除 gz 表，就会提示相应的错误信息，终止删除语句，如图 14-13 所示。

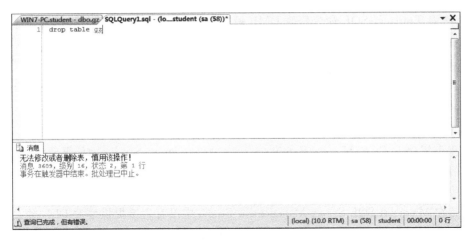

图 14-13 调用 DDL 触发器

5. 修改触发器

1）使用可视化方式修改 DML 触发器

（1）启动 SQL Server Management Studio。

（2）展开数据库结点，先找到 student 数据库并展开，然后找到需要修改触发器的表并展开，选择"触发器"选项并展开，右击需要修改的触发器，从弹出的快捷菜单中选择"修改"选项就可以利用代码修改，如图 14-14 所示。

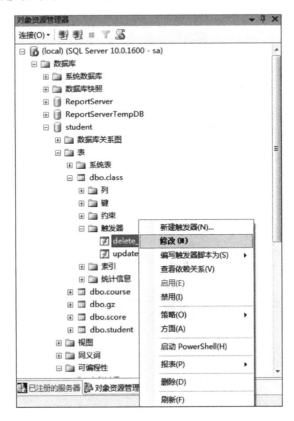

图 14-14 修改 DML 触发器

2）使用 Transact-SQL 命令修改 DML 触发器

语法格式如下：

```
ALTER TRIGGER 触发器名 ON { 表 | 视图 } [ WITH ENCRYPTION ]
{ { { FOR |AFTER | INSTEAD OF } { [ INSERT ] [,] [ UPDATE ] [,][ DELETE ] } AS sql 命令 } }
```

修改触发器与创建触发器的方法几乎相同，只把 CREATE 改为 ALTER 即可。

3）修改 DDL 触发器

使用可视化方式，在 Microsoft SQL Server Management Studio 中如果要修改 DDL 触发器内容，只能先删除该触发器，再重新建立一个 DDL 触发器。如何删除触发器，会在后面的内容中介绍。

虽然在 Microsoft SQL Server Management Studio 中没有直接提供修改 DDL 触发器的对话框，但在"查询编辑器"对话框里依然可以用 SQL 语句进行修改。语法格式如下：

```
ALTER TRIGGER 触发器名 ON { ALL SERVER | DATABASE } [ WITH ENCRYPTION ]
{ FOR | AFTER } { event_type } AS sql 命令 }
```

修改触发器与创建触发器的方法几乎相同，只把 CREATE 改为 ALTER 即可。

6. 删除触发器

当不再需要某个触发器时，可以删除它。删除触发器时，触发器所在表中的数据不会因此改变。当某个表被删除时，该表上所有的触发器也自动被删除。

1）使用可视化方式删除 DML 触发器

（1）启动 SQL Server Management Studio。

（2）展开数据库结点，先找到 student 数据库并展开，然后找到需要删除触发器的表并展开，选择"触发器"选项并展开，右击需要删除的触发器，从弹出的快捷菜单中选择"删除"选项，如图 14-15 所示。

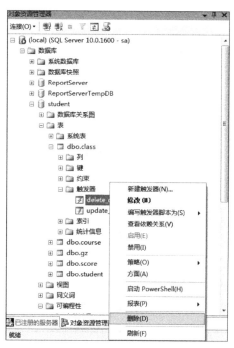

图 14-15　删除 DML 触发器

2）使用 Transact-SQL 命令删除 DML 触发器

语法格式为：

`DROP TRIGGER 触发器名`

3）使用可视化方式删除 DDL 触发器

（1）启动 SQL Server Management Studio。

（2）展开数据库结点，先找到 student 数据库并展开，然后找到"可编程性"结点下的"数据库触发器"结点并展开，在要删除的触发器上右击，从弹出的快捷菜单中选择"删除"选项，如图 14-16 所示。

图 14-16 删除 DDL 触发器

4）使用 Transact-SQL 命令删除 DDL 触发器

DROP TRIGGER 触发器名 ON ｛ ALL SERVER ｜ DATABASE ｝

14.2.3 自定义函数

在 SQL Server 中，除了系统提供的内置函数外，用户还可以根据需要在数据库中自己定义函数。自定义函数可以接受零个或多个输入参数，其返回值可以是一个数值，也可以是一个表，但是自定义函数不支持输出参数。在 SQL Server 2008 中，根据函数返回值形式的不同，将用户定义函数分为标量值自定义函数、内联表值自定义函数和多语句表值自定义函数 3 种。本书只介绍最常用的前两种，且只给出常用的语法格式，完整的语法格式请参阅 SQL Server 联机帮助。

1. 创建自定义函数

1）使用可视化方式创建自定义函数

（1）启动 SQL Server Management Studio。

（2）在对象资源管理器中展开数据库结点，先找到 student 数据库并展开，然后找到"可编程性"结点下的"函数"结点，并在其上右击，从弹出的快捷菜单中选择"新建"选项，如图 14-17 所示。

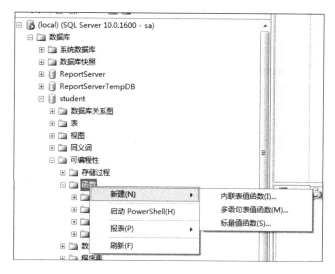

图 14-17　新建函数

（3）根据函数返回值的不同，函数分为内联表值函数、多语句表值函数、标量值函数。从图 14-17 所示的快捷菜单中任选一种函数，出现如图 14-18 所示的窗口。

```
SQLQuery2.sql - (local).student (sa (52)) 搜索                                    ▼ ✕
 7   -- values below.
 8   --
 9   -- This block of comments will not be included in
10   -- the definition of the function.
11   -- ========================================================
12   SET ANSI_NULLS ON
13   GO
14   SET QUOTED_IDENTIFIER ON
15   GO
16   -- ========================================================
17   -- Author:       <Author,,Name>
18   -- Create date: <Create Date, ,>
19   -- Description: <Description, ,>
20   -- ========================================================
21   CREATE FUNCTION <Scalar_Function_Name, sysname, FunctionName>
22   (
23       -- Add the parameters for the function here
24       (@Param1, sysname, @p1> <Data_Type_For_Param1, , int>
25   )
26   RETURNS <Function_Data_Type, ,int>
27   AS
28   BEGIN
29       -- Declare the return variable here
30       DECLARE <@ResultVar, sysname, @Result> <Function_Data_Type, ,int>
31
32       -- Add the T-SQL statements to compute the return value here
33       SELECT <@ResultVar, sysname, @Result> = <@Param1, sysname, @p1>
34
35       -- Return the result of the function
36       RETURN <@ResultVar, sysname, @Result>
37
38   END
39   GO
已连接。 (1/1)                              (local) (10.0 RTM) | sa (52) | student | 00:00:00 | 0 行
```

图 14-18　创建函数模板

（4）这样就打开了一个创建函数的通用模板，可以根据需要修改相应的参数。

（5）单击"分析"按钮，检查语法是否正确。

（6）单击"执行"按钮，执行代码。

2）使用 Transact-SQL 命令创建自定义函数

（1）标量值函数。若用户自定义函数的返回值为标量值，则该函数称为标量值函数。其返回值的类型为除 text、ntext、image、cursor、timestamp 和 table 类型外的其他数据类型。也就是说，标量值自定义函数返回的是一个数值。

标量值自定义函数的语法结构如下：

```
CREATE FUNCTION function_name
( [ { @parameter_name scalar_parameter_data_type [ = default ] } [ , … n ] ] )
RETURNS scalar_return_data_type
[WITH ENCRYPTION]
[AS]
BEGIN
Function_body
RETURN scalar_expression
END
```

说明：

- function_name：自定义函数的名称。
- @parameter_name：输入参数名。
- scalar_parameter_data_type：输入参数的数据类型。
- RETURNS scalar_return_data_type 子句定义了函数返回值的数据类型，该数据类型不能是 text、ntext、image、cursor、timestamp 或 table 类型。
- WITH 子句指出了创建函数的选项。如果指定了 ENCRYPTION 参数，则创建的函数是被加密的。
- BEGIN…END 语句块内定义了函数体（Function_body）以及 RETURN 语句，用于返回值。

了解了语法格式及参数含义之后，下面创建一个标量值函数，它使用一个字符型参数指定学号，返回该学号的学生姓名，如图 14-19 所示。

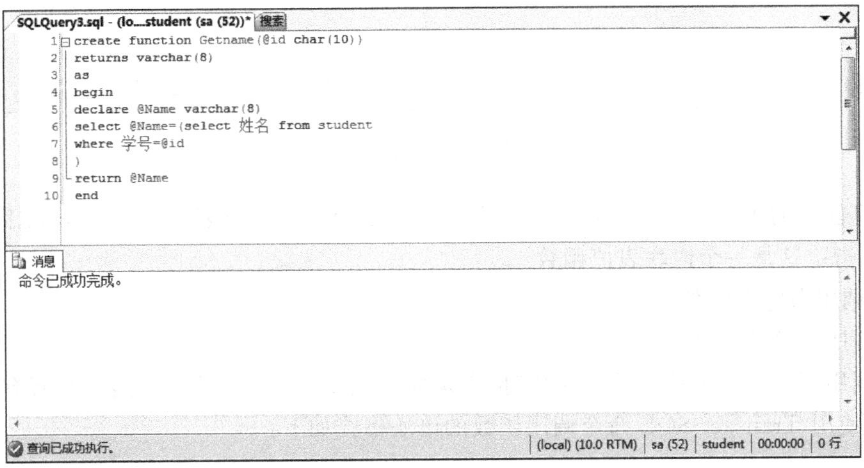

图 14-19　创建标量值函数

执行上述语句后，在 student 数据库中就创建了一个名称为 Getname 的标量值函数。

（2）内联表值函数。若用户自定义函数包含单个 SELECT 语句且该语句可更新，则该函数返回的表也可更新，这样的函数称为内联表值函数。

内联表值函数以表的形式返回一个值，即它返回的是一个表。内联表值自定义函数没有由 BEGIN…END 语句块中包含的函数体，而是直接使用 RETURN 子句，其中包含的 SELECT 语句将数据从数据库中筛选出来形成一个表。使用内联表值自定义函数可以提供参数化的视图功能。

内联表值自定义函数的语法结构如下：

```
CREATE FUNCTION function_name
( [ { @parameter_name scalar_parameter_data_type [ = default ] } [ , … n ] ] )
RETURNS TABLE
[ WITH ENCRYPTION ]
[ AS ]
RETURN ( select_statement )
```

该语法结构中各参数的含义与标量值函数语法结构中各参数的含义相似。

例如，创建一个内联表值函数，使用一个字符型参数指定学号，返回一个学生选修的所有课程信息，如图 14-20 所示。

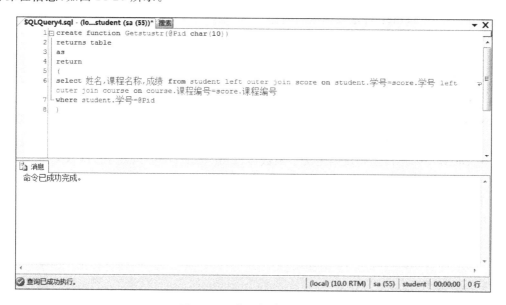

图 14-20　建立内联表值函数

这里创建的函数名称为 Getstustr，字符串参数@Pid 指定要查询的学号，RETURNS TABLE 指定这是一个内联表值函数。

2．调用自定义函数

1）调用标量值函数

当调用用户自定义的标量值函数时，必须提供至少由两部分组成的名称（所有者名.函数名）。使用 Transact-SQL 命令调用函数的语法格式如下：

SELECT 所有者名.函数名(实参 1,…,实参 n)

或

PRINT 所有者名.函数名(实参 1,…,实参 n)

其中,实参为已赋值的局部变量或表达式。

在查询分析窗口中调用图 14-19 定义的标量值函数,具体代码及结果如图 14-21 和图 14-22 所示。

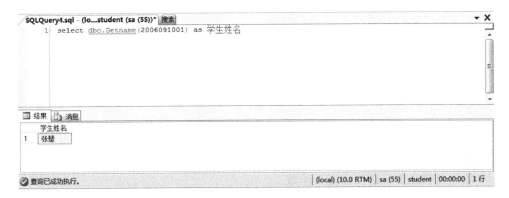

图 14-21 用 select 调用标量值函数

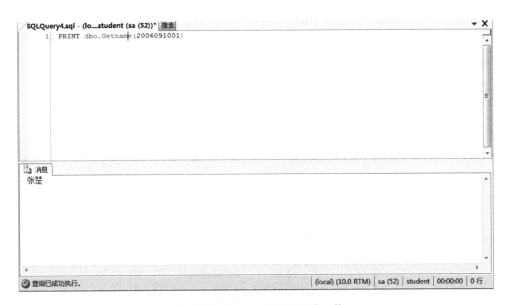

图 14-22 用 print 调用标量值函数

2) 调用内联表值函数

内联表值函数只能通过 SELECT 语句调用。

在查询分析窗口中调用图 14-20 定义的内联表值函数,使用 SELECT 语句查看学号为 2006091001 的学生选修的所有课程信息,如图 14-23 所示。

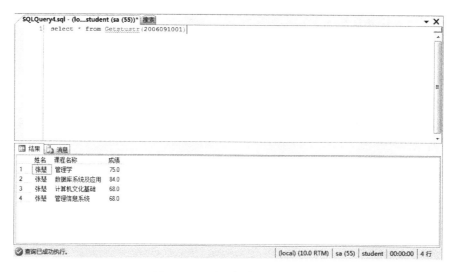

图 14-23　调用内联表值函数

3. 修改自定义函数

1）使用可视化方式修改自定义函数

（1）启动 SQL Server Management Studio。

（2）在对象资源管理器中展开要修改用户自定义函数的数据库，这里选择 student。

（3）依次展开 student 数据库下的"可编程性"→"函数"→"表值函数"或"标量值函数"，这里选择图 14-19 中建立的标量值函数 Getname。右击，在弹出的快捷菜单中选择"修改"选项即可利用代码修改，如图 14-24 所示。

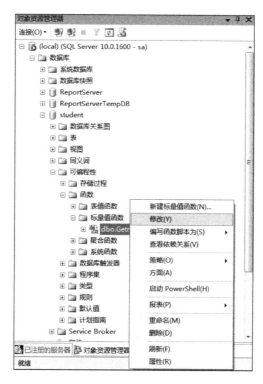

图 14-24　修改标量值函数

2）使用 Transact-SQL 命令修改自定义函数

使用 Transact-SQL 命令修改标量值自定义函数,语法结构如下:

```
ALTER FUNCTION function_name
( [ { @parameter_name scalar_parameter_data_type [ = default ] } ] [ , … n ] ] )
RETURNS scalar_return_data_type
[ WITH ENCRYPTION ]
[ AS ]
BEGIN
Function_body
RETURN scalar_expression
END
```

其中的参数意义与建立用户自定义标量值函数中的参数意义相同。由此可见,修改标量值
函数与创建标量值函数的方法几乎相同,只把 CREATE 改成为 ALTER 即可。修改内联
表值函数亦然。

4. 删除自定义函数

1）使用可视化方式删除自定义函数

（1）启动 SQL Server Management Studio。

（2）在对象资源管理器中展开要删除用户定义函数的数据库,这里选择 student。

（3）依次展开 student 数据库下的"可编程性"→"函数"→"表值函数"或"标量值函数",
这里选择图 14-19 中建立的标量值函数 Getname。右击,在弹出的快捷菜单中选择"删除"
命令,如图 14-25 所示。

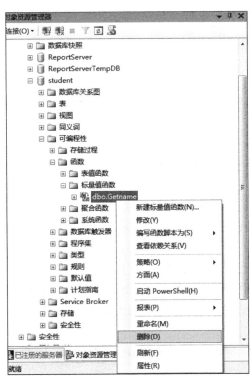

图 14-25　删除标量值函数

（4）之后弹出"删除对象"窗口，如图 14-26 所示，单击"确定"按钮即可删除。

图 14-26 删除对象窗口

2）使用 Transaction-SQL 命令删除自定义函数

语法格式如下：

```
DROP FUNCTION {[所有者名.]函数名} [,…n]
```

14.3 实验内容

1. 使用 SQL 语句创建一个存储过程，要求根据男女生人数输出不同的信息。如果男生人数大于女生，则输出"男比女多"，否则输出"女比男多"。

2. 执行该存储过程，观察结果。

3. 创建存储过程 proc_cjcx，根据输入的课程名称查询该课程的平均成绩、最高分和最低分。

4. 在查询分析窗口中执行存储过程 proc_cjcx，查询"管理学"课程的信息。

5. 删除步骤 1 创建的存储过程。

6. 为表 student 创建一个触发器 trig_up。要求：向表 student 中插入或修改记录时，限制其入学成绩不能低于 400 分，否则不允许操作。

7. 在查询分析窗口中执行命令"insert student（学号，姓名，性别，出生日期，入学成绩，党员否，班级编号）values（'2006091030','张大民','男',1987-1-1,389,0,'200602'）"，观察结果。

8. 在查询分析窗口中执行命令"update student set 入学成绩＝390 where 姓名＝'张楚'"，观察结果。

9. 为表 student 创建一个触发器 trig_del，要求不允许从表 student 中删除党员记录。

10. 在查询分析窗口中执行命令"delete from student where 姓名＝'孙晓楠'"，观察结果。

11. 建立一个用户自定义函数并调用，要求根据课程编号来查询课程名称，调用时课程编号可取 04010101。

14.4 实验思考题

1. 什么是存储过程？什么是触发器？二者有什么区别？
2. 触发器有哪些类型？各有什么特点？

第 15 章 实验九 数据库备份与恢复

15.1 实验目的

1. 了解故障的种类及特点、数据库备份的种类,理解备份设备的概念。
2. 掌握使用可视化方式进行数据库的备份及简单恢复的方法。
3. 掌握使用 SQL 命令进行数据库的备份与恢复工作。
4. 掌握数据库的分离、附加和收缩。

15.2 知识要点

计算机系统的各种软硬件故障、用户误操作以及恶意破坏是不可避免的,这将影响到数据的正确性,甚至造成数据损失、服务器崩溃的致命后果。如果用户采取适当的备份策略,适时备份,就能够把数据库从错误状态恢复到某一备份的已知的正确状态,这就是数据库管理系统提供的数据库备份恢复机制。

15.2.1 故障的种类及特点

(1) 事务故障:指由于事务内部的逻辑错误或系统错误所引起的、使事务在未到达规定的终点以前就被迫中止的任何事件。

(2) 系统故障:指由硬件故障、软件故障、断电等造成的系统停止运转的任何事件。故障发生后,内存信息丢失,所有未完成的事务也被迫中止。

(3) 介质故障:指用于存放数据库的磁盘在物理上受到了损坏,使得数据库中的数据无法被读取引起的故障。

(4) 计算机病毒:是一种人为的故障或破坏,是一些恶作剧者研制的一种计算机程序,它可以破坏数据库中的数据,甚至摧毁整个计算机系统。一般通过杀毒软件检查、诊断、消灭计算机病毒。

事务故障和系统故障不会破坏外存中数据库的数据,而介质故障将破坏存放在外存的数据库中的部分或全部数据。因此,事务故障和系统故障都可以由系统自动恢复,而介质故障需要人为参与恢复。

15.2.2 备份的重要性及种类

由于数据库系统在运行过程中有可能产生各种故障(硬件故障、软件错误、操作员失误以及恶意破坏)且是不可避免的,这些故障轻则造成运行事务非正常中断,影响数据库的正确性,重则破坏数据库,使数据库的全部或部分数据丢失。DBMS 必须具有把数据库从错误状态恢复到某一已知的正确状态的功能,这就是数据库的恢复。恢复子系统是 DBMS 的一个重要组成部分,保证故障发生后能把数据库中的数据从错误状态恢复到某一已知的正确状态。进行数据库恢复的重要基础则是存在数据库中的各种备份。

SQL Server 2008 提供了 4 种数据库备份类型。

(1) 完全备份。使用此种数据库备份方式,SQL Server 将备份数据库中的所有数据文件和在备份过程中发生的任何活动。

(2) 差异备份。差异备份是完全备份的补充,只备份自最近一次完全数据库备份以来被修改的那些数据,所以差异备份依赖完全数据库备份。系统出现故障时,首先恢复完全数据库备份,然后恢复差异备份。

(3) 事务日志备份。事务日志备份是备份自上次事务日志备份后到当前事务日志末尾的部分。使用事务日志备份可以将数据库恢复到特定的检查点或故障点。系统出现故障时,首先恢复完全数据库备份,然后恢复事务日志备份。

(4) 文件或文件组备份。当用户拥有超大型数据库,即拥有多个数据文件、多个文件组时,或者每天 24 小时数据都在变化,应当执行数据库文件或文件组备份。

提示:为了使恢复的文件与数据库的其余部分保持一致,执行文件和文件组备份之后,必须执行事务日志备份。

SQL Server 2008 包括 3 种恢复模型,每种恢复模型都能够在数据库发生故障的时候恢复相关的数据。不同的恢复模型在 SQL Server 备份、恢复的方式和性能方面存在差异,而且,采用不同的恢复模型对于避免数据损失的程度也不同。每个数据库必须选择 3 种恢复模型中的一种,以确定备份数据库的备份方式。

1. 简单恢复模型

对于小型的、不经常更新数据的数据库,一般使用简单恢复模型。使用简单恢复模型可以将数据库恢复到上一次的备份。简单恢复模型的优点在于日志的存储空间较小,能够提高磁盘的可用空间,而且也是最容易实现的模型。但是,使用简单恢复模型无法将数据库还原到故障点或特定的即时点。如果要还原到这些即时点,必须使用完全恢复模型或大容量日志记录恢复模型。

2. 完全恢复模型

当从被损坏的介质中完全恢复数据有最高优先级时,可以使用完全恢复模型。该模型使用数据库的备份和所有日志信息来还原数据库。SQL Server 可以记录数据库的所有更改,包括大容量操作和创建索引。如果日志文件本身没有损坏,则除了发生故障时正在进行的事务外,SQL Server 可以还原所有数据。

在完全恢复模型中,所有的事务都被记录下来,所以可以将数据库还原到任意时间点。SQL Server 2008 支持将命名标记插入到事务日志中的功能,可以将数据库还原到这个特定的标记。记录事务标记要占用日志空间,所以应该只对在数据库恢复策略中扮演重要角色的事务使用事务标记。该模型的主要问题是日志文件较大,以及由此产生的较大的存储量和性能开销。

3. 大容量日志记录恢复模型

与完全恢复模型相似,大容量日志记录恢复模型使用数据库和日志备份来恢复数据库。该模型对某些大规模或者大容量数据操作(如 INSERT INTO、CREATE INDEX、大批量装载数据、处理大批量数据)时提供最佳性能和最少的日志使用空间。在这种模型下，日志只记录多个操作的最终结果，而并非记录操作的过程细节，所以日志尺寸更小，大批量操作的速度也更快。如果事务日志没有受到破坏，除了故障期间发生的事务以外，SQL Server 能够还原全部数据，但是，由于使用最小日志的方式记录事务，所以不能恢复数据库到特定即时点。

提示：在大容量日志恢复模式下，备份包含有大容量日志操作的日志需要访问数据库中的所有数据文件。如果数据文件不可访问，则无法备份最后的事务日志，而且该日志中所有已提交的操作都会丢失。

15.2.3 备份设备

备份设备是用来存储数据库、事务日志或者文件和文件组备份的存储介质。在 SQL Server 2008 中创建备份设备的方法有两种。

1. 创建备份设备

1）使用可视化方式创建备份设备

（1）启动 SQL Server Management Studio。

（2）在对象资源管理器中单击服务器名称，以展开服务器树。

（3）展开"服务器对象"结点，然后右击"备份设备"选项。

（4）从弹出的快捷菜单中选择"新建备份设备"命令，打开"备份设备"对话框。

（5）在"备份设备"对话框中输入设备名称并且指定该文件的完整路径，这里创建一个名称为 student_first 的备份设备，如图 15-1 所示。

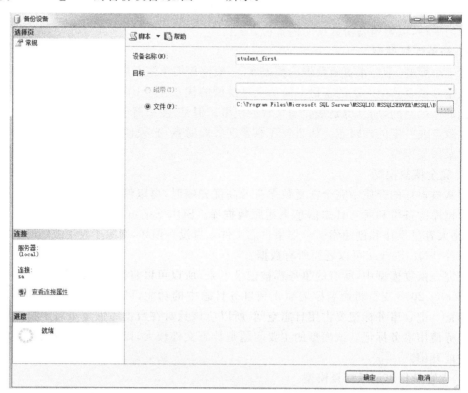

图 15-1　创建备份设备

（6）单击"确定"按钮,完成备份设备的创建。展开"备份设备"结点,就可以看到刚刚创建的名称为 student_first 的备份设备。

2）使用系统存储过程 SP_ADDUMPDEVICE 创建备份设备

可以使用系统存储过程 SP_ADDUMPDEVICE 来添加备份设备,这个存储过程可以添加磁盘和磁带设备。SP_ADDUMPDEVICE 的基本语法如下:

```
SP_ADDUMPDEVICE [ @devtype = ] 'device_type'
, [ @logicalname = ] 'logical_name'
, [ @physicalname = ] 'physical_name'
[ , { [ @cntrltype = ] controller_type |
  [ @devstatus = ] 'device_status' }
]
```

说明:

（1）[@devtype＝] 'device_type':该参数指备份设备的类型。device_type 的数据类型为 varchar(n),无默认值,可以是 disk、tape 和 pipe。其中,disk 指用硬盘文件作为备份设备。tape 用于指 Microsoft Windows 支持的任何磁带设备;pipe 是指使用命名管道备份设备。

（2）[@logicalname＝] 'logical_name':该参数指定在 BACKUP 和 RESTORE 语句中使用的备份设备的逻辑名称。logical_name 的数据类型为 sysname,无默认值,且不能为 NULL。

（3）[@physicalname＝] 'physical_name':该参数指定备份设备的物理名称。物理名称必须遵从操作系统文件名规则或者网络设备的通用命名约定,并且必须包含完整路径。physical_name 的数据类型为 nvarchar(n),无默认值,且不能为 NULL。

（4）[@cntrltype＝] controller_type。如果 cntrltype 的值是 2,则表示是磁盘;如果 cntrltype 的值是 5,则表示是磁带。

（5）[@devstatus＝] 'device_status'。devstatus 如果是 noskip,表示读 ANSI 磁带头;如果是 skip,表示跳过 ANSI 磁带头。

提示:指定存放备份设备的物理路径必须真实存在,否则将会提示"系统找不到指定的路径",因为 SQL Server 2008 不会自动为用户创建文件夹。

例如,创建一个名称为 Test 的备份设备,可以使用如下代码:

```
exec sp_addumpdevice 'disk','Test','D:\test.bak'
```

2. 删除备份设备

1）使用可视化方式删除备份设备

（1）启动 SQL Server Management Studio。

（2）在对象资源管理器中单击服务器名称,以展开服务器树。

（3）展开"服务器对象"|"备份设备"结点,右击要删除的备份设备 Test,从弹出的快捷菜单中选择"删除"命令,打开"删除对象"对话框,如图 15-2 所示。

（4）在"删除对象"对话框中单击"确定"按钮完成对该备份设备的删除操作。

2）使用系统存储过程 SP_DROPDEVICE 删除备份设备

使用系统存储过程 SP_DROPDEVICE 可将服务器中的备份设备删除,并能删除操作系统文件。具体语句如下:

SP_DROPDEVICE '备份设备名'

图 15-2 "删除对象"对话框

例如，删除名称为 Test 的备份设备，在查询分析窗口输入代码并执行，可以看到如图 15-3 所示的结果。

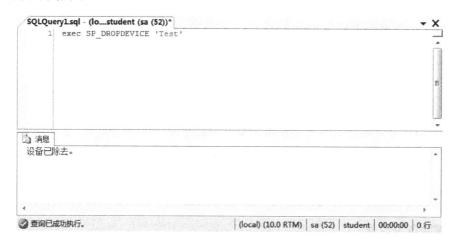

图 15-3 使用系统存储过程删除备份设备

15.2.4 数据库备份

1. 使用可视化方式进行数据库备份

1）完全备份

（1）启动 SQL Server Management Studio。

（2）在对象资源管理器中展开"数据库"结点，右击 student 数据库，从弹出的快捷菜单中选择"属性"命令，打开 student 数据库的"数据库属性"对话框。

（3）在"选项"页面确保恢复模式为完整恢复模式，如图 15-4 所示。

图 15-4 选择恢复模式

（4）单击"确定"按钮，应用修改结果。

（5）右击数据库 student，从弹出的快捷菜单中选择"任务"下的"备份"命令，如图 15-5 所示。

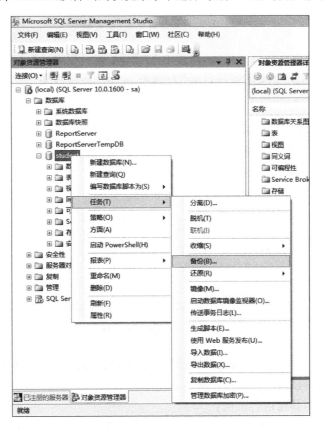

图 15-5 备份数据库

（6）之后会打开 SQL Server 的"备份数据库"对话框，如图 15-6 所示，从"数据库"下拉列表中选择 student，从"备份类型"下拉列表中选择"完整"选项，"名称"文本框中的内容不变。

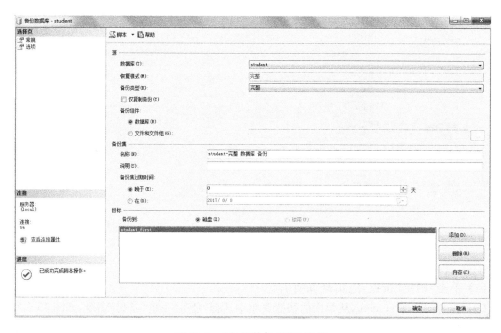

图 15-6 "备份数据库"对话框

（7）设置备份到磁盘的目标位置，通过单击"删除"按钮删除已存在默认生成的目标，然后单击"添加"按钮，打开"选择备份目标"对话框，启用"备份设备"选项，选择之前建立的 student_first 备份设备，如图 15-7 所示。

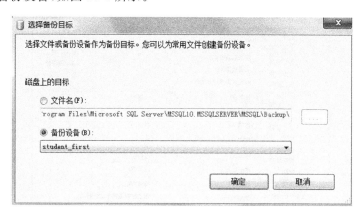

图 15-7 选择备份目标

（8）单击"确定"按钮，返回"备份数据库"对话框，可看到"目标"下面的文本框增加了一个 student_first 备份设备。

"常规"页面中的其他内容说明：

• 可以为备份设置一个名称和说明。一个好的备份描述可以帮助我们更好地识别备份内容。建议使用日期和时间的某种组合作为备份说明的一部分,这样有助于我们根据选择的备份模式找到目标内容。

- 备份的不同类型会有不同的过期日期,这意味着在该日期之后,如果使用 SQL Server 进行备份,保存备份的媒体会允许其中的数据被覆盖。在这种情况下,可以设置备份保留的天数或设置一个时间期限。

(9) 打开"选项"页面,选中"覆盖所有现有备份集"选项,该选项用于初始化新的设备或覆盖现在的设备,选中"完成后验证备份"复选框,该选项用来核对实际数据库与备份副本,并确保它们在备份完成之后一致。具体设置情况如图 15-8 所示。

图 15-8　"选项"页面

"选项"页面中的其他内容说明:

- 对话框的第一部分用于处理希望在第二次或后续的备份中所发生的事情。第一次运行备份时,会创建备份文件,而在进行后来的备份时,如果是完整备份,可以选择覆盖,因为应该将该完整备份覆盖到一个旧的无用的备份上。然而,如果是差异备份,它可能是本周所做的第二个或第三个备份,那么就应该将备份数据追加到现有的备份集上。"检查媒体集名称和备份集过期时间"选项,会强制备份操作对数据要备份的地方进行检查,看看它是否拥有有效的名称,如果是追加操作,则数据集必须没有过期。"备份到新媒体集并清除所有现有备份集"选项,在不再需要以前的任何备份的时候,可以用到该选项。
- 对话框的第二部分用于处理备份操作的可靠性。第二个选项允许对备份进行校验和处理,SQL Server 会为备份数据进行数学计算,以生成校验和。这样,一旦数据从 SQL Server 转移到备份设备上,就可以确认转移过程中是否出错。如果选中了第二个选项,还可以指定在出现校验错误时是否继续操作。
- 在完全备份模式下,对话框的第三部分"事务日志"是不可用的。

- 对话框的第四部分通常在以磁带作为备份媒体的时候才使用。备份完成后，可以弹出磁带。这是一个很有用的选项，能让计算机操作员及时知道什么时候可以取出磁带，并将它放在一个安全的备份位置上。第二个选项，指定倒带，对于完整备份非常有用。然而，在差异备份中，SQL Server 会在进行下一个备份的时候一直挂起，直至磁带设备被放入到磁带机的正确位置，才开始继续备份。
- 对话框的第五部分，可以为备份设置压缩级别。如果希望每个备份占用最少的空间，该选项会是理想的选择。注意，默认情况下使用的是为服务器设置的压缩级别，不过，也可以用新的设置覆盖这种默认设置。

（10）单击"确定"按钮，完成对数据库的备份。完成备份后将弹出"备份完成"对话框，如图 15-9 所示。

图 15-9 "备份完成"对话框

提示：如果要备份的是 master 数据库，那么就只有一个备份选项可以选择，我们只能通过选择"完整"选项，对数据库进行完整备份。

现在已经完成了数据库 student 的一个完整备份。为了验证备份是否真的已完成，具体操作如下。

（1）在 SQL Server Management Studio 的对象资源管理器窗口中，展开"服务器对象"结点下的"备份设备"结点。

（2）右击备份设备 student_first，从弹出的快捷菜单中选择"属性"命令。

（3）打开"媒体内容"页面，可以看到刚刚创建的 student 数据库的完整备份，如图 15-10 所示。

2）差异备份

创建差异备份的过程与创建完全备份的过程基本相同，只不过是差异备份只备份自上次完全备份后被修改过的数据页，操作过程如下。

（1）启动 SQL Server Management Studio。

（2）在对象资源管理器中展开"数据库"结点，右击 student 数据库，从弹出的快捷菜单中选择"任务"下的"备份"命令，打开"备份数据库"对话框。

（3）在"备份数据库"对话框中，从"数据库"下拉列表中选择 student 数据库，从"备份类型"下拉列表中选择"差异"，"名称"文本框中的内容不变，在"目标"项下面确保存在 student_first 设备，如图 15-11 所示。

（4）打开"选项"页面，选中"追加到现有备份集"单选按钮，以免覆盖现有的完整备份，选中"完成后验证备份"复选框，如图 15-12 所示。

（5）完成设置后，单击"确定"按钮开始备份，完成备份后将弹出"备份完成"对话框。

现在已经完成了数据库 student 的一个差异备份，我们可以用验证完全备份的方法在

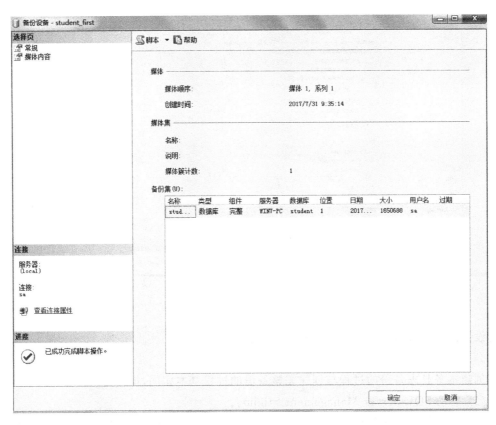

图 15-10 查看备份设备内容

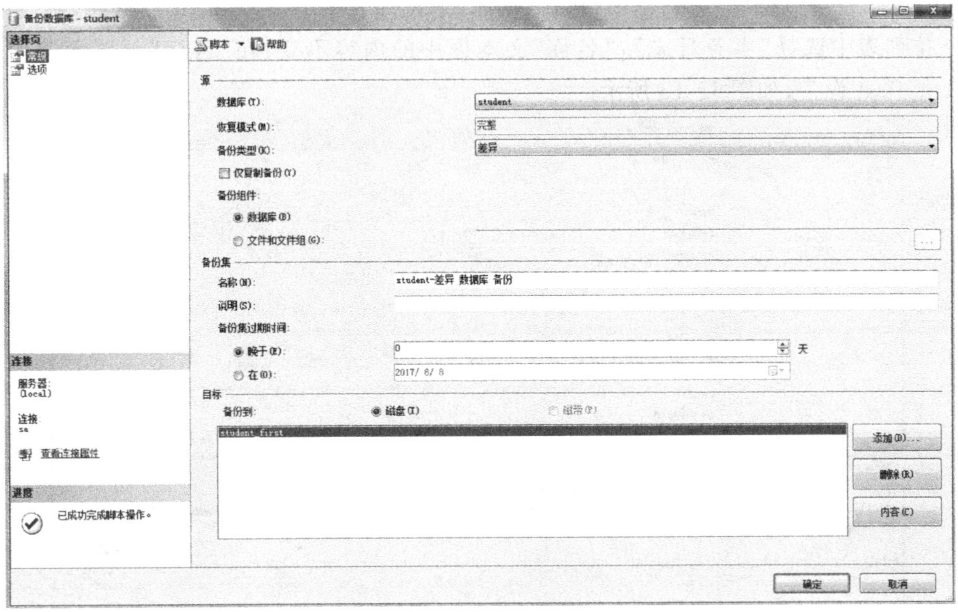

图 15-11 差异备份

图 15-12　差异备份的"选项"页面

备份设备内容中查看。这里不再重复介绍。

　　3）事务日志备份

　　创建事务日志备份的过程与创建完整备份的过程基本相同，操作过程如下。

　　（1）启动 SQL Server Management Studio。

　　（2）在对象资源管理器中展开"数据库"结点，右击 student 数据库，从弹出的快捷菜单中选择"任务"|"备份"命令，打开"备份数据库"对话框。

　　（3）在"备份数据库"对话框中，从"数据库"下拉列表中选择 student 数据库，从"备份类型"下拉列表中选择"事务日志"，"名称"文本框中的内容不变，在"目标"项下面确保存在 student_first 设备，如图 15-13 所示。

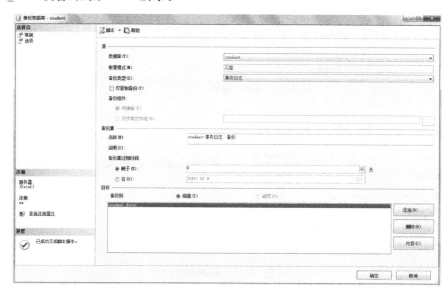

图 15-13　事务日志备份

（4）打开"选项"页面，选中"追加到现有备份集"单选按钮，以免覆盖现有的完整和差异备份，选中"完成后验证备份"复选框，并且选中"截断事务日志"单选按钮，具体设置情况如图 15-14 所示。

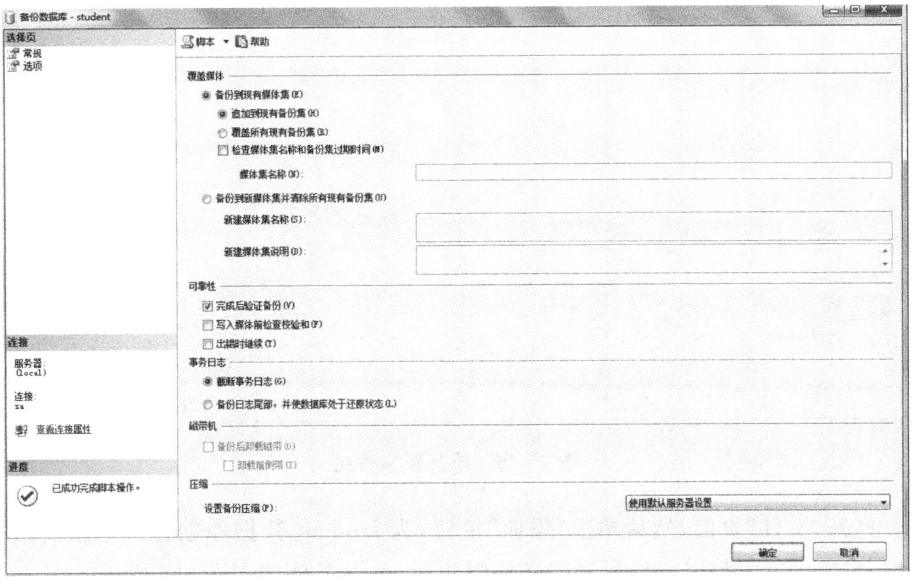

图 15-14 事务日志的"选项"页面

（5）完成设置后，单击"确定"按钮开始备份，完成备份后将弹出"备份完成"对话框。

"选项"页面中的其他内容说明：

对话框第三部分的"截断事务日志"选项，通过删除所有的已经备份了的入口，可以在逻辑上收缩事务日志，截断事务日志。为了节省处理时间，物理的事务日志不会被收缩。"备份日志尾部，并使数据库处于还原状态"选项，在数据库出现某种损坏的时候被使用。如果希望备份事务日志记录，该日志在执行还原以修正损坏之前没有被备份，那么应该使用该选项。要注意的是，一个数据库被损坏，我们需要能够还原到上一次的备份中，然后再添加自上一次备份到发生损坏之间的所有日志。通过执行备份日志尾部，可以还原数据库，并使用尾部日志备份来添加丢失的日志。

4）文件或文件组备份

文件组是一种将数据库存放在多个文件上的方法，并允许控制数据库对象（如表或视图）存储到这些文件中的哪些文件上。这样，数据库就不会受到只存储在单个硬盘上的限制，而是可以分散到许多硬盘上，因而可以变得非常大。利用文件组备份，每次可以备份这些文件中的一个或多个文件，而不是同时备份整个数据库。

在执行文件组备份之前，首先为数据库 student 添加一个新文件组，操作步骤如下。

（1）启动 SQL Server Management Studio。

（2）在对象资源管理器中展开"数据库"结点，右击 student 数据库，从弹出的快捷菜单中选择"属性"命令，打开"数据库属性"对话框。

（3）打开"文件组"页面，然后单击"添加"按钮，在"名称"文本框中输入 second，如图 15-15所示。

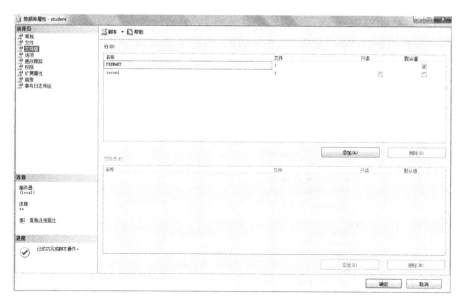

图 15-15　添加新文件组

（4）打开"文件"页面，然后单击"添加"按钮，为 student 数据库创建一个新的数据文件 student1，并且设置该数据文件所属的文件组为 second，具体如图 15-16 所示。

图 15-16　添加新数据文件

（5）单击"确定"按钮，完成对数据库的更改。

使用可视化方式进行文件组备份的具体步骤如下。

（1）启动 SQL Server Management Studio。

（2）在对象资源管理器中展开"数据库"结点，右击 student 数据库，从弹出的快捷菜单中选择"任务"|"备份"命令，打开"备份数据库"对话框。

（3）在"备份数据库"对话框的"备份组件"下单击"文件和文件组"后的按钮，打开"选择文件和文件组"对话框,如图 15-17 所示。

图 15-17 选择文件和文件组

(4) 在"选择文件和文件组"对话框中选择要备份的文件和文件组,单击"确定"按钮返回。

(5) 在"备份数据库"对话框的"常规"页面选择数据库为 student,备份类型为"完整",并选择备份设备,如图 15-18 所示。

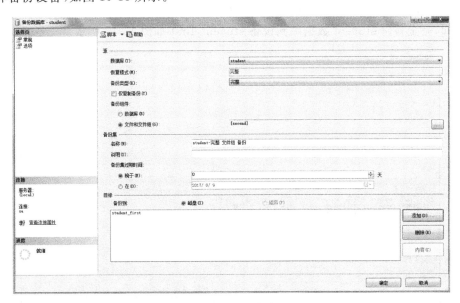

图 15-18 文件组备份的"常规"页面

(6) 打开"选项"页面,选中"追加到现有备份集"单选按钮,以免覆盖现有的完整备份,选择"完成后验证备份"选项即可。

（7）完成设置后，单击"确定"按钮开始备份，完成备份后将弹出成功消息。

2. 使用 Transact-SQL 命令进行数据库备份

在 Transact-SQL 命令中使用不同形式的 BACKUP 命令能实现不同形式的备份。

1）完全备份

语法格式为：

```
BACKUP DATABASE 数据库名
TO < 备份设备 > [ , … n ]
[ WITH
[ [,] NAME = backup_set_name ]
[ [,] DESCRIPTION = 'TEXT' ]
[ [,] { INIT | NOINIT } ]
[ [,] { COMPRESSION | NO_COMPRESSION } ]
```

说明：

（1）WITH 子句指定备份选项，这里仅给出两个备份选项，更多的备份选项可以参考 SQL Server 联机丛书。

（2）NAME＝backup_set_name 指定了备份的名称。

（3）DESCRIPTION＝'TEXT'给出了备份的描述。

（4）INIT|NOINIT。INIT 表示新备份的数据覆盖当前备份设备上的每一项内容，即原来在此设备上的数据信息都将不存在，NOINIT 表示新备份的数据添加到备份设备上已有内容的后面。

（5）COMPRESSION|NO_COMPRESSION。COMPRESSION 表示启用备份压缩功能，NO_COMPRESSION 表示不启用备份压缩功能。

例如，完全备份 student 数据库到设备 student_first 如图 15-19 所示。

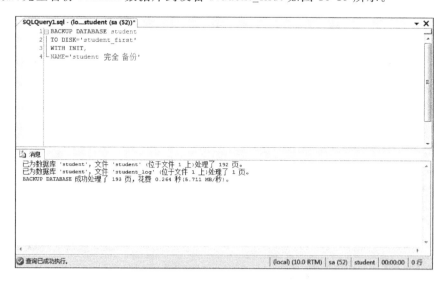

图 15-19　完全备份 student 数据库到设备 student_first

2）差异备份

语法格式为：

```
BACKUP DATABASE 数据库名
TO < 备份设备 > [ , … n ]
WITH DIFFERENTIAL
[ [,] NAME = backup_set_name ]
[ [,] DESCRIPTION = 'TEXT' ]
[ [,] { INIT | NOINIT } ]
[ [,] { COMPRESSION | NO_COMPRESSION } ]
```

其中,WITH DIFFERENTIAL 子句指明了本次备份是差异备份,其他参数与完全备份的参数完全一样,在此就不再重复。

例如,差异备份 student 数据库到设备 student_first 如图 15-20 所示。

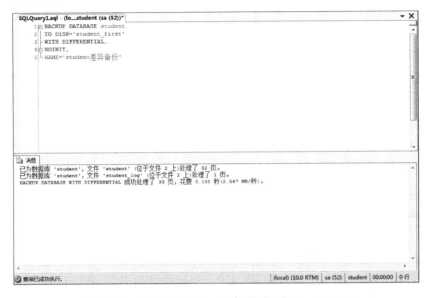

图 15-20 差异备份 student 数据库到设备 student_first

提示:使用 BACKUP 语句执行差异备份的时候,要使用 WITH NOINIT 选项,追加到现有的备份集,避免覆盖已经存在的完全备份。

3) 事务日志备份

语法格式为:

```
BACKUP LOG 数据库名
TO < 备份设备 > [ , … n ]
WITH
[ [,] NAME = backup_set_name ]
[ [,] DESCRIPTION = 'TEXT' ]
[ [,] { INIT | NOINIT } ]
[ [,] { COMPRESSION | NO_COMPRESSION } ]
```

其中,LOG 指定仅备份事务日志。该日志是从上一次成功执行的日志备份到当前日志的末尾。必须创建完全备份才能创建第一个日志备份。其他各参数与完全备份语法中的各参数完全相似,这里不再重复。

例如,事务日志备份 student 数据库到设备 student_first 如图 15-21 所示。

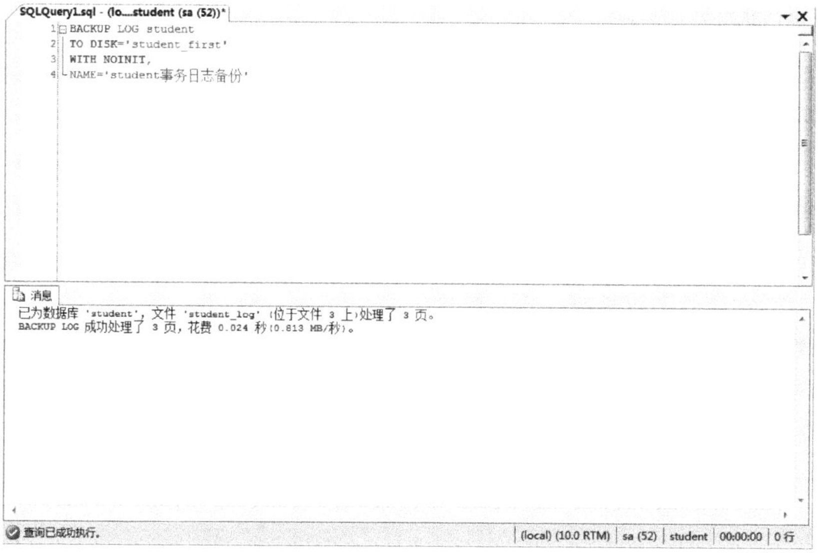

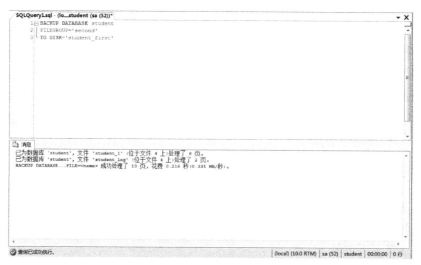

图 15-21　事务日志备份 student 数据库到设备 student_first

4）文件或文件组备份

语法格式为：

```
BACKUP DATABASE 数据库名
<文件或文件组>[，…n] TO <备份设备>[，…n]
WITH options
```

其中，<文件或文件组>指定了要备份的文件或文件组，如果是文件，则写为"FILE＝逻辑文件名"；如果是文件组，则写为"FILEGROUP＝逻辑文件组名"。WITH options 用于指定备份选项，与前几种备份设备的类型相同。

例如，将数据库 student 中添加的文件组 second 备份到本地磁盘备份设备 student_first 中，如图 15-22 所示。

图 15-22　文件组备份 student 数据库到设备 student_first

15.2.5 数据库恢复

1. 使用可视化方式进行数据库恢复

恢复与备份是两个互逆的操作。恢复的步骤如下。

（1）启动 SQL Server Management Studio。

（2）在对象资源管理器中展开"数据库"结点，右击 student 数据库，然后选择"任务"|"还原"|"数据库"命令，打开"还原数据库"对话框，如图 15-23 所示。

图 15-23 还原数据库的常规选项卡

（3）在"还原数据库"对话框中选中"源设备"的单选按钮，通过在右方单击选择按钮，可以打开"指定备份"对话框，在"备份媒体"下拉列表中选择"备份设备"选项，然后单击"添加"按钮，选择 student_first 备份设备，如图 15-24 所示。

图 15-24 选择备份设备

（4）选择完成后单击"确定"按钮返回，在"还原数据库"对话框中就可以看到该备份设备中所有的数据库备份内容了，复选"选择用于还原的备份集"下面的"完全""差异"和"事务日志"3种备份，可使数据库恢复到最近一次备份的正确状态，如图15-25所示。

图 15-25　选择用于还原的备份集

（5）如果还需要恢复别的备份文件，需要选择 RESTORE WITH NORECOVERY 选项，恢复完成后，数据库会显示处于正在还原状态，无法进行操作，必须到最后一个备份还原完成为止。在"选项"页面选择 RESTORE WITH NORECOVERY 选项，如图15-26所示。

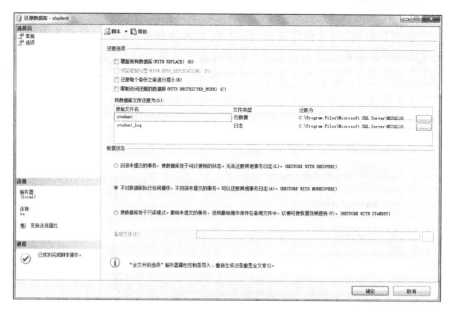

图 15-26　设置恢复状态

"选项"页面中的内容说明：

- 覆盖现有数据库。对于常规的还原操作来说，这是常用的选项。如果在同一个服务器上进行还原，并且改变数据库的名称时，可以清空该选项。不能还原事务日志中没有备份的东西，如果这样做，还原将会失败。

- 保留复制设置。这是一个更高级的选项，可以将一个数据库中的改变传送到另一个数据库中。在本例中应该清空该选项。

- 还原每个备份之前进行提示。如果希望在每个还原文件被激活之前显示提示信息，则选中它。通常在需要更换媒体的时候用到它。

- 限制访问还原的数据库。还原结束后，我们可能希望检查数据库，以确保是按照我们希望的样子还原，或对数据库的完整性做更多的检查。

- 将数据库文件还原为。如果希望对 MDF 和 LDF 文件进行移动或重命名，则可以使用该选项。

- 回滚未提交的事务，使数据库处于可以使用的状态。该选项用于设置在还原之后，是否允许用户立刻连接到数据库上并开始工作。如果有一个事务在进行中，如在表中删除行，那么一旦连接发生，该删除操作将会被回滚，表会恢复到其"原先"的状态。

- 不对数据库执行任何操作，不回滚未提交的事务。使用该选项，表示数据库已经被部分还原，并且不确定是否还需要做额外的工作。

- 使数据库处于只读模式。该选项是前两个选项的组合。如果当前正在执行一个事务，如从表中删除行，那么一旦连接发生，则删除操作会被回滚。然而，这种改变也会保存在一个单独的文件中，以便这些被回滚的事务重新被应用。如果有几个操作在一个事务中，并且某些操作被重新应用，则可能发生上面的情况。

(6) 单击"确定"按钮，完成对数据库的还原操作，弹出"还原成功"对话框，如图 15-27 所示。

图 15-27 "还原成功"对话框

提示：当执行还原最后一个备份的时候，必须选择 RESTORE WITH RECOVERY 选项，否则数据库将一直处于还原状态。

另外，在 SQL Server 2008 中进行事务日志备份的时候，不仅给事务日志中的每个事务标上日志号，还给它们都标上一个时间。注意，这个过程不适用于完整与差异备份，只适用于事务日志备份。

使用可视化方式按照时间点恢复数据库的操作步骤如下。

(1) 启动 SQL Server Management Studio。

(2) 在对象资源管理器中展开"数据库"结点，右击 student 数据库，从弹出的快捷菜单中选择"任务"|"还原"|"数据库"命令，打开"还原数据库"对话框。

(3) 单击"目标时间点"文本框右方的选择按钮，从弹出的"时点还原"对话框中选中"具体日期和时间"单选按钮，输入时间 10：00：00，如图 15-28 所示。

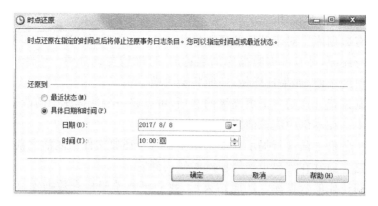

图 15-28　设置时点还原日期和时间

（4）设置完成后，单击"确定"按钮返回，然后还原备份，设置时间以前的操作将会被还原。

2. 使用 Transact-SQL 命令进行数据库恢复

使用 Transact-SQL 命令执行恢复，恢复使用 BACKUP 命令所做的备份。

1）还原整个数据库

语法格式为：

```
RESTORE DATABASE <数据库名> FROM <备份设备>
[ WITH [ RECOVERY | NORECOVERY ]
[ [ , ] FILE = < file_number > ] ]
```

说明：

（1）WITH 子句：指定备份选项。

（2）RECOVERY | NORECOVERY：当还有备份需要还原时，应指定 NORECOVERY，如果所有的备份都已还原，则指定 RECOVERY。

（3）FILE：指定备份集在备份设备中的序号。

例如，还原 student 数据库如图 15-29 所示。

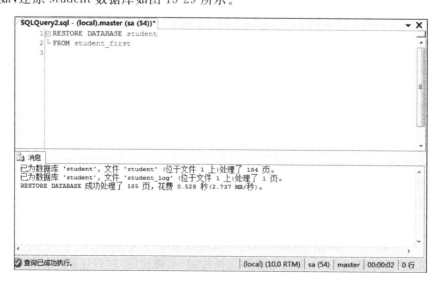

图 15-29　还原学生数据库

2）还原事务日志

语法格式为：

```
RESTORE LOG <数据库名> FROM <备份设备>
[ WITH [ RECOVERY | NORECOVERY ]
[ [ , ] FILE = < file_number > ] ]
```

15.2.6 分离数据库

SQL Server 2008 服务器由若干个数据库组成,除了 master、model、msdb 和 tempdb 这 4 个系统数据库外,其余的数据库都可以从服务器的管理中分离出来,脱离服务器的管理,同时保持数据文件和日志文件的完整性和一致性,这样分离出来的数据库的日志文件和数据文件可以附加到其他 SQL Server 2008 服务器上构成完整的数据库,附加的数据库和分离时完全一致。数据库的分离好比是将衣服(数据库)从衣架(对象资源管理器)上取下来。

在实际工作中,分离数据库作为对数据基本稳定的数据库的一种备份的办法来使用。

1. 使用可视化方式分离数据库

分离数据库的步骤如下。

(1) 启动 SQL Server Management Studio,选择数据库 student 并右击,从出现的快捷菜单中选择"任务"|"分离"选项。

(2) 出现如图 15-30 所示的"分离数据库"对话框。如果有用户连接到数据库上,可以通过勾选"删除连接"复选框来删除用户连接。第二个选项,"更新统计信息",意味着 SQL Server 的状态,如索引等,在数据库被分离之前会被更新。这些索引信息在 SQL Server 中被保存到数据文件之外的文件,选中该选项,可以确保当数据库被分离时,不会丢失以前的全文索引信息,也就不必再重建它们。

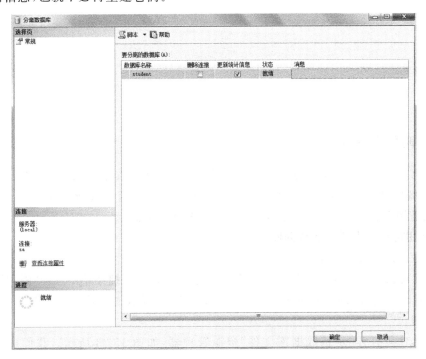

图 15-30 分离数据库

（3）单击"确定"按钮，完成分离数据库的操作。这时，数据库被分离了，不再属于 SQL Server 的一部分，可以被移动，甚至可以被删除。如果在 SSMS 的对象资源管理器中查找，我们会看到，该数据库也不再出现在列表中。

2. 使用 Transact-SQL 命令分离数据库

用于执行数据库分离的命令语法格式为：

```
sp_detach_db [ @dbname = ] 'dbname'
[ , [ @skipchecks = ] 'skipchecks'
```

说明：

（1）［@dbname ＝ ］'dbname'：要分离的数据库名称。@dbname 的数据类型为 sysname，默认值为 NULL。

（2）［@skipchecks＝ ］'skipchecks'：@skipchecks 的数据类型为 nvarchar(n)，默认值为 NULL。如果为 True，则跳过 UPDATE STATISTICS；如果为 False，则运行 UPDATE STATISTICS，对于要移动到只读媒体上的数据库，此选项很有用。

例如，student 数据库的分离如图 15-31 所示。

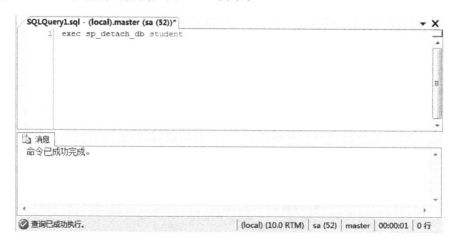

图 15-31　student 数据库的分离

15.2.7　附加数据库

与分离数据库操作对应的是附加数据库操作。附加数据库可以很方便地在 SQL Server 2008 服务器之间利用分离后的数据文件和日志文件组织成新的数据库。数据库的附加好比是将衣服（数据库）重新挂上衣架（对象资源管理器）。

1. 使用可视化方式附加数据库

附加数据库的步骤如下。

（1）在对象资源管理器中右击"数据库"结点，从弹出的快捷菜单中选择"附加"选项。

（2）这时会打开"附加数据库"对话框，如图 15-32 所示。如果要添加数据库，就单击"添加"按钮。

（3）这时会打开"定位数据库文件"资源管理器，如图 15-33 所示。我们可以像使用

Windows 资源管理器一样使用它,以找到数据库的 MDF 文件。一旦找到要重新附加的数据库,突出显示它并单击"确定"按钮。

图 15-32 "附加数据库"对话框

图 15-33 找到要附加的数据库

（4）这时会返回到"附加数据库"对话框中，并在其中显示细节文件，如图 15-34 所示。如果有问题存在，就会显示在"消息"列。可以附加不止一个数据库，但是最好一次只附加一个数据库。

图 15-34 "附加数据库"对话框

（5）单击"确定"按钮，以重新附加数据库。移动到对象资源管理器，我们会看到数据库在列表的底部。

2. 使用 Transact-SQL 命令附加数据库

用户可以使用系统存储过程 sp_attach_db 将数据库附加到当前服务器，或使用系统存储过程 sp_attach_single_file_db 将只有一个数据文件的数据库附加到当前服务器。

使用系统存储过程 sp_attach_db 附加数据库。语法格式如下：

```
sp_attach_db [ @dbname = ] 'dbname'
, [ @filename1 = ] 'filename_n' [ , …n]
```

说明：

（1）[@dbname=] 'dbname'：要附加到服务器的数据库的名称。该名称必须是唯一的。dbname 的数据类型为 sysname，默认值为 NULL。

（2）[@filename1 =] 'filename_n'：数据库文件的物理名称，包括路径。filename_n 的数据类型为 nvarchar(n)，默认值为 NULL，最多可以指定 16 个文件名。参数名称以 @filename1 开始，递增到@filename16。文件名列表必须包括主文件。主文件包含指向数据库中其他文件的系统表。该列表还必须包括数据库分离后所有被移动的文件。

（3）使用系统存储过程 sp_attach_single_file_db 附加数据库。语法格式如下：

sp_attach_single_file_db [@dbname =] 'dbname', [@physname =] 'physical_name'

其中，[@physname=] 'physical_name' 为数据库文件的物理名称，包括路径。physical_ name 的数据类型为 nvarchar(n)，默认值为 NULL。

例如，附加 student 数据库如图 15-35 所示。

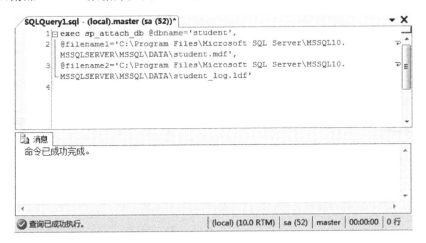

图 15-35　附加 student 数据库

15.2.8　收缩数据库

在 SQL Server 2008 中，当为数据库分配的磁盘空间过大时，可以收缩数据库，以节省存储空间。收缩后的数据库不能小于数据库的最小长度。最小长度是在数据库最初创建时指定的长度，或是上一次使用文件长度更改操作设置的显式长度。数据文件和事务日志文件都可以收缩。数据库也可设置为按给定的时间间隔自动收缩。

收缩数据库的方法有两种，分别是自动收缩数据库和手动收缩数据库。

1. 自动收缩数据库

（1）启动 SQL Server Management Studio。

（2）在对象资源管理器中，展开"数据库"结点，右击 student 数据库，从弹出的快捷菜单中选择"属性"选项，打开 student 数据库的"数据库属性"对话框。

（3）在"选项"页面将"自动收缩"设为 True 即可，如图 15-36 所示。

2. 手动收缩数据库

1）使用可视化方式收缩数据库

下面以收缩 student 数据库为例，介绍使用可视化方式收缩数据库的具体步骤。

（1）启动 SQL Server Management Studio。

（2）在对象资源管理器中，展开"数据库"结点，右击 student 数据库，从弹出的快捷菜单中选择"任务"→"收缩"→"数据库"选项，如图 15-37 所示。

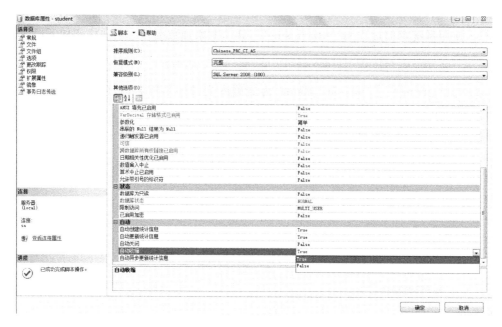

图 15-36　设置自动收缩

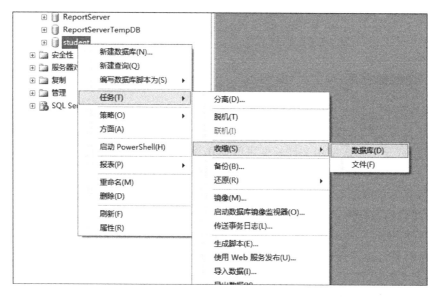

图 15-37　收缩数据库命令

（3）打开"收缩数据库"对话框，如图 15-38 所示。对话框中的"当前分配的空间"文本框中显示的是数据库当前占用的空间，"可用空间"文本框中显示的是数据库当前的可用空间。勾选"在释放未使用的空间前重新组织文件"复选框，在"收缩后文件中的最大可用空间"文本框中输入一个整数值。这个值的取值范围是 0～99，表示数据库收缩后数据库文件可用空间占用的最大百分比。

（4）完成设置后，单击"确定"按钮，执行收缩数据库任务。

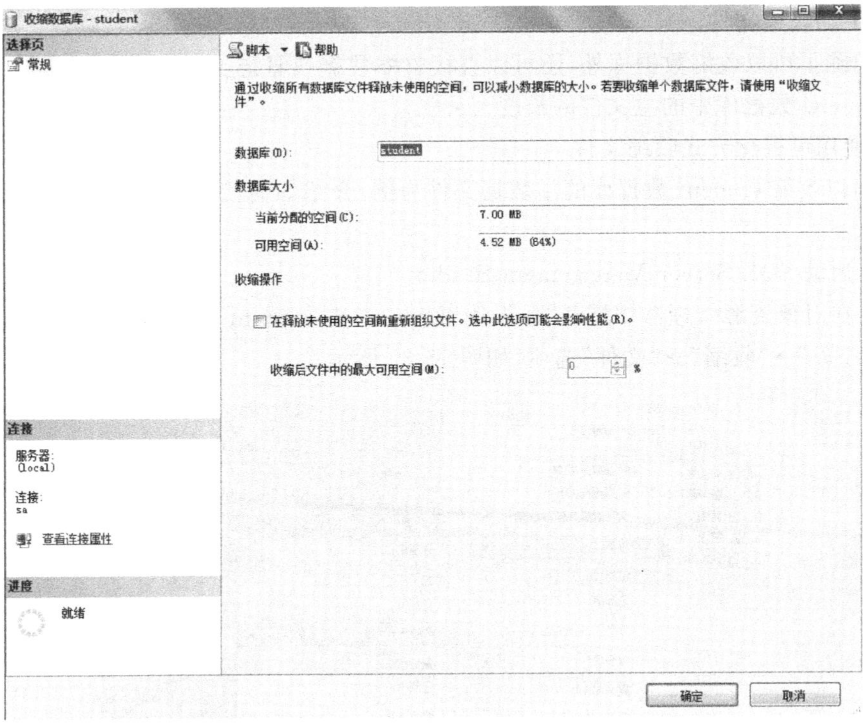

图 15-38　收缩数据库对话框

2）使用 Transact-SQL 命令收缩数据库

其语法格式如下：

```
DBCC SHRINKDATABASE
( database_name | database_id | 0
[ , target_percent ]
[ , { NOTRUNCATE | TRUNCATEONLY } ]
)
[ WITH NO_INFOMSGS ]
```

说明：

（1）database_name | database_id | 0：要收缩的数据库的名称或 ID。如果指定 0，则使用当前数据库。

（2）target_percent：数据库收缩后的数据库文件中所需的剩余可用空间百分比。

（3）NOTRUNCATE：通过将已分配的页从文件末尾移动到文件前面的未分配页来压缩数据文件中的数据。target_percent 是可选参数。文件末尾的可用空间不会返回给操作系统，文件的物理长度也不会更改。因此，指定 NOTRUNCATE 时，数据库看起来未收缩。NOTRUNCATE 只适用于数据文件。日志文件不受影响。

（4）TRUNCATEONLY：将文件末尾的所有可用空间释放给操作系统，但不在文件内部执行任何页移动。数据文件只收缩到最近分配的区。如果与 TRUNCATEONLY 一起指定，将忽略 target_percent。TRUNCATEONLY 只适用于数据文件。日志文件不受影响。

（5）WITH NO_INFOMSGS：取消严重级别从 0 到 10 的所有信息性消息。

3. 手动收缩文件

用户除了可以收缩数据库外，还可以直接收缩数据或日志文件。主数据文件不能收缩到小于 model 数据库中的主文件的长度。

1）使用可视化方式收缩文件

下面以收缩 student 数据库的主数据文件为例，介绍如何使用可视化方式收缩文件，具体步骤如下。

（1）启动 SQL Server Management Studio。

（2）在对象资源管理器中展开"数据库"结点，右击 student 数据库，从弹出的快捷菜单中选择"任务"→"收缩"→"文件"选项，如图 15-39 所示。

图 15-39　收缩文件

（3）打开"收缩文件"对话框，如图 15-40 所示。在对话框的"文件类型"下拉列表中选

图 15-40　"收缩文件"对话框

择需要收缩数据文件,还是日志文件。在"文件组"下拉列表中选择文件所在的文件组,这里采用默认值。在"文件名"下拉列表中输入要收缩的文件的名称。这里都选默认值。

(4) 从"收缩操作"选项组中选择一种操作模式。

- 选中"释放未使用的空间":选中此选项后,将为操作系统释放文件中所有未使用的空间,并将文件收缩到上次分配的区。这将减小文件的长度,但不移动任何数据。
- 选中"在释放未使用的空间前重新组织页":选中此选项后,将为操作系统释放文件中所有未使用的空间,并尝试将行重新定位到未分配页。输入在收缩数据库后数据库文件中要保留的最大可用空间百分比。值可以介于 0 和 99 之间。
- 选中"通过将数据迁移到同一文件组中的其他文件来清空文件":选中此选项后,将指定文件中的所有数据移至同一文件组中的其他文件中,就可以删除空文件了。

(5) 完成设置后,单击"确定"按钮,执行收缩文件任务。

2) 使用 Transact-SQL 命令收缩文件

其语法格式如下:

```
DBCC SHRINKFILE
(
{ file_name | file_id }
{ [ , EMPTYFILE ] | [ [ , target_size ] [ , { NOTRUNCATE | TRUNCATEONLY } ] ] }
)
[ WITH NO_INFOMSGS ]
```

说明:

(1) file_name| file_id:要收缩的文件的逻辑名称和要收缩的文件的标识(ID)号。

(2) target_size:用兆字节表示的文件长度(用整数表示)。如果未指定,则 DBCC SHRINKFILE 将文件长度减少到默认文件长度。默认长度为创建文件时指定的长度。

(3) EMPTYFILE:将指定文件中的所有数据迁移到同一文件组中的其他文件。由于数据库引擎不再允许将数据放在空文件内,所以可使用 ALTER DATABASE 语句来删除该文件。

15.3　实验内容

下面的所有内容假定已经执行了 student 数据库的完整数据库备份。

1. 用可视化方式创建 student 数据库的一个完全备份(要求是备份设备)。

2. 用可视化方式创建 student 数据库的一个差异备份(要求是选择备份目的为文件名)。

3. 删除 student 表的最后一条记录,用可视化方式还原 student 数据库到删除前的状态。

4. 用可视化方式创建 student 数据库的一个事务日志备份(要求是选择备份目的为文件名)。

5. 利用 4 创建的事务日志和完全备份对 student 数据库进行还原恢复。

6. 为 student 数据库设置一个备份计划,要求每当 CPU 空闲时,进行数据库备份。

7. 修改 student 数据库备份计划,要求每星期对数据库备份一次。

8. 分离 student 数据库，分离之后检查对象资源管理器中各个数据库的状况有无变化。

9. 附加 student 数据库。

10. 收缩数据库 student 的长度，使数据库中的文件有 10% 的可用空间。

15.4 实验思考题

1. 数据库备份的种类有哪些？恢复的方式有哪些？

2. 企业实际应用某一 DBMS 进行数据管理的过程中，数据库的备份应由计算机根据人为设置自动完成，还是应采用人工备份，为什么？

第16章 实验十 数据转换

16.1 实验目的

1. 学习和掌握 SQL Server 2008 中的导入、导出数据的操作方法。
2. 了解 SSIS 的用途。

16.2 知识要点

16.2.1 数据转换概述

SQL Server 2008 Integration Services (SSIS)是一种企业数据转换和数据集成解决方案,用户可以以此从不同的数据源提取、转换、复制及合并数据,并将其移至单个或多个目标。由此来提高开发人员、管理人员和开发数据转换解决方案的工作者的能力和工作效率。

SSIS 的典型用途如下。

(1) 合并来自异类数据存储区的数据,包括文本格式、Excel 和 Access 等数据。

(2) 自动填充数据仓库,进行数据库的海量导入、导出操作。

(3) 对数据的格式在使用前进行数据标准化转换。

(4) 将商业智能置入数据转换过程。

(5) 使数据库的管理功能和数据处理自动化。

1. 启动 SQL Server Integration Services

在使用 SSIS 之前,要求运行 SQL Server Integration Services。启动集成服务的步骤如下。

(1) 在"开始"菜单中,单击"所有程序"→Microsoft SQL Server 2008→"配置工具"子菜单,选择"SQL Server 配置管理器"命令,如图 16-1 所示。

(2) 展开左侧窗体的"SQL Server 服务"选项,在右侧窗口中选择 SQL Server Integration Services 10.0,右击,然后选择菜单中的"启动"命令即可,如图 16-2 所示。

2. Integration Services 的数据转换类型

数据转换将输入列中的数据转换为其他数据类型,然后将其复制到新的输出列。例如,可从多种数据源中提取数据,然后用此转换将列转换为目标数据存储所需的数据类型。如果需要配置数据转换,可以采用下列方法。

(1) 指定包含要转换的数据的列和要执行的数据转换的类型。

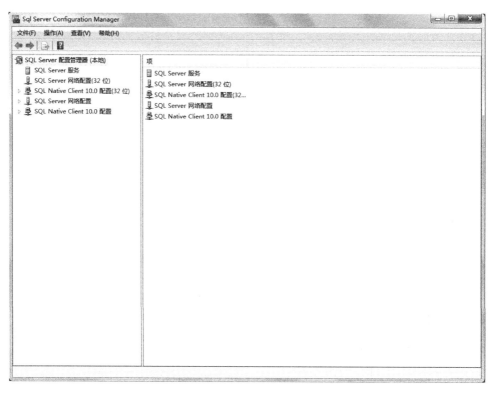

图 16-1　SQL Server 配置管理器

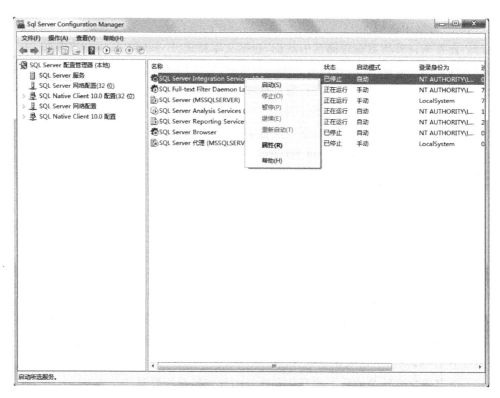

图 16-2　启动 SSIS

（2）指定转换输出列是使用 Microsoft SQL Server 2008 Integration Services 提供的不区分区域设置的较快分析例程，还是使用标准的区分区域设置的分析例程。

Integration Services 数据引擎支持具有多个源、多个转换和多个目标的数据流。利用数据转换，开发人员可以方便地生成具有复杂数据流的包，而无须编写任何代码。

3. SQL Server 数据的导入和导出向导

SQL Server 导入和导出向导提供了最低限度的数据转换功能。除了支持在新的目标表和目标文件中设置列的名称、数据类型和数据类型属性之外，SQL Server 导入和导出向导不支持任何列级转换。

（1）向导的主要功能是复制数据。该向导是快速创建在两个数据存储区间复制数据的 Integration Services 包的最简单的方法。

（2）在 SQL Server 2008 中的新增功能。主要包括能够更好地支持平面文件中的数据和对数据的实时预览。通过使用 SQL Server 导入和导出向导创建的已保存的包可以在 Business Intelligence Development Studio 中打开，并可以使用 SSIS 设计器进行扩展。

（3）访问的数据源。SQL Server 导入和导出向导可以访问下列类型的数据源：SQL Server、文本文件、Access、Excel 及其他 OLE DB 访问接口。此外，SQL Server 导入和导出向导还可以将 ADO. NET 用作源。

16.2.2 数据导入和导出的原因

1. 数据迁移

建立数据库后要执行的第一步很可能是将数据从外部数据源导入 SQL Server 数据库，然后即可开始使用该数据库。例如，可以把 Excel 工作表中的数据或文本文件格式的文件数据导入 SQL Server 实例。

2. 转换异构数据

异构数据是以多种格式存储的数据。例如，存储在 SQL Server 数据库、文本文件和 Excel 电子表中的数据。转换异构数据就是将这些使用不同格式存储的数据转换到统一的存储模式中。

16.2.3 导入数据

使用 SQL Server 导入向导可以从支持的数据源向本地数据库之间复制和转换数据。下面以从 Excel 文件转换为 SQL Server 数据表为例，介绍导入数据向导的用法和步骤。主要步骤如下。

（1）启动 SQL Server Management Studio，在"对象资源管理器"中展开"数据库"结点。

（2）右击 student，选择"任务"→"导入数据"命令，如图 16-3 所示。

（3）打开"欢迎使用 SQL Server 导入和导出向导"对话框，如图 16-4 所示。

（4）单击"下一步"按钮，打开"选择数据源"对话框，在"数据源"的下拉列表中选择 Microsoft Excel，在"Excel 文件路径"指定要从中导入数据的电子表格的路径和文件名。或者单击"浏览"按钮，通过使用"打开"对话框定位电子表格"奖学金. xls"，如图 16-5 所示。

图 16-3　导入数据

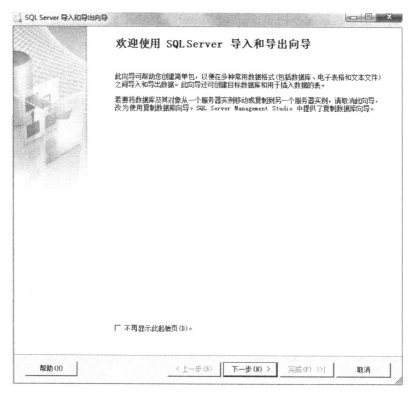

图 16-4　欢迎使用 SQL Server 导入和导出向导

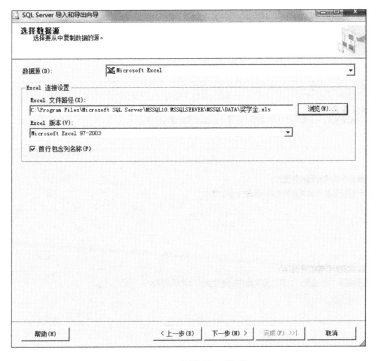

图 16-5 选择导入数据

（5）单击"下一步"按钮，打开"选择目标"对话框，在"目标"中选择 Microsoft OLE DB Provider for SQL Server，表示数据导入到 SQL Server，根据实际情况设置"身份验证"模式和选择"数据库"项目，如图 16-6 所示。

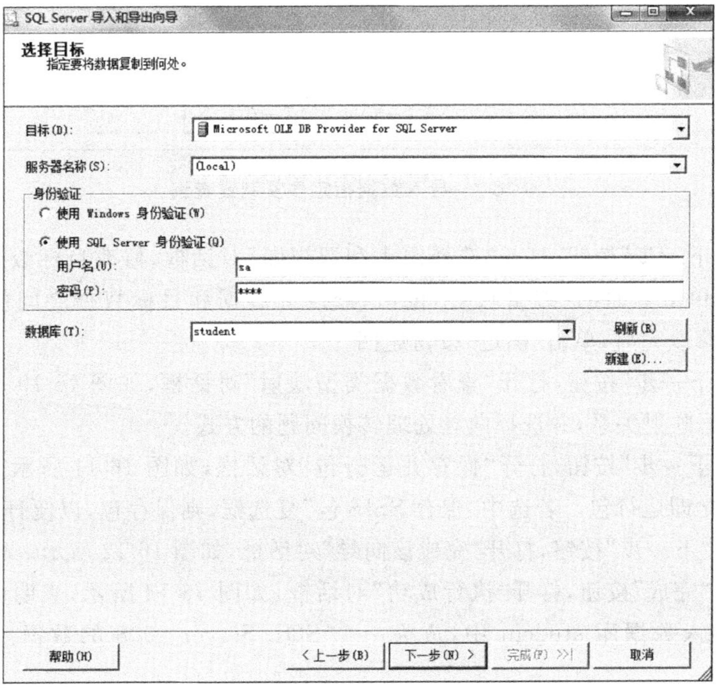

图 16-6 选择导入数据目标

（6）单击"下一步"按钮，打开"指定表复制或查询"对话框，默认选择"复制一个或多个表或视图的数据"，也可以根据实际情况选择"编写查询以指定要传输的数据"，如图16-7所示。

图16-7 导入数据指定表复制或查询

（7）单击"下一步"按钮，打开"选择源表和源视图"对话框，修改目标数据表的名字，如图16-8所示。单击下面的"编辑映射"按钮，修改源数据和目标数据之间的映射关系，如图16-9所示。修改完后，单击"确定"按钮返回。

（8）单击"下一步"按钮，打开"查看数据类型映射"对话框，如图16-10所示，查看前面进行编辑的数据映射关系，并选择向导处理转换问题的方式。

（9）单击"下一步"按钮，打开"保存并运行包"对话框，如图16-11所示。选中"立即运行"复选框，将立即运行包。若选中"保存SSIS包"复选框，则保存包，以便日后运行。

（10）单击"下一步"按钮，打开"完成该向导"对话框，如图16-12所示。

（11）单击"完成"按钮，打开"执行成功"对话框，如图16-13所示，表明电子表格"奖学金.xls"成功导入数据库student中，成为一个SQL Server 2008的数据库，单击"关闭"按钮。

图 16-8 导入数据选择源表和源视图

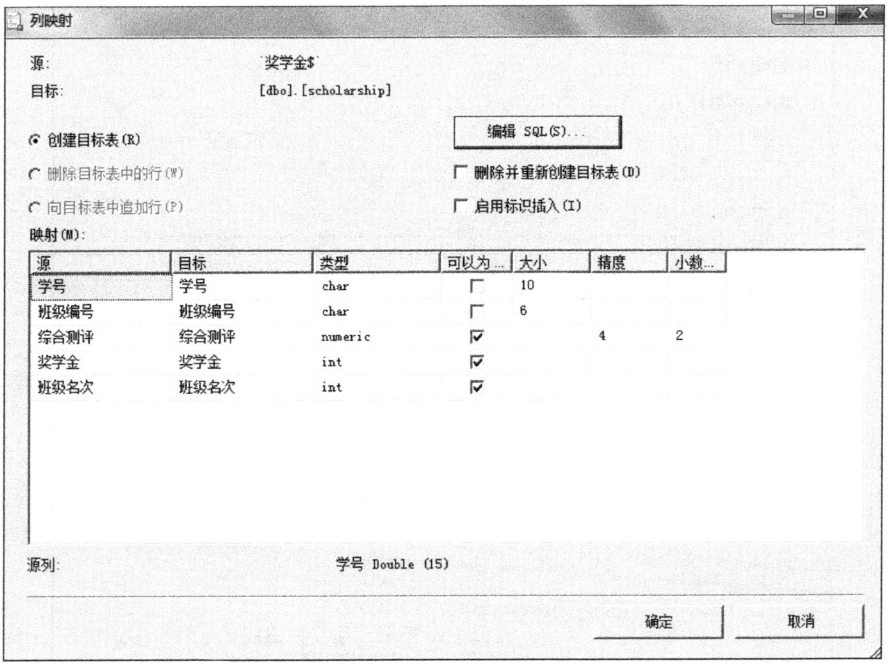

图 16-9 导入数据编辑映射

图 16-10　导入数据查看数据类型映射

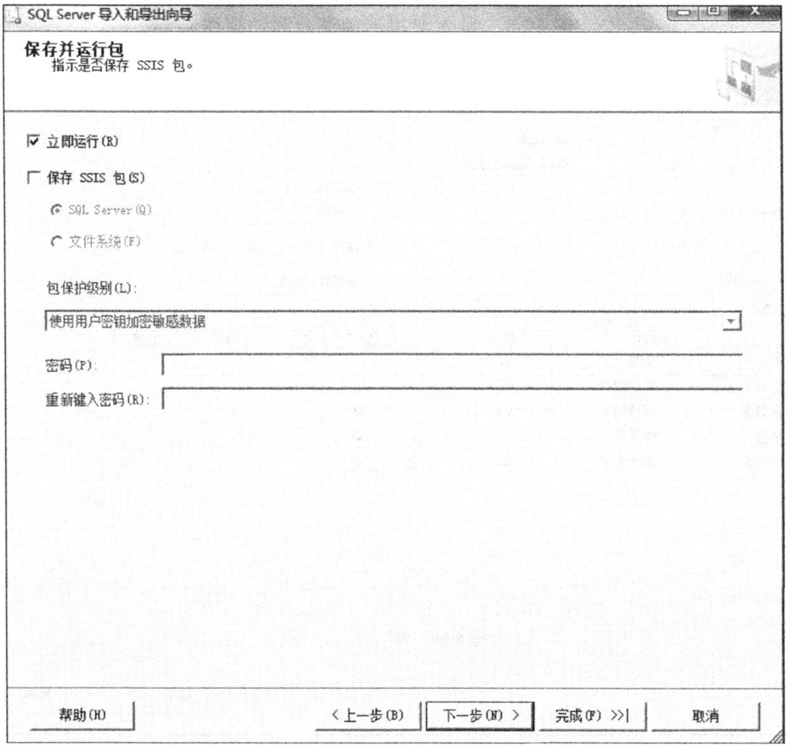

图 16-11　保存并运行包

图 16-12 导入数据完成该向导

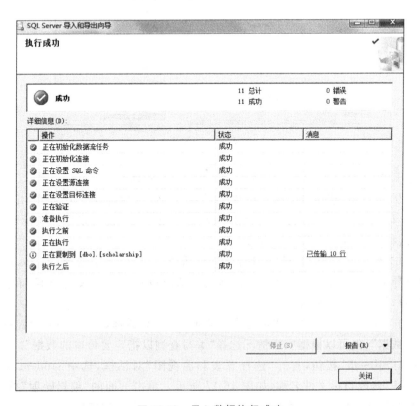

图 16-13 导入数据执行成功

16.2.4 导出数据

使用 SQL Server 2008 的导出向导可以在支持的本地数据库数据与指定类型目标文件之间复制和转换数据。下面以从 SQL Server 数据表转换为 Excel 文件为例，介绍导出数据向导的用法和步骤。主要步骤如下。

（1）启动 SQL Server Management Studio，在"对象资源管理器"中展开"数据库"结点。

（2）右击 student，选择"任务"→"导出数据"命令，如图 16-14 所示。

图 16-14　导出数据

（3）打开"欢迎使用 SQL Server 导入和导出向导"对话框。

（4）单击"下一步"按钮，打开"选择数据源"对话框，在"数据源"中选择 Microsoft OLE DB Provider for SQL Server，表示从 SQL Server 导出数据；也可以根据实际情况设置"身份验证"模式和选择"数据库"项目，如图 16-15 所示。

（5）单击"下一步"按钮，打开"选择目标"对话框，在"目标"中选择 Microsoft Excel，表示将把数据导出到 Excel 表中；也可以根据实际情况设置"Excel 文件路径"和选择"Excel 版本"等项目，如图 16-16 所示。

（6）单击"下一步"按钮，打开"指定表复制或查询"对话框，默认选择"复制一个或多个表或视图的数据"，也可以根据实际情况选择"编写查询以指定要传输的数据"。

（7）单击"下一步"按钮，打开"选择源表和源视图"对话框，选中 student 数据库中的 scholarship 表，修改目标文件名称，如图 16-17 所示。单击下面的"编辑映射"按钮，修改源数据和目标数据之间的映射关系，如图 16-18 所示，单击"确定"按钮返回。

图 16-15 选择导出数据

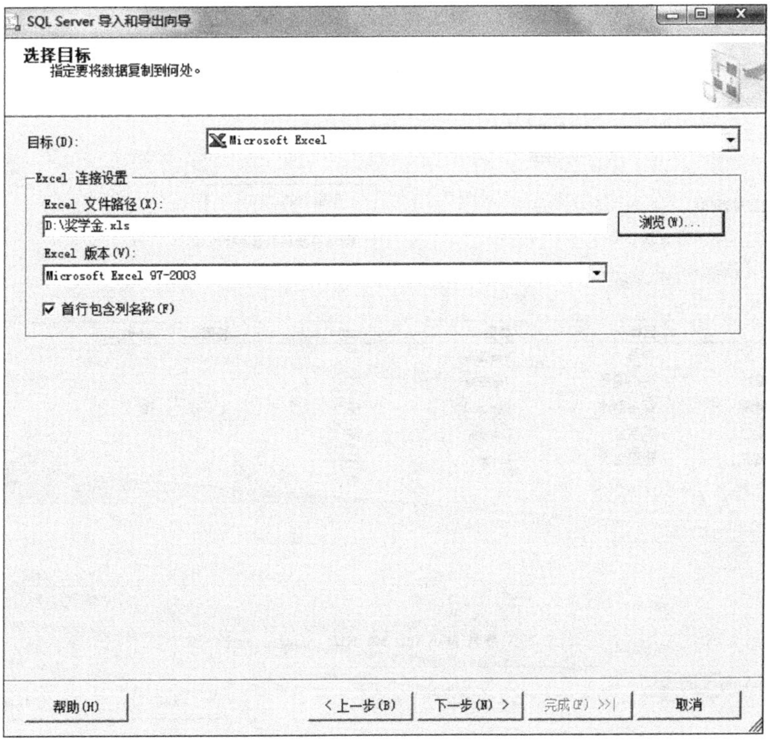

图 16-16 选择导出数据目标

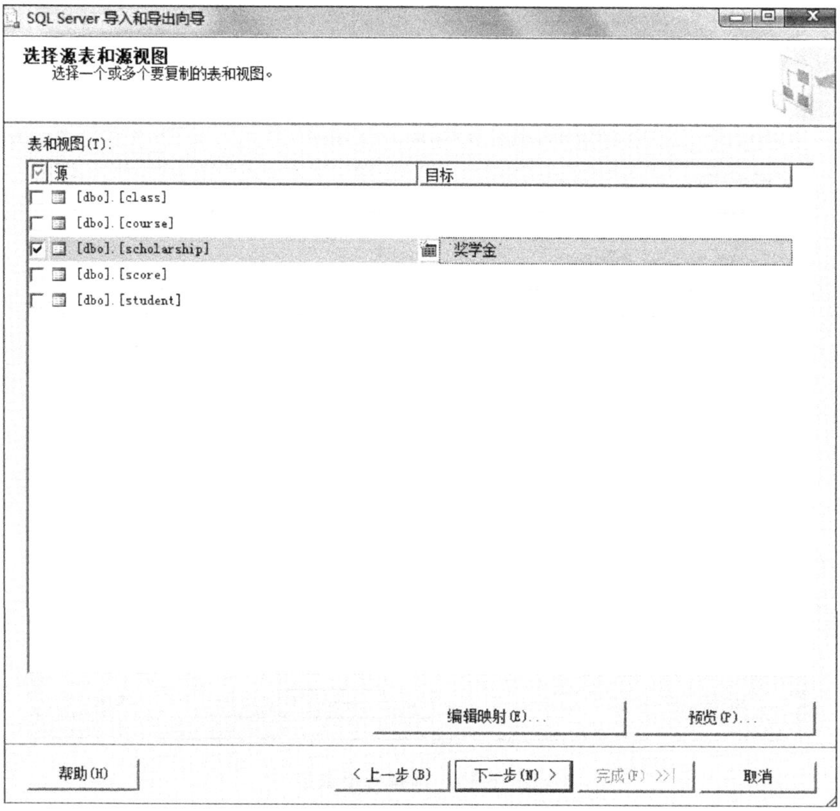

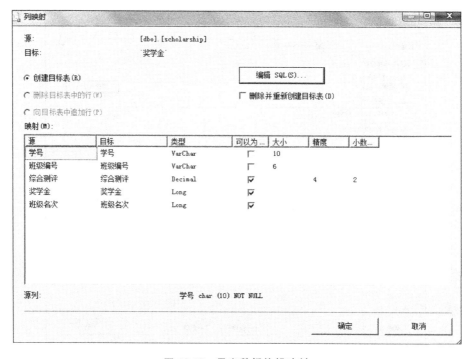

图 16-17　导出数据选择源表和源视图

图 16-18　导出数据编辑映射

（8）单击"下一步"按钮，显示"查看数据类型映射"对话框，如图 16-19 所示。

图 16-19 导出数据查看数据类型映射

（9）单击"下一步"按钮，显示"保存并运行包"对话框。

（10）单击"下一步"按钮，打开"完成该向导"对话框，如图 16-20 所示。

图 16-20 导出数据完成该向导

（11）单击"完成"按钮，打开"执行成功"对话框，等运行结束后，单击"关闭"按钮。这样，在 D：\中就生成了"奖学金.xls"文件。

16.3　实验内容

1. 新建一个 Microsoft Access 数据库，名为 S_Access.mdb，通过 SQL Server 导入和导出向导导出表 student 数据至数据库 S_Access。

2. 通过 SQL Server 导入和导出向导导出表 course 中的前 5 条记录到数据库 S_Access 中。

3. 创建一个数据库（名字自拟），将原有数据库中的 4 个表导出到刚创建的数据库中。

4. 在第 1 题建立的数据库 S_Access 中，自己建立一个学生表，字段自拟，添加 2 条记录，将此表导入到第 3 题创建的数据库中。

5. 建立一个文本文件（名字自拟），将 student 数据库中 score 表的数据导出到此文本文件中。

6. 将第 5 题带有数据的文本文件导入到 pubs 数据库中。

16.4　实验思考题

1. SQL Server 导入和导出向导中可用的数据源包括哪些？

2. 什么是 SSIS 包？

参 考 文 献

[1]　王珊,萨师煊.数据库系统概论[M].4 版.北京：高等教育出版社,2006.

[2]　苗雪兰,等.数据库系统原理及应用教程[M].2 版.北京：机械工业出版社,2007.

[3]　张迎新.数据库原理、方法与应用[M].北京：高等教育出版社,2004.

[4]　郑世珏,杨青.数据库技术及应用基础教程[M].北京：高等教育出版社,2005.

[5]　Michael Kifer,等.数据库系统——面向应用的方法(第二版影印版)[M].北京：高等教育出版
　　　社,2005.

[6]　马晓梅.SQL Server 2000 实验指导[M].北京：清华大学出版社,2006.

[7]　杨冬青.数据库系统概念[M].6 版.北京：机械工业出版社,2012.

[8]　李建东.数据库应用教程实验指导与习题解答(Visual Basic＋SQL Server)[M].北京：清华大学出版
　　　社,2008.

[9]　徐洁磐,等.数据库系统实用教程[M].北京：高等教育出版社,2006.

[10]　王恩波.网络数据库实用教程——SQL Server 2000[M].北京：高等教育出版社,2004.

[11]　唐红亮,等.SQL Server 数据库设计与系统开发教程[M].北京：清华大学出版社,2007.

[12]　孙昌言.BC 范式的判定定理及关系的规范化方法[J].同济大学学报：自然科学版,2006(6)：
　　　745-748.

[13]　刘升.数据库系统原理与应用[M].北京：清华大学出版社,2012.

[14]　苗雪兰.数据库系统原理及应用教程[M].3 版.北京：机械工业出版社,2011.

[15]　包磊,秦小麟.数据库时空选择性查询的灰色预测法[J].华中科技大学学报：自然科学版,2010,
　　　38(12)：61-64.

[16]　孙昌言.关系模型规范化的有关理论与应用[J].上海交通大学学报,2003(4)：523-526.

[17]　高俊芳.利用交互式遗传算法的图数据库查询[J].图书情报工作,2012,56(2)：131-134.

[18]　王世波.数据库系统及应用教程[M].2 版.北京：清华大学出版社,2013.

图书资源支持

感谢您一直以来对清华版图书的支持和爱护。为了配合本书的使用,本书提供配套的资源,有需求的读者请扫描下方的"书圈"微信公众号二维码,在图书专区下载,也可以拨打电话或发送电子邮件咨询。

如果您在使用本书的过程中遇到了什么问题,或者有相关图书出版计划,也请您发邮件告诉我们,以便我们更好地为您服务。

我们的联系方式:

地　　址:北京海淀区双清路学研大厦 A 座 707

邮　　编:100084

电　　话:010－62770175－4604

资源下载:http://www.tup.com.cn

电子邮件:weijj@tup.tsinghua.edu.cn

QQ:883604(请写明您的单位和姓名)

用微信扫一扫右边的二维码,即可关注清华大学出版社公众号"书圈"。

资源下载、样书申请

书圈